人人可懂的微积分

用动态、微观、累加的观点来看待微积分

邓子云 ◎ 著

内 容 简 介

为实现人人可懂微积分的目标，本书每章从知识树导览开始，帮助读者概览核心知识点，以应用场景激发读者的学习兴趣，通过问题先导的方式，提出并解答常见问题。每章正文部分不仅讲解理论知识，还设置工程应用实例，以强化理论与实践的结合。学习微积分最为关键的就是学到其精髓——"动态、微观、累加"的观点和思维。

全书分为 8 章，包括极限、导数、偏导数、微分、不定积分、定积分、多重积分、常微分方程。以这些内容作为主线，还拓展介绍了无穷级数、极坐标、欧拉公式等知识。

本书不仅可供具有初中数学基础的人士阅读，还可供已经进入和即将进入大学的学生、广大工程技术人员、需要参加自学考试者等阅读。

图书在版编目（CIP）数据

人人可懂的微积分：用动态、微观、累加的观点来看待微积分 / 邓子云著.
北京：清华大学出版社，2025.7. -- ISBN 978-7-302-69692-6

Ⅰ. O172

中国国家版本馆 CIP 数据核字第 2025EZ9986 号

策划编辑：白立军
责任编辑：杨　帆
封面设计：杨玉兰
责任校对：郝美丽
责任印制：宋　林

出版发行：清华大学出版社
　　　　网　　　址：https://www.tup.com.cn，https://www.wqxuetang.com
　　　　地　　　址：北京清华大学学研大厦 A 座　　　　邮　　编：100084
　　　　社 总 机：010-83470000　　　　　　　　　　　邮　　购：010-62786544
　　　　投稿与读者服务：010-62776969，c-service@tup.tsinghua.edu.cn
　　　　质量反馈：010-62772015，zhiliang@tup.tsinghua.edu.cn
　　　　课件下载：https://www.tup.com.cn，010-83470236
印 装 者：三河市龙大印装有限公司
经　　销：全国新华书店
开　　本：185mm×230mm　　　　印　张：16.25　　　　字　数：216 千字
版　　次：2025 年 9 月第 1 版　　　　　　　　　　　印　次：2025 年 9 月第 1 次印刷
定　　价：69.00 元

产品编号：109354-01

前　言

26 年高等数学情缘与感悟

1999 年,我步入大学殿堂,在懵懂之中开始学习微积分。在攻读完硕士、博士后,我从一名"挨踢民工"(IT 谐音,喻指老程序员)辗转企业、政府、学校工作,成长为一名学校的教授,始终在使用和学习高等数学。26 年的历程,与高等数学结下了一种"甩不掉、有点烦、离不开、喜欢它"的深厚情缘。也正是因为进入学校工作,使得我有时间可以静心思考和创作,以至于想把心路历程、数学感悟、学习方法分享给大家。

一、从应付考试过关到修行高等数学

图 1 展示了我在本科、研究生求学阶段与工作阶段对高等数学的感悟,主要有 3 点。

1. 大学要学专业先学高等数学,要学高等数学先学微积分

通常,理工科专业本科一年级第一学期就会先学微积分,部分涉及数据分析的文科类专业也会学。

我那时根本不知道微积分可以用来做什么,只是单纯地想要学好、过关、拿个好成绩。相信大多数人也是这种单纯的学习动机。大学

阶段	工程应用	工作严谨	修身修心	阶段感悟分享
工作阶段	在社会的历炼中感受高等数学的力量			有高等数学修为的人，想不优秀都难，这就是力量

研究生阶段　　　　一堵隐形的隔墙就是高等数学

研究工作　工程实践 ←🧱→ 科学研究

1. 做一位"突破隔墙的研究生"；
2. 具备三种能力：贯通、建模、应用

课程学习　攻读硕士、博士

本科阶段　　　　　　　　　本科专业课

离散数学	...	高等物理
微积分	线性代数	概率论

1. 学专业先学高数，学高数先学微积分；
2. 大学就是在不断提升数学修为

入门　数学基础课

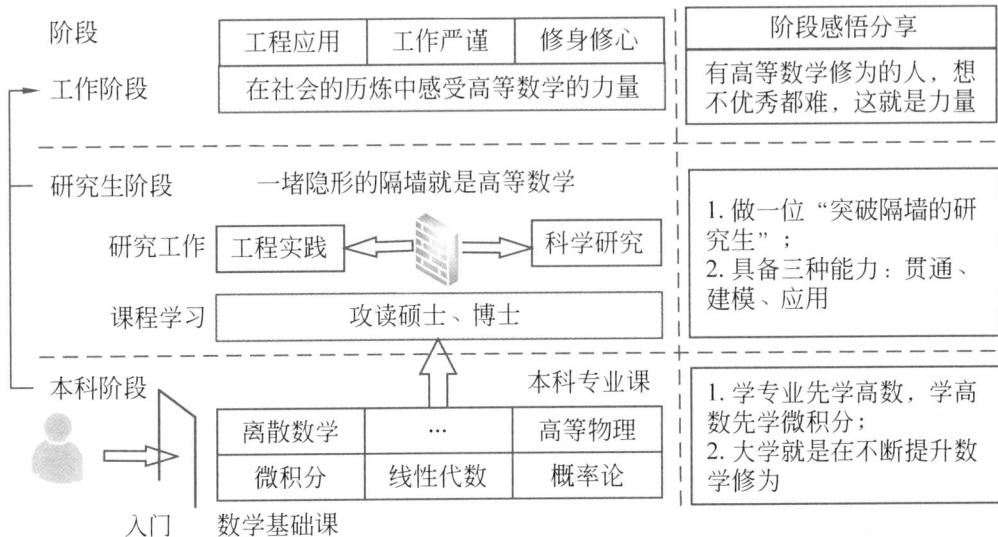

图 1　在学习和工作中感悟高等数学

里，我后续还学习了"线性代数""概率论"这两门高等数学课程。"微积分""线性代数""概率论"这 3 门高等数学课程构成了很多专业高等数学基础的"铁三角"。

我大学读的是计算机科学与技术专业。大学期间，在学习上述三门高等数学课程后，我还学习了"离散数学""高等物理""模拟电路""数字电路""编译学原理""算法分析与设计"等课程，它们都或多或少要用到微积分的一些知识。如果没有微积分知识作基础，听这些课程就会像听"天书"。

很多时候，我们需要在学习专业课程时回过头来复习高等数学知识。可以说，大学四年是提升数学修为的四年，也是读书的黄金时期。因此，我认为，"大学就是在不断提升数学修为。"

2. 读研应突破高等数学隔墙，学后当具备"三种能力"

大学毕业后，迫于生计我选择了先就业后考研。工作之余，我坚持攻读了软件工程专业的硕士学位和控制科学与工程专业的博士学位。

刚进入研究生学习阶段时，我感叹优秀的学长们写出的学术论文满版都是数学公式,用数学表述推理、表述数据分析情况,再辅以高清的数据展现图。那时,我励志自己也要写出这样"高大上"的学术论文。

总感觉研究生阶段的自己在科学研究、工程实践之间摇摆不定,仿佛在二者之间有一堵隐形但又确实存在的隔墙。站在工程实践这边,如果突破不了则写的论文、做的工程项目不上档次;站在科学研究这边,如果突破不了则论文没有落地、研究实用价值不明显。一旦突破,则两边融会贯通。这堵隔墙就是高等数学。

幸运的是,我遇到的是硕士生导师王如龙教授、博士生导师章兢教授,他们都是既注重科学研究又注重工程应用的专家,一再要求从事的研究工作必须要有工程背景、实际应用。以此要求为基调,在硕士三年和博士四年的学习期间,我都在工程和科学的研究中保持了一种比较好的平衡。

软件的应用开发通常不需要太多的高等数学知识,但是做大数据技术的研发必然涉及机器学习的模型,模型背后的原理需要运用到大量的高等数学知识,其中也包括微积分。

我感觉到,作为一名硕士研究生、博士研究生,与本科生和普通的工程技术人员最大的区别就是"研究生通常是突破了隔墙的人"。更具体地说,研究生具备"三种能力",即研究生能在科学研究与工程实践之间融会贯通,能用数学知识描述、计算并建立解决方案的模型,能动手运用数学知识解释工程原理并做出应用。这是我对研究生从事研究工作的朴素理解,要具备这"三种能力",始终离不开高等数学。

在研究生阶段需要更多地进行自习,如果没有在大学里掌握微积分、线性代数、概率论,要研习并懂得做专业研究用到的数学知识几乎没有可能。例如,研究工程机械应力应变的有限元分析需要大量运用到微积分中的导数、积分等知识;研究人工智能领域的机器学习需要大量运用到极限、微分方程、偏导数等知识。

3. 社会中方见高等数学功夫,感悟中领会高等数学力量

如果认为人生目标只是谋个生计、图口饭吃,我觉得不学高等数学也问题不大。但是,要做个有追求的人、在专业领域有所建树的人,至少从事理工科专业的人士不太可能离开高等数学。

首先,工程应用的背后运用到大量高等数学知识。我从事教育科学研究用到过支持向量机、神经网络等人工智能模型解决教育大数据分析的技术问题,有微积分、线性代数、概率论等知识作为背景,可以较好地理解模型的每个参数代表的意义,可以轻松自如地调节模型参数,从而取得较好的泛化能力用于预测。

其次,经过高等数学洗礼的人更具严谨的工作作风。为什么学习高等数学就是一种修为? 并不是因为知识本身,而是因为在学习过程中可以积累起用高等数学描述和解决问题的严谨性,修炼出一种对人对事都"认真而又有节奏感"的数学修为。

最后,我喜欢在遇到纷杂的事务后到专业领域里来修身修心。每个人都有不同的爱好,有的人一有空就搓麻将消磨时光,有的人遇到心烦的事就邀约三五朋友喝酒唱歌。我更喜欢看看有高等数学知识的专业书,因为捧上一本专业书,心静下来了,人也平复了,再没有心烦的事,再没有纷纷扰扰;何况一进入学习状态,还能学到知识、提升价值。所以说,"有高等数学修为的人,想不优秀都难,这就是力量"。

纵观与高等数学的 26 年情缘,可以小结为"与其厌烦,不如拥抱;既做修行,当认真学习"。自此开篇,我和大家一起来再次学习微积分知识。

二、谈谈厌烦高等数学的原因及应对办法

接下来,我想从普适的角度谈谈为什么大家会厌烦高等数学。如图 2 所示,我从三个角度来进行评判。

怎样不厌烦高等数学?	1. 激发学习动力 2. 找到学习伙伴 3. 正视学习困难	→	1. 克服学习中的"**一恐三难**" 2. 深刻理解微积分"**动态、微观、累加**"六个字的精髓
为什么厌烦高等数学?	1. 符号多,让人心生畏惧 2. 用不到,让人本能回避 3. 不友好,让人没有兴趣	→	为什么提倡学高等数学?
			1. 符号不可怕 2. 本领不一样 3. 真心写图书

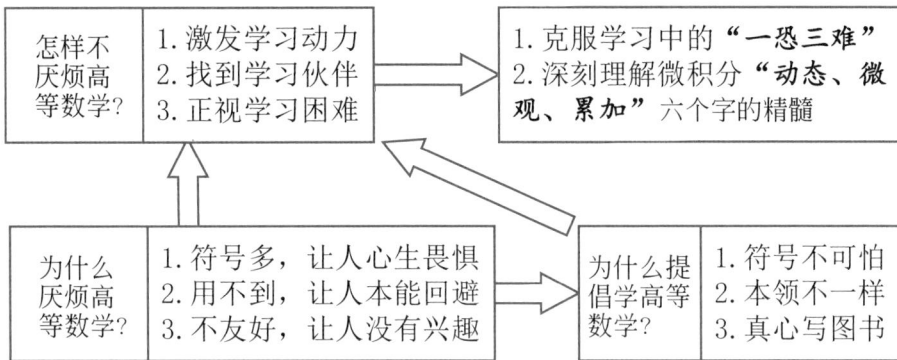

图 2　厌烦高等数学的原因及对策

1. 普遍厌烦高等数学的原因是什么

大家在社会中的分工不同,研究的专业领域不同,喜好自然也是不同。之所以普遍会对高等数学有点烦,我想无非三点原因。

第一点,高等数学里符号特别多,让人心生畏惧。这尤以微积分更甚。像"$\sum$""$\prod$""$\int$"这些大型运算符,一看就让人自然而然地产生一种压迫感。

第二点,普通的工作用不到高等数学,让人本能回避。通常加、减、乘、除等基本运算就能解决日常工作和生活的问题,不需要用到多么高深的数学知识。

第三点,高等数学的现有读物并不友好,让人提不起兴趣。市面上有关高等数学(特别是微积分的读物)的图书多为教材,无论是大学教材还是考研、自考用书,明显让人感觉枯燥。缘此,很少有人不厌烦高等数学。

2. 为什么提倡大家学高等数学

我们应该不厌其烦地学习高等数学,原因有三。

其一,数学符号并不可怕。人天生对未知事物有恐惧感,如果熟悉并且理解了背后的方法,自然就不怕了。

其二,大学生与普通人的不同之处就是高等数学。我时常提醒教过的大学生:"作为一名大学生,不学懂弄通点与普通人不一样的高等数学知识,怎么能在专业领域有所建树和体现与别人的价值差异呢?"高等数学就是这样,如果基础打好了,会发现在专业知识领域可以有广阔的学习空间,可以解决不一般的问题,可以深入理解很多定论背后的原理。

其三,我真心想让图书活起来。现在我就是想做这样的一件事,让枯燥的高等数学变得有趣一点、容易一点、实用一点。"三个一点"加起来就会让高等数学形象很多。我非常愿意尝试这样的图书创作,惠及更多的普通人,使其成长为专业的、掌握高等数学知识的、不一般的劳动者。

3. 怎么让自己不厌烦高等数学

想不厌烦高等数学就得想办法提起学习的兴趣,办法自然有很多。

第一种办法是激发学习动力。动力有很多种,通常可用目标导向法培育动力。例如,拿下微积分,通过自学课程考试;学好微积分,彻底明白机器学习背后的数学原理等。

第二种办法是找到学习伙伴。那就是学习过程中有人给自己伴学。

第三种办法是正视学习困难。正视的办法就是学懂弄通,厚着脸皮请教同学、同事、群友等,让大家来帮助你解决困难。

只要时间允许,我更提倡大家读研、读博,继续提升自己的高等数学修为。

三、学习微积分要克服"一恐三难"

不论是哪类群体学习微积分,都面临着"一种恐惧心态"和"三点困难"。

一种恐惧心态:面对数学符号的恐惧心态。我觉得,不能回避数学符号,而是要形象地理解这些数学符号背后的含义,辅以图形的方式把符号变成可清晰展现的画面。

第一点困难:理解数学定义困难。如极限的定义、导数的定义,很多人初学微积分就会碰到这两个定义,所以一开始就感觉到困难。我觉得可以绕开那些晦涩难懂的术语定义,而改用通俗易懂的语言及图形来表达,达到自己的学习目的即可。

第二点困难：遇到学习的"坑"跳不出。学习过程中很自然地会产生很多的疑问。大学生需要有人指导，社会人员和自学者没人讨论，这很现实。我想把自己教学和学习过程碰到的这些坑整理出来，一一做出通俗的解答分享给大家，帮助大家跳出这些"坑"。

第三点困难：学习内容太多记不住。微积分的知识涉及面确实比较宽，大家都是成年人，成年人的记忆能力自然比不了少年时代的自己。

为了让大家能通过阅读本书克服"一恐三难"，我想和大家一起用三个招式应对。

第一招是始终深刻理解学习微积分"动态、微观、累加"六个字的精髓。在后续学习中我还会反复提醒和想办法让大家融会贯通这六个字的精髓。写此书时，我反复斟酌，想要在"累加"和"累积"之间选一个词语。"微积分"名称中的积字本意就应是"累积、加法求和"的意思，但由于"积"字还可以理解为"乘积"，为免误解，我最终还是选择了"累加"。

第二招是用图形来表达。"一图胜千言"，成年人记忆和理解图形远比文字更容易。

第三招是用例子来加深。请注意跟随本书节奏随时做好例题，理解各种知识点的应用场景。

四、展开学习微积分的"知识树"

运用三个招式，大家跟随着本书的讲解按部就班地学习，我会循序渐进地讲解。下面先给出学习微积分的知识树，让大家有个总体认识，再谈谈怎么具体学懂每个知识点。

图 3 中列出了本书的章节安排。这 8 章是微积分的基本知识，应对大部分的工程应用以及课程过关已经足够。本书的每章将按如下思路展开学习。

首先，开章解惑引人入胜。为了让大家学好每章的知识，在每章的开头

第8章 常微分方程

第7章 多重积分　←　第5章 不定积分　→　第6章 定积分

第4章 微分

第2章 导数　→　第3章 偏导数

第1章 极限

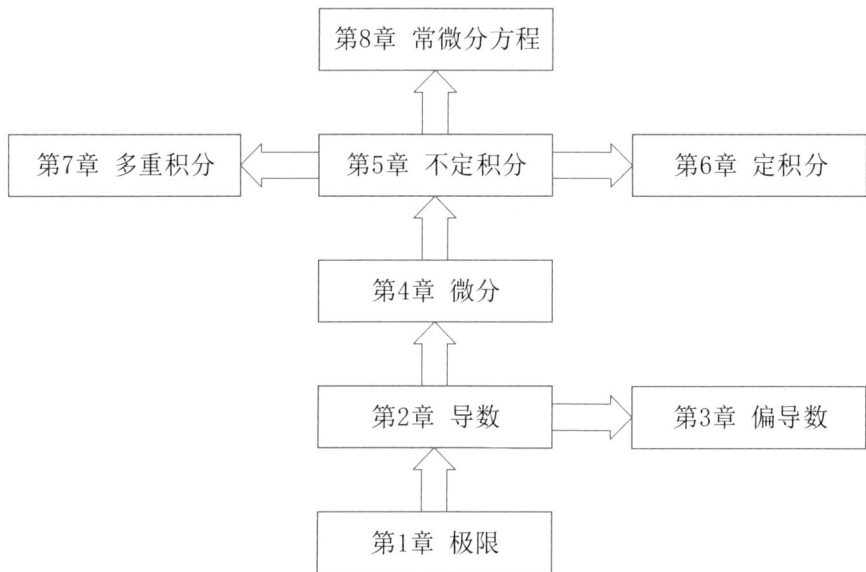

图3　微积分的知识树

用知识树给出每章要学习的主要知识点,然后采用情境导入的方式,以"应用场景"提出核心知识点可以用来做什么,以"问题先导"提出常见的问题。提出问题后再即时解答,给出在本章中如何解开这些困惑,如何通过学习掌握关键的知识。

其次,中途讲解通俗易懂。为了降低微积分的学习难度,在讲解每个知识点时,将尽可能地用"图形＋语言"的形式展开,尽可能地回避晦涩难懂的公式讨论、证明推理,将尽可能地以通俗语言表达专业术语,从而凝练成"通俗讲解"。

再次,穿插答疑解惑。在讲解知识点和做计算的过程中,根据平时的教学经验和学生提出的问题,把别人已经踩过的各种学习过程中的"坑"以问题的形式提出来,再马上做出解答。

最后,辅以应用示例。选取日常生活相关、工作结合有关的较易理解的例子,运用所讲解的知识来做应用。

感谢清华大学出版社白立军编辑,他经常和我探讨选题的写作、宣传和读者的需求,给了我创作的动力。感谢我的夫人黄婧女士,她承担了大量的家务及照顾孩子的事务,使得我有时间在工作之余安心创作。鉴于本人水平有限,书中错误在所难免,欢迎各位读者批评指正。

邓子云

2025 年 5 月 1 日于星城长沙

目 录 ▶

第 2 章　导数 ▼

第 3 章　偏导数

第 4 章　微分 ▼

第 5 章　不定积分 ▼

第1章 极限

知识树

极限的知识树如图 1-1 所示。

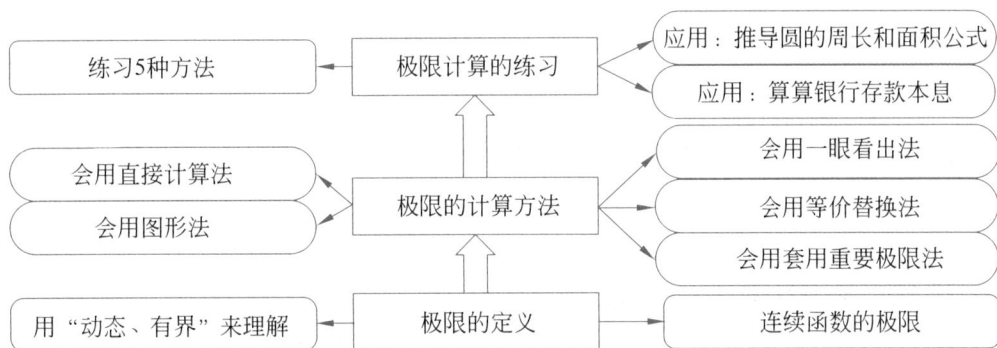

练习5种方法	极限计算的练习	应用：推导圆的周长和面积公式
		应用：算算银行存款本息
会用直接计算法	极限的计算方法	会用一眼看出法
会用图形法		会用等价替换法
		会用套用重要极限法
用"动态、有界"来理解	极限的定义	连续函数的极限

图 1-1 极限的知识树

应用场景：边无穷多就成了圆

来看一个极限在生活中的应用场景：一个圆和其内接的等边多边形如图 1-2 所示；当等边多边形的边数越来越多时，其形状会越来越接近于圆形；当等边多边形的边数趋向于无穷大时，我们认为其形状会无限接近于圆形；因此，圆可以想象成一个非常细小的边组成的等边多边形。既然如此，我们就可以根据这一思想，用内接多边形来推导出圆的面积计算公式、周长计算公式。1.3.4 节会详细讲解这一应用场景。

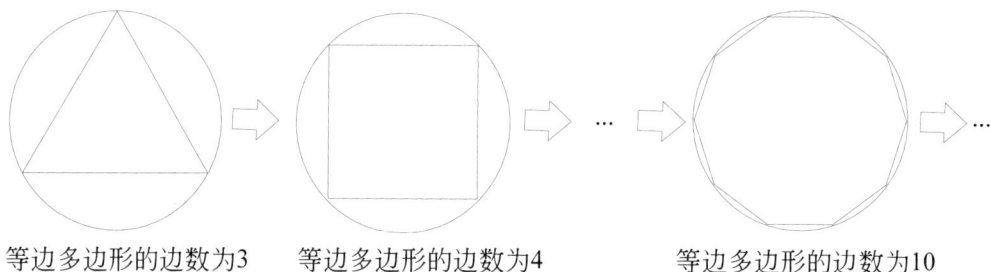

等边多边形的边数为3   等边多边形的边数为4   等边多边形的边数为10

图 1-2　圆与其内接等边多边形

极限的应用场景还有很多。

（1）极限是后续要学习的导数定义的基础。求导数本质上是求得当自变量的变化值趋近于 0 时的因变量相对自变量的变化率。这里不理解极限和导数的关系没事，后续章节还会详细讲解。极限也是概率论、统计学要应用到的重要概念，如大数定律和中心极限定理的基础都是极限。

（2）极限在物理学、电路原理、经济学等学科及其专业课程中都有应用。例如，当自变量 t（时间）趋近于 0 时的速度，就是瞬时速度。

（3）凡是"由自变量的变化趋势而得到因变量的变化趋势"的应用场景均可用到极限。例如，在求数列的极限时，就是看数列通用表达式中的自变量趋向无穷大的同时，数列的值趋向多少；如果数列值趋向某个值，则数列的极限为该值。

问题先导：怎样让人感觉极限运算不复杂 ✒

（1）学生问：老师，我第一次接触极限运算，看其他书上关于极限的定义，感觉好复杂，能通俗地讲讲吗？

简要回答：当然。其实很简单，关键就是要用"动态、有界"的观点来理解极限的定义，而不必去理解其复杂的数学公式定义。

（2）学生问：老师，大型运算符 $\sum$ 看上去让人生畏，该怎样理解透彻？

简要回答：可见 1.2.2 节的相关内容。$\sum$ 运算符的功能就是累加求和。

（3）学生问：老师，能归纳一下求极限运算的计算方法吗？能结合应用场景讲讲极限运算吗？

简要回答：好的。本章总结了 5 种方法，即直接计算法、图形法、一眼看出法、等价替换法、套用重要极限法。1.3 节会有计算银行存款本息、推导圆的周长和面积公式等例子供学习。

在本章后续内容中还将详细解读以上学习极限时的 3 个普遍性困惑。

1.1 用动态和有界的观点来理解极限 ✒

要用好极限，首先得理解什么是极限。要理解极限，精髓就在于用动态、有界的观点（或者说思维角度）来看待极限。

1.1.1 怎么理解动态和有界

如图 1-3 所示，函数 $f(x)$ 的值随着 x 值的增长而增长，但总是比 1 要小那么一点，可见，界线就是 $y=1$。因此，当 x 趋向于正的无穷大时，函数 $f(x)$ 的极限就是 1。

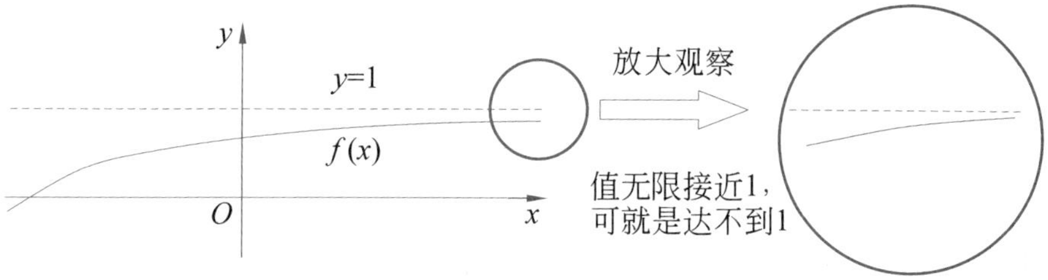

图 1-3　极限的图示

这种理解如果要用符号来表达，该怎么表达呢？极限是一种运算，用符号 lim 表示，其完整的英文单词为 limit，取前 3 个字母作为运算符，念"利米它"，这个单词的中文意思是"极限"。从字面上来理解，极限含有界线的意思，就是说 lim 后面的函数（或称为表达式）的值会无限地趋近于或者止步于某个值。这需要我们用动态、有界的观点来看待这件事。所谓"动态"就是"趋近于"这个过程，所谓"有界"就是函数的值会止步于某个值。

如图 1-4 所示。从极限运算来看，下标表明自变量动态变化的情况。一个例子就是 $x\to0$，表示自变量 x 趋近于 0。这隐含了两层含义，其一是自变量 x 趋近于 0 但不等于 0，也就是说可以是无限地趋近于 0；其二是自变量 x 左趋近于 0（此时的极限称为左极限）、右也趋近于 0（此时的极限称为右极限），分别记为 $x\to0^-$、$x\to0^+$。

图 1-4　lim 运算的下标及函数

1.1.2　求连续函数的极限

对于如图 1-4 所示的函数 x^2，当 $x\to0$ 时，x^2 的值会趋近于多少呢？显而易见，x^2 的值会趋近于 0。可以总结出一条重要的定理——连续函数求极值定理：对于连续的函数 $f(x)$，当自变量趋近于 a（即 $x\to a$）时，

$$\lim_{x \to a} f(x) = f(a)$$

那如果函数 $f(x)$ 不连续,该怎么办呢? 下面我们接着学习。

1.2 求函数极限的方法

求函数的极限有很多种方法。总结起来有直接法、图形法、化简法。直接法在前述已经讲解过,此处不再赘述。

1.2.1 用图形法求函数的极限

观察函数的图形是非常形象的做法。下面来看个例子。

例 1-1:观察函数

$$\lim_{x \to \infty} \frac{1}{x}$$

对 $x \to \infty$ 来说,要理解两层含义。其一是 ∞ 的定义。∞ 不是一个具体的数值,表达无穷大的意思,含有 $-\infty$(负无穷)和 $+\infty$(正无穷)之义。其二,所谓 $x \to -\infty$(趋向负无穷)是指向负无穷大的方向发展,所谓 $x \to +\infty$(趋向正无穷)是指向正无穷大的方向发展,如图 1-5 所示。

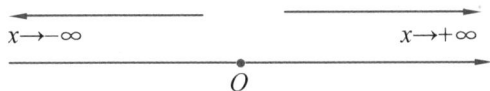

图 1-5 $x \to +\infty$ 和 $x \to -\infty$

再来看个例子加深理解。函数 $f(x) = \frac{1}{x}$ 的图形如图 1-6 所示。从图形来看,无论是 $x \to +\infty$,还是 $x \to -\infty$,函数的值都会趋近于 0,因此,$\lim_{x \to \infty} \frac{1}{x} = 0$。那对于 $x \to \infty$,如果 $x \to +\infty$ 和 $x \to -\infty$ 这两种情况下,函数趋向的值不一样,极限计算的结果会怎么样呢? 显然,这会产生矛盾,所以极限会计算不出结果。

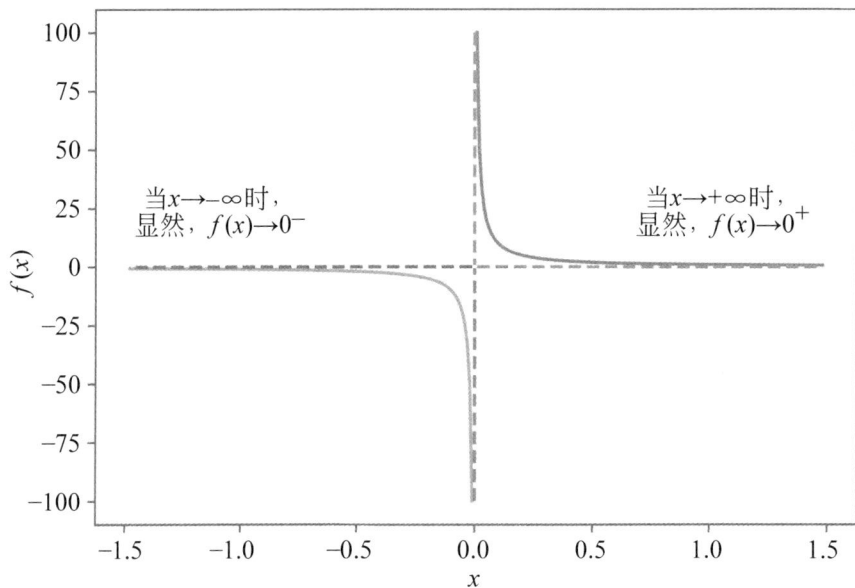

图 1-6　函数 $f(x)=\dfrac{1}{x}$ 的图形

答疑解惑

学生问：有些人看到图 1-6 时不理解，为什么当 $x \to -\infty$ 时，是 $f(x) \to 0^-$，而不是 $f(x) \to -\infty$？同样，为什么当 $x \to +\infty$ 时，是 $f(x) \to 0^+$，而不是 $f(x) \to +\infty$？

老师答：我们要用动态的眼光来看待问题，如图 1-7 所示。当 x 的值从 0 附近的一个负值开始，向 $-\infty$ 方向发展时（即图中所示的 $x \to -\infty$ 箭头线），沿着双曲线，$f(x)$ 的值会向 0 的方向发展（即图中所示的 $f(x) \to 0^-$ 箭头线）。故有当 $x \to -\infty$ 时，$f(x) \to 0^-$。同理，用动态的眼光来看待，当 $x \to +\infty$ 时，$f(x) \to 0^+$。一定要注意的是，我们要沿着双曲线，根据 x 值的变化趋势看 $f(x)$ 值的变化趋势。

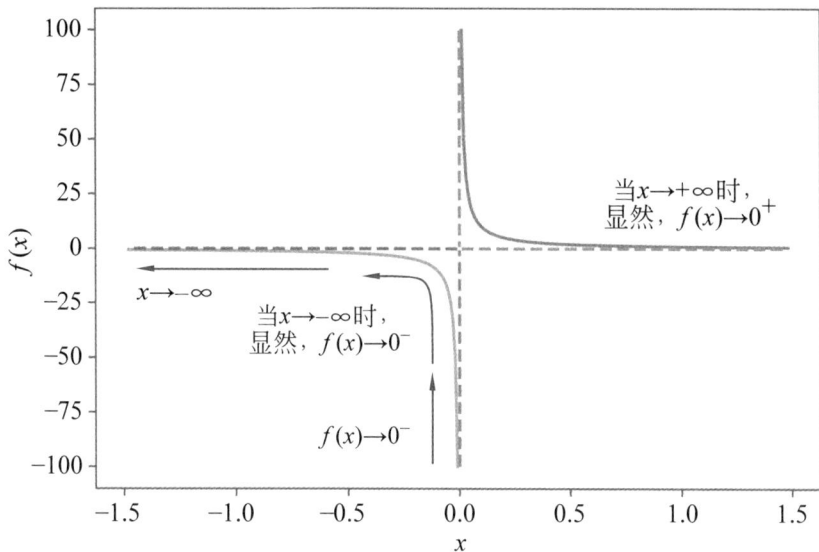

图 1-7 动态地看待极限问题

我们对一些函数的图形在脑海中有形象的记忆,如,$f(x)=ax+b$ 的图形是一条直线;$f(x)=\sin x$ 的图形是一条过原点(即 x 和 $f(x)$ 的值均为 0 的点)的波浪线;$f(x)=x^2$ 的图形是一条开口向上的抛物线。这些不再赘述。平时,如果一时想不起函数的图形,可以用几何画板、MathTool 等软件工具来查看,不过通常情况下根本用不着这么麻烦。有时我们会不方便查看或绘制出函数的图形,那还有没有其他的办法求极限? 自然有的,那就是化简法。在学习化简法之前我们先来学习一些基础知识。

1.2.2　理解无穷小和无穷大

无穷小不是指的 $-\infty$,也不是指的无穷小的量,而是指的无限趋近于 0 (标记为 $\to 0$)。无穷大在前文已解释过,这里不再赘述。

无穷小和无穷大互为倒数关系,即

$$\frac{1}{\to 0} = \to \infty$$

即

$$\frac{1}{\to \infty} = \to 0$$

不是说 0 不能作为分母吗？再次提醒大家学习时注意区分，无穷小不是 0，无穷小是指无限趋近于 0。

$\to 0$ 为什么可以作为分母呢？不是说分数的分母不能为 0 吗？我们一定要注意区分开来，趋近于 0 与等于 0 是两码事。趋近于 0 说明还不是 0，只是与 0 已经很接近了，但毕竟不是 0。如此，再来计算 $\lim\limits_{x \to \infty}\dfrac{1}{x}$ 就比较简单了，直接可以看出结果就是 0。

$$\lim_{x \to \infty}\frac{1}{x} = \lim_{x \to \infty}\frac{1}{\to \infty} = \lim_{x \to \infty}(\to 0) = 0$$

无穷小和无穷大有以下性质。

性质 1：有限个无穷小之和或之积仍然为无穷小，即

$$\sum_{n}(\to 0) = n(\to 0) = \underbrace{(\to 0) + \cdots + (\to 0)}_{n \text{个无穷小累加}} = \to 0, n \text{ 为一个常数}$$

$$\prod_{n}(\to 0) = (\to 0)^n = \underbrace{(\to 0) \times \cdots \times (\to 0)}_{n \text{个无穷小连乘}} = \to 0, n \text{ 为一个常数}$$

> ❀ 学习点拨：不要怕 $\sum$ 和 $\prod$ 这种大型计算符号，理解了规则用起来就会感觉很简单。

估计有些人初次接触 $\sum$ 和 $\prod$ 这两个大型运算符会有点懵，其实它们很好理解。$\sum$ 表示累加，$\prod$ 表示连乘。大型运算符如果只有一个下标，就用于说明累加、连乘多少次或做参数说明；如果有下标也有上标，则下标表示起始值，上标表示结束值。如：

$$\sum_{i=1}^{10} i = 1 + 2 + \cdots + 10$$

$$\prod_{i=1}^{10} i = 1 \times 2 \times \cdots \times 10$$

想想看,本来就是无穷小,再加一个无穷小或乘以一个无穷小,哪怕是求和时正负值相抵消了,不论结果是正的无穷小还是负的无穷小,反正绝对值还是无穷小,所以结果仍然为无穷小。

性质 2:无穷小与有界函数的乘积仍然为无穷小,如:

$$\lim_{x \to \infty} \left(\frac{1}{x} \sin x \right) = \lim_{x \to \infty} \frac{1}{x} \cdot \lim_{x \to \infty} (\sin x) = 0$$

由于 $x \to \infty$,则 $\frac{1}{x} \to 0$;$\sin x$ 为有界函数,其值位于 $[-1, 1]$ 区间。因此,$\lim_{x \to \infty} \left(\frac{1}{x} \sin x \right) = 0$。

想想看,本来就是无穷小,哪怕有界函数的值再大,因为无穷小的值会无限地趋近于 0,故结果仍然为无穷小。

性质 3:常量与无穷小的乘积仍然为无穷小。想想看,哪怕常量再大,因为无穷小的值会无限地趋近于 0,故结果仍然为无穷小。

性质 4:有限个无穷大之积仍然为无穷大。想想看,本来就是无穷大,再乘以一个无穷大,从绝对值上来看,结果仍然会无穷大。

性质 5:无穷大与有界函数之和仍然为无穷大。

答疑解惑

学习无穷小和无穷大的性质,经常会碰到一些困惑,对一些问题难以理解,下面对一些常见的困惑逐一解答。

学生问:性质 1 和性质 4 中为什么要说明是有限个?无限个不行吗?

老师答：对于性质 1 来说，如果是无限个无穷小相加，结果不一定还是无穷小，所谓积小可能成多吧。来看个简单的反例：

$$\lim_{x \to \infty} \frac{1}{x} = 0$$

$x \to \infty$，则 $\frac{1}{x} \to 0$。如果无穷个 $\frac{1}{x}$ 相加，即

$$\lim_{x \to \infty} \underbrace{\left(\frac{1}{x} + \cdots + \frac{1}{x} \right)}_{\text{无穷个相加}} = \lim_{x \to \infty} \left(x \cdot \frac{1}{x} \right) = \lim_{x \to \infty} 1 = 1$$

如果是无限个无穷小相乘，结果不一定是无穷小。其实，在学术界，目前关于这一点还有一些争议。我们可以接着来说一说。可以把无限个无穷小看成无限个趋近于 0 的函数；由于每个无穷小趋近于 0 的速度不一样，站在某一时刻来看，都会有无限个无穷小还没来得及成为无穷小，也就是说不够小，那么它们的乘积可能会足够小，但不属于无穷小，因此结果不一定是无穷小。大家看得有点懵吧？如果是，那就避开这个坑吧；如果不是，那就细细体会一下上面这段话。

学生问：有限个无穷大之和是否是无穷大？

老师答：不一定。有限个负无穷大之和会是负无穷大；有限个正无穷大之和会是正无穷大。但如果问正无穷大和负无穷大之和，就要看具体情况来确定了。来看个例子：

$$\lim_{x \to 0^+} \frac{1}{x} = +\infty, \lim_{x \to 0^+} \left(-\frac{1}{x} \right) = -\infty$$

两者相加，则

$$\lim_{x \to 0^+} \left(\frac{1}{x} - \frac{1}{x} \right) = 0$$

学生问：性质 5 中，无穷大与有界函数之积会是无穷大吗？

老师答：不一定。来看个反例：

$$\lim_{x \to \infty}(x \sin x)$$

由于 $x \to \infty$，则 $\sin x$ 为有界函数，其值位于 $[-1,1]$ 区间。正因为 $\sin x$ 在 $[-1,1]$ 区间振荡，因此有可能 $\sin x$ 的值为 0，故 $x \sin x$ 的值会在 0 和 ∞ 之间振荡不定，故 $\lim_{x \to \infty}(x \sin x)$ 的结果不确定。

1.2.3　比较无穷小和无穷大的阶

比较阶有什么用？就是用来相对比较趋于无穷小或趋于无穷大的速度。自然，只能是无穷小与无穷小之间进行比较、无穷大与无穷大之间进行比较。我们应有明确的理解：两者比较阶，更高阶则趋向的速度更快；更低阶则趋向的速度更慢；同阶则趋向速度类似；等价则趋向速度是一样的。

有了等价无穷小，则在有些场合下可以用来做替换而简化计算，但并不是所有场合都适用，需要我们在理解中运用。

1. 无穷小之间阶的比较

现有 α 和 β 这两个无穷小，两者之间阶的比较如下：

如果 $\lim \dfrac{\alpha}{\beta} = 0$，则表明 α 是比 β 更为高阶的无穷小，记为 $\alpha = o(\beta)$。

怎么来理解呢？就是说 α 比 β 趋向无穷小的速度更快。因为是两者进行比较，也可以说 β 是比 α 更为低阶的无穷小。来看个例子，这样可以理解得更为形象。现有 $\alpha = x^2$ 和 $\beta = x$，则有

$$\lim_{x \to 0}\frac{\alpha}{\beta} = \lim_{x \to 0}\frac{x^2}{x} = \lim_{x \to 0}x = 0$$

表明 x^2 是比 x 更为高阶的无穷小，那 x^2 比 x 更快地趋向于无穷小吗？来看看变化的情况就知道了，如表 1-1 所示。

表 1-1　比较 x^2 和 x 趋向于无穷小的速度

α 和 β	$x=2$	$x=1$	$x=0.5$	$x=0.2$	$x=0.1$	$x=0.05$	$x=0.02$
$\alpha=x^2$	4	1	0.25	0.04	0.01	0.002 5	0.000 4
$\beta=x$	2	1	0.5	0.2	0.1	0.05	0.02

明显可见，x^2 趋向于无穷小的速度更快，而且不在一个量级，因此称 x^2 比 x 更为高阶。

答疑解惑

学生问：在 $\lim\dfrac{\alpha}{\beta}$ 这个式子中，运算符 lim 并没有标下标，那一定得是 $\lim\limits_{x\to 0}\dfrac{\alpha}{\beta}$ 吗？

老师答：不一定。趋向于无穷小及其速度是针对 α 和 β，并非指自变量。如：

$$\alpha=\frac{1}{x}, \quad \beta=\frac{1}{x^2}$$

则

$$\lim_{\frac{1}{x}\to\infty}\frac{\alpha}{\beta}=\lim_{\frac{1}{x}\to\infty}\frac{\dfrac{1}{x}}{\dfrac{1}{x^2}}=\lim_{\frac{1}{x}\to\infty}\frac{x^2}{x}=\lim_{\frac{1}{x}\to\infty}x=0$$

据前述分析，同理可得：如果 $\lim\dfrac{\alpha}{\beta}=\infty$，则表明 α 是比 β 更为低阶的无穷小。

此外，如果 $\lim\dfrac{\alpha}{\beta}=C\neq 0$，则称 α 与 β 为同阶无穷小。当 $\lim\dfrac{\alpha}{\beta}=C=1$

时,则称 α 与 β 为等价无穷小。这说明了什么呢?同阶无穷小说明 α 与 β 的趋向于 0 的速度相似,且成一定的比例;等价无穷小说明 α 与 β 的趋向于 0 的速度非常接近,但并不是完全一致,其间有很小的差异。等价无穷小可以用来替换,但并不是所有场合都能替换。

当 $x \to 0$ 时,常用来替换的等价无穷小有如下一些(～表示等价于):

$$\sin x \sim x$$
$$\tan x \sim x$$
$$\arcsin x \sim x$$
$$\arctan x \sim x$$
$$\ln(1+x) \sim x$$
$$e^x - 1 \sim x$$

等价并不等同于完全相等,但可表述为相差一个更为高阶的无穷小。如 $\sin x \sim x$ 可表述为

$$\sin x = x + o(x)$$

学习点拨:等价无穷小从名称上来看有"等价"二字,但并不是说两者趋向于 0 的速度就一致,可以肯定的是两者趋向于 0 的速度处在同一量级且比较接近,在求极限的一些应用场合可以相互替换,以简化计算。所以"等价"二字体现的主要内涵是"可替换"。

下面来看 3 个极限的计算。

例 1-2:计算以下 3 个极限

$$\lim_{x \to 0} \frac{\sin x + \tan x}{x}$$

$$\lim_{x \to 0} \frac{\sin x - \tan x}{x}$$

$$\lim_{x \to 0} \frac{\sin x - \tan x}{x^2}$$

解：

第 1 个极限的计算中可进行替换操作：

$$\lim_{x \to 0} \frac{\sin x + \tan x}{x} = \lim_{x \to 0} \frac{x + o_1(x) + x + o_2(x)}{x}$$

$$= \lim_{x \to 0} \frac{2x}{x} + \lim_{x \to 0} \frac{o_1(x) + o_2(x)}{x}$$

$$= 2 + \lim_{x \to 0} \frac{o(x)}{x} = 2 + 0 = 2$$

其中，因为 $o_1(x)$ 和 $o_2(x)$ 都是相对 x 的高阶无穷小，故其和仍为一个相对 x 的高阶无穷小 $o(x)$。高阶无穷小与无穷小的比值结果为 0。

第 2 个极限的计算中也可以进行替换操作：

$$\lim_{x \to 0} \frac{\sin x - \tan x}{x} = \lim_{x \to 0} \frac{x + o_1(x) - x - o_2(x)}{x} = \lim_{x \to 0} \frac{o(x)}{x} = 0$$

其中，$o_1(x)$ 和 $o_2(x)$ 的差值必为一个相对 x 的高阶无穷小。

但是，第 3 个极限的计算却不能进行替换操作。假设我们做替换操作：

$$\lim_{x \to 0} \frac{\sin x - \tan x}{x^2} = \lim_{x \to 0} \frac{o(x)}{x^2}$$

到了这一步就计算不下去了，因为 $o(x)$ 和 x^2 都是相对 x 的高阶无穷小，无法判断两者趋向于 0 的速度是否在一个量级。此时，我们需要有更好的办法。本书在学习完导数知识后，会讲解洛必达法则，后续可用该法则做极限计算。

综上，得出可等价替换等价无穷小的原则：乘除法可以直接替换，加减法要谨慎；不会出现两个高阶无穷小比较速度，不会导致无法计算时可替换。

2. 无穷大之间阶的比较

现有 α 和 β 这两个无穷大，两者之间阶的比较如下：

如果 $\lim \frac{\alpha}{\beta} = 0$，则表明 α 是比 β 更为低阶的无穷大。也就是说 β 趋向于

无穷大的速度相比 α 更快,且不在一个量级。

如果 $\lim \dfrac{\alpha}{\beta}=\infty$,则表明 α 是比 β 更为高阶的无穷大。也就是说 α 趋向于无穷大的速度相比 β 更快,且不在一个量级。

如果 $\lim \dfrac{\alpha}{\beta}=C\neq 0$,则称 α 与 β 为同阶无穷大。当 $\lim \dfrac{\alpha}{\beta}=C=1$ 时,则称 α 与 β 为等价无穷大。

例如,x^2 是比 x 更为高阶的无穷大,看表 1-2 就明白了。

第1章

极限

表 1-2 比较 x^2 和 x 趋向于无穷大的速度

α 和 β	$x=1$	$x=2$	$x=5$	$x=8$	$x=10$	$x=100$	$x=1\,000$
$\alpha=x^2$	1	4	25	64	100	10 000	1 000 000
$\beta=x$	1	2	5	8	10	100	1 000

当 $x \to +\infty$ 时,常用来替换的等价无穷大有如下一些($\sim$ 表示等价于):

$$x+a \sim x$$
$$x^2+ax+b \sim x^2$$
$$e^x+x^2 \sim e^x$$
$$x!+e^x \sim x!$$

1.2.4 会用极限的运算法则

极限有一些运算法则,比较容易理解,此处不再解释,直接列出供学习参考:

$$\lim(x \pm y)=\lim x \pm \lim y$$
$$\lim(xy)=\lim x \cdot \lim y$$

$\lim(Cx)=C \cdot \lim x$,即常数因子可提取到极限符号外

$\lim x^n=(\lim x)^n$,其中 n 为正整数

1.3　极限计算的示例

有了前述内容的学习基础,我们来做些练习巩固知识点,再学习一些新的计算方法。

1.3.1　一眼看出计算结果

有的极限计算比较简单,一眼就可以看出来计算的结果。下面来看示例。

例 1-3:计算极限

$$\lim_{x\to 2}(2x^2+3x-1)$$

解:

函数 $2x^2+3x-1$ 从图形上看是连续函数,故上述极限的计算将 $x=2$ 直接代入即可:

$$\lim_{x\to 2}(2x^2+3x-1)=8+6-1=13$$

例 1-4:计算极限

$$\lim_{x\to 3}\frac{5x}{x^2-9}$$

解:

如果将 $x=3$ 代入,分子值为 15,为一数值; $\lim_{x\to 3}(x^2-9)=0$。表明分母为无穷小,无穷小的倒数为无穷大,故

$$\lim_{x\to 3}\frac{5x}{x^2-9}=\infty$$

例 1-5:计算极限

$$\lim_{x\to 3}\frac{x-3}{x^2-9}$$

解：

分母、分子均趋向于无穷小，看似不好计算。可将 x^2-9 分解因式，得到 $x^2-9=(x+3)(x-3)$，再约去 $x-3$，得

$$\lim_{x\to 3}\frac{x-3}{x^2-9}=\lim_{x\to 3}\frac{1}{x+3}=\frac{1}{6}$$

❊ 学习点拨：此时不用考虑分母是否为 0，因为无穷小是趋近于 0 但不为 0。

1.3.2　会用两个重要的极限

第 1 个重要的极限是

$$\lim_{x\to 0}\frac{\sin x}{x}=1$$

这个很好理解，用前述所学的等价无穷小做替换，一眼就可以看出结果。

第 2 个重要的极限是

$$\lim_{x\to\infty}\left(1+\frac{1}{x}\right)^x=\mathrm{e}$$

e 是常数，其值约为 2.718 281 83。这个式子也可以写成

$$\lim_{x\to 0}(1+x)^{\frac{1}{x}}=\mathrm{e}$$

问题是，这怎么计算出来的？设

$$y=\left(1+\frac{1}{x}\right)^x$$

则

$$\ln y=x\ln\left(1+\frac{1}{x}\right)$$

$$\lim_{x\to\infty}(\ln y)=\lim_{x\to\infty}\left[x\ln\left(1+\frac{1}{x}\right)\right]$$

根据等价无穷小,当 $x \to 0$ 时,有 $\ln(1+x) \sim x$。即当 $x \to \infty$ 时,有 $\ln\left(1+\dfrac{1}{x}\right) \sim \dfrac{1}{x}$,故有

$$\lim_{x \to \infty}\left[x\ln\left(1+\frac{1}{x}\right)\right] = \lim_{x \to \infty}\left(x\,\frac{1}{x}\right) = 1$$

因此,可得

$$\lim_{x \to \infty}\left(1+\frac{1}{x}\right)^x = \lim_{x \to \infty} e^{\ln y} = e$$

❋ 学习点拨:这两个重要的极限看似复杂,不好记忆,其实都可以通过等价无穷小替换得到。

例 1-6:计算极限

$$\lim_{x \to \infty}\left(\frac{x^2}{x^2-1}\right)^x$$

解:

乍一看,似乎无从下手。先试做因式分解:

$$\lim_{x \to \infty}\left(\frac{x^2}{x^2-1}\right)^x = \lim_{x \to \infty}\left(\frac{x}{x+1} \cdot \frac{x}{x-1}\right)^x = \lim_{x \to \infty}\left(\frac{x}{x+1}\right)^x \cdot \lim_{x \to \infty}\left(\frac{x}{x-1}\right)^x$$

接下来要做的就是套第 2 个重要的极限的形式:

$$\lim_{x \to \infty}\left(\frac{x^2}{x^2-1}\right)^x = \lim_{x \to \infty}\left(\frac{x}{x+1}\right)^x \cdot \lim_{x \to \infty}\left(\frac{x}{x-1}\right)^x$$
$$= \lim_{x \to \infty}\left(\frac{x+1-1}{x+1}\right)^x \cdot \lim_{x \to \infty}\left(\frac{x-1+1}{x-1}\right)^x$$
$$= \lim_{x \to \infty}\left(1-\frac{1}{x+1}\right)^x \cdot \lim_{x \to \infty}\left(1+\frac{1}{x-1}\right)^x$$

令 $y_1 = -(x+1)$,当 $x \to \infty$ 时,有 $y_1 \to \infty$。令 $y_2 = x-1$,当 $x \to \infty$ 时,有 $y_2 \to \infty$。故上述式子可以演变为

$$\lim_{x \to \infty}\left(\frac{x^2}{x^2-1}\right)^x = \lim_{x \to \infty}\left(1-\frac{1}{x+1}\right)^x \cdot \lim_{x \to \infty}\left(1+\frac{1}{x-1}\right)^x$$

$$= \lim_{y_1 \to \infty} \left(1 + \frac{1}{y_1}\right)^{-y_1 - 1} \cdot \lim_{y_2 \to \infty} \left(1 + \frac{1}{y_2}\right)^{y_2 + 1}$$

$$= \frac{1}{\displaystyle\lim_{y_1 \to \infty} \left(1 + \frac{1}{y_1}\right)^{y_1} \cdot \lim_{y_1 \to \infty} \left(1 + \frac{1}{y_1}\right)} \cdot$$

$$\lim_{y_2 \to \infty} \left(1 + \frac{1}{y_2}\right)^{y_2} \cdot \lim_{y_2 \to \infty} \left(1 + \frac{1}{y_2}\right)$$

$$= \frac{1}{e \times 1} \times e \times 1 = 1$$

1.3.3　算算钱存到银行里 3 年后会有多少钱

王同学往某银行里存进 10 000 元。该银行采取复利计算法,约定 3 年存款年利率为 3%。现问,如果一年结算一次利息,则 3 年后本息共计多少钱? 如果每年结算 4 次利息,则 3 年后本息共计多少钱? 如果每天结算一次利息,则 3 年后本息共计多少钱?

先来看一年结算一次利息的情况。3 年共结算 3 次,则每次结算的利息为当次本金乘以 $\frac{3\%}{3}$。因此存一年本息共计为 $10\,000 \times \left(1 + \frac{3\%}{3}\right) = 10\,100$ 元。存两年本息共计为 $10\,000 \times \left(1 + \frac{3\%}{3}\right)^2 = 10\,201$。存 3 年本息共计为 $10\,000 \times \left(1 + \frac{3\%}{3}\right)^3 = 10\,303.01$。

再来看每年结算 4 次利息的情况。共计结算 12 次。第一次结算时本息共计为 $10\,000 \times \left(1 + \frac{3\%}{12}\right) = 10\,025$ 元。3 年后本息共计为 $10\,000 \times \left(1 + \frac{3\%}{12}\right)^{12} \approx 10\,304.16$。可见,结算次数越多,3 年后的本息合计就越多,尽管只多那么一点点。感觉计算结果总是有界的,那界线是多少呢? 继续计算看看。

如果每天结算一次利息,3 年后本息共计为

$$10\,000 \times \left(1 + \frac{3\%}{365 \times 3}\right)^{365 \times 3} \approx 10\,304.54$$

感觉已经算不清了,那怎么办?可以使用极限来算。设结算次数为 x,则第 x 次结算时本息共计为

$$10\,000 \times \left(1 + \frac{3\%}{x}\right)^{x}$$

当 $x \to +\infty$ 时,计算极限:

$$\lim_{x \to +\infty}\left[10\,000 \times \left(1 + \frac{3\%}{x}\right)^{x}\right] = 10\,000 \times \lim_{x \to +\infty}\left(1 + \frac{3\%}{x}\right)^{x}$$

$$= 10\,000 \times \lim_{x \to +\infty}\left(1 + \frac{1}{\frac{100}{3}x}\right)^{x}$$

设 $y = \frac{100}{3}x$,则当 $x \to +\infty$ 时,$y \to +\infty$。上式可以演变为

$$\lim_{x \to +\infty}\left[10\,000 \times \left(1 + \frac{3\%}{x}\right)^{x}\right] = 10\,000 \times \lim_{y \to +\infty}\left[\left(1 + \frac{1}{y}\right)^{y}\right]^{0.03}$$

$$= 10\,000 \times e^{0.03}$$

$$\approx 10\,304.55$$

可见,结算次数再多,3 年后最终的本息合计最多也就是 10 304.55 元。实际上,相比每天结算一次的方式,哪怕是采用更多的结算次数,最终的本息合计已经变动很小(也就 1 分钱),因为其最终值已经非常接近于极限值了。

1.3.4　推导圆的周长和面积公式

在本章的开头部分已经给出过一个应用场景,认为圆可以想象成一个非常小的边组成的等边多边形。既如此,可以通过等边多边形来推导出圆的周长和面积计算公式。下面来看图 1-8。

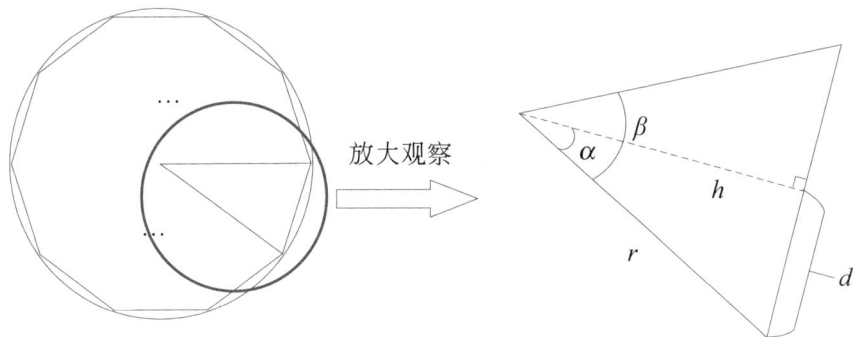

图 1-8　观察如何求圆的周长和面积

1. 推导出圆的周长公式

当等边多边形的边数 n 趋向于正无穷大时,等边多边形的所有边长之和即为圆的周长 l。可做如下推导:

$$l = \lim_{n \to +\infty} (\underbrace{2nd}_{n\text{个边长}}) = \lim_{n \to +\infty} (2n \cdot \underbrace{r\sin\alpha}_{\text{边长为}r\sin\alpha}) = \lim_{n \to +\infty} \left(2nr \cdot \underbrace{\sin\frac{\beta}{2}}_{\alpha\text{为}\beta\text{的一半}}\right)$$

$$= \lim_{n \to +\infty} \left(2nr\sin\underbrace{\frac{\frac{2\pi}{n}}{2}}_{\beta\text{为}\frac{2\pi}{n}}\right)$$

$$= \lim_{n \to +\infty} \left(2nr\sin\frac{\pi}{n}\right) = \lim_{n \to +\infty} \left(\underbrace{2nr\frac{\pi}{n}}_{\text{用等价无穷小替换:}\sin\frac{\pi}{n}\sim\frac{\pi}{n}}\right) = \lim_{n \to +\infty} (2\pi r) = 2\pi r$$

注:π 表示 $180°$,2π 表示 $360°$。

2. 推导出圆的面积公式

当等边多边形的边数 n 趋向于正无穷大时,等边多边形的所有边对应的三角形面积之和即为圆的面积 S。可做如下推导:

$$S = \lim_{n \to +\infty} (nS_{\text{放大观察的三角形}}) = \lim_{n \to +\infty} \left(n \times \underbrace{\left(\frac{1}{2} \times 2dh\right)}_{\text{运用三角形面积计算公式}}\right) = \lim_{n \to +\infty} (ndh)$$

$$= \lim_{n \to +\infty} \frac{(n(r\sin\alpha))}{\underset{\text{计算}d}{}} \frac{(r\cos\alpha))}{\underset{\text{计算}h}{}} = \lim_{n \to +\infty} \left(n\left(\underset{\alpha=\frac{\pi}{n}}{r\sin\frac{\pi}{n}} \right)\left(\underset{\alpha=\frac{\pi}{n}}{r\cos\frac{\pi}{n}} \right) \right)$$

$$= \lim_{n \to +\infty} \left(n\left(r\frac{\pi}{n} \right)(r\times1) \right) = \pi r^2$$

用等价无穷小替换：$\sin\frac{\pi}{n} \sim \frac{\pi}{n}$ $\lim_{n \to +\infty} \cos\frac{\pi}{n} = 1$

前述两个公式的推导过程中，详细说明了变化的过程。本书后续内容中，如果推导过程比较简单，将简略表达。

1.4 小结

理解极限没有必要记忆复杂的定义公式，关键是要从"动态""有界"这两个观点出发来理解极限。

本章讲解了 5 种计算极限的方法，现简要总结如表 1-3 所示。

表 1-3   5 种计算极限的方法

方 法 名 称	使 用 说 明
直接计算法	对于连续函数，直接代入自变量趋近的值，计算得到极限结果
图形法	在脑海中回想或用工具制作函数的图形，看出极限结果
一眼看出法	一眼看后，根据学到的极限计算知识，口算出极限结果
等价替换法	用等价无穷小、等价无穷大分别替换函数中的无穷小、无穷大，从而简化计算
套用重要极限法	把函数尽可能地演变成两个重要极限的样子，再计算得到极限结果

第2章 导数

知识树

导数的知识树如图 2-1 所示。

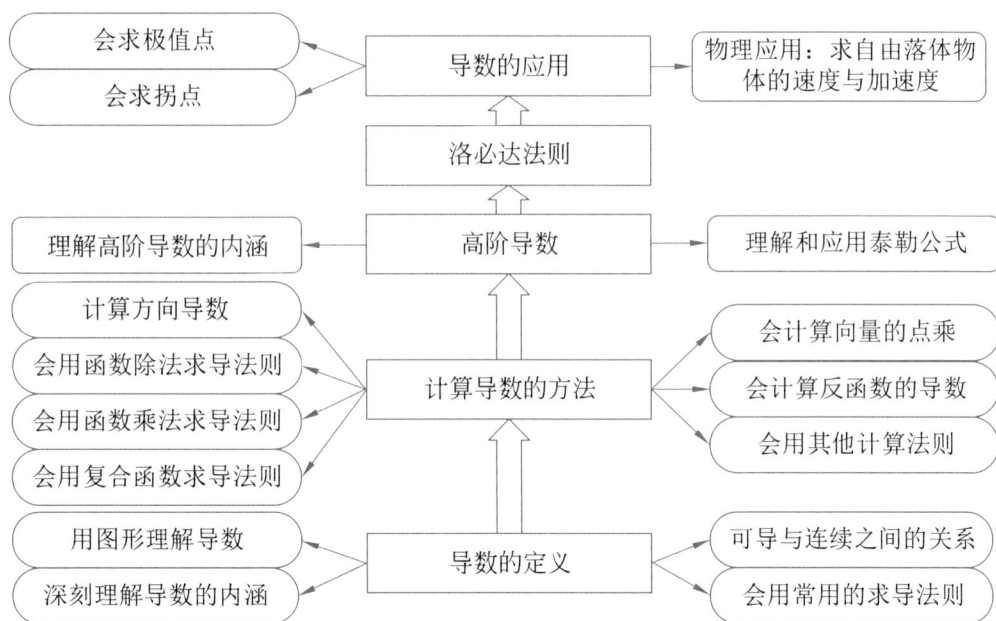

图 2-1 导数的知识树

应用场景：爬陡坡更累

如图 2-2 所示的场景，爬山时大家会有这样的共同感受：走平路不累，但是坡越陡爬起来越累，为什么会这样呢？说起来很平常，但其中有导数的内涵。

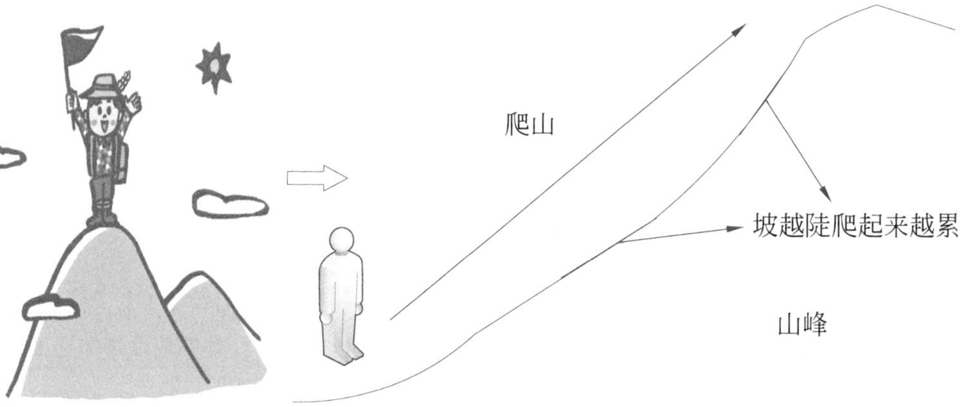

爬山

坡越陡爬起来越累

山峰

图 2-2　爬山为什么坡越陡爬起来越累

想象一个人在爬山，把他所处的高度随着爬山时间的变化看作一个函数。一开始，山路比较平缓，上升的速度（实际上就这个函数的导数）比较慢，感觉不累。这时就相当于高度上升的速度较小。然后，到了一段比较陡峭的山坡，上升的速度变快，会感觉比较吃力，这就相当于高度上升的速度增大了。速度更快，表明单位时间内上升的高度更多，爬山需要消耗的能量也更多。最后，到达山顶，就不再继续上升了，此时上升的速度（即导数）为 0。横坐标表示时间，纵坐标表示高度。折线的斜率就代表了高度变化的速度。陡峭的部分斜率（即导数）大，上升速度快；平缓的部分斜率小，上升速度慢。

导数的应用场景还有很多。

（1）导数是后续学习偏导数、微分、积分的基础。求导数本质上就是求得因变量随自变量的变化率。本章只讨论一个自变量的情形,后续学习偏导数时会学习多个自变量的情形。

(2)导数在物理学、经济学、金融学等领域有着广泛的应用。例如,位移对时间的导数是速度,速度对时间的导数是加速度,可用于分析物体的运动状态和变化趋势;电学中,电流对时间的导数是电流的变化率;可用导数预测股票价格的走势;图像处理中,导数可以帮助识别图像中物体的边缘和轮廓。

(3)需要考察因变量随自变量变化情况的场景都可用到导数。本章中就会介绍一些具体的应用场景。例如,导数可用于求函数的极值点,在极值点处导数值为 0;二阶导数可用于求拐点,在拐点处二阶导数值为 0。

问题先导:学习导数有什么诀窍吗

(1)学生问:老师,初次看到导数的符号 $\dfrac{\mathrm{d}y}{\mathrm{d}x}$,就感觉到比较陌生和不容易掌握,有什么办法吗?

简要回答:你的想法很正常。通常初学者看到高等数学的符号就会有一种莫名的恐惧感。我觉得不要怕数学符号,要拥抱数学符号。让自己看到这些数学符号不紧张的办法就是透彻地理解它,本章后续会有通俗的讲解。

(2)学生问:老师,要学会求导计算有什么诀窍吗?

简要回答:老师有 3 点学习意见供参考:第 1 点是适当记忆。主要是记住常用的求导公式。第 2 点是会用求导法则。相对比较难理解的是复合函数、函数乘法、函数除法的求导法则。如果学习求导法则公式的推导有困难,就跳过它,先学会用再说。第 3 点是适当做一些练习题。做练习题可以巩固学习求导的计算方法。

(3)学生问:老师,高阶导数中的泰勒公式、麦克劳林公式有点复杂,有什么办法掌握的更好?

简要回答:麦克劳林公式以自变量值为 0 的点作为当前点,是泰勒公式的一种特殊情况,因此掌握了泰勒公式,再掌握麦克劳林公式就比较容易了。记忆泰勒公式的关键是记住其多项式的通用表达式 $\sum_{n=0}^{\infty}\left(\dfrac{f^{(n)}(x_0)}{n!}(x-x_0)^n\right)$,其中,分子、分母、多项式的每个项的次方都是 n 或 n 的阶乘。如果还想理解更为深刻,可看看本章后续内容对泰勒公式的推导。

2.1　用动态和微观的观点理解导数

"导数"一词,我觉得应该理解为"引导函数发展方向的数"。也就是说,在函数的某个点,随着自变量的值的变化,因变量的值会发生什么样的变化。注意,前提是在具体的某个点,这就需要用动态和微观的观点来看待这个概念。

2.1.1　用图形来理解导数

究竟什么是导数呢?能不能更为形象地说明?我的理解是,在函数图形中,特定的点上的导数代表的是函数的值(即因变量)在这个点随自变量前进最快的方向,从而导向最快的发展节奏,如图 2-3 所示。

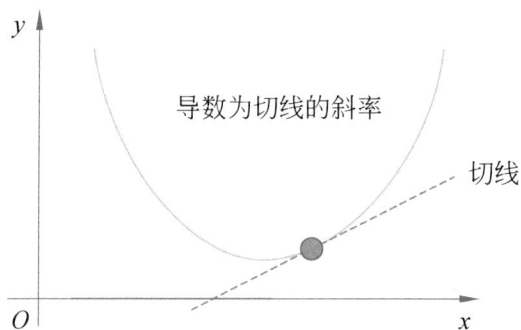

图 2-3　导数的几何意义

在几何意义上来讲,导数方向上通过当前点的线是函数在当前点上的切线,导数的值为切线的斜率(注意不是切线,而是切线的斜率)。

我们来学会用符号表示导数。除了用 ′ 表示导数外,还可以用 $\dfrac{\mathrm{d}y}{\mathrm{d}x}$ 来表示导数。$\mathrm{d}y$ 和 $\mathrm{d}x$ 是微分上的用法,其含义分别表示 y 值和 x 值沿切线的微小变化。这种微小的变化是指 x 值的变化趋近于 0。这种含义用公式表述如下:

$$f'(x) = \frac{\mathrm{d}y}{\mathrm{d}x} = \lim_{\Delta x \to 0} \frac{\Delta y}{\Delta x} = \lim_{\Delta x \to 0} \frac{f(x + \Delta x) - f(x)}{\Delta x}$$

❁ 学习点拨:注意结合图 2-4 来理解 $\mathrm{d}y$ 与 Δy 的差别。很显然,Δy 是指 y 沿函数的变化值,$\mathrm{d}y$ 是指 y 沿切线的变化值。

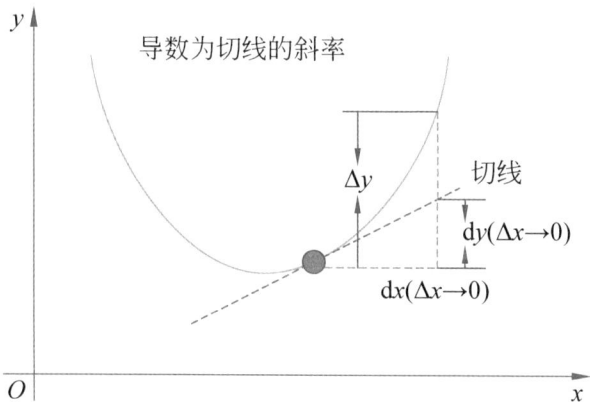

图 2-4　导数的含义示意图

怎么理解导数公式背后的含义呢? 用图结合意义来理解最为深刻。

$\lim\limits_{\Delta x \to 0} f(x)$ 要表达的运算就是当 x 的变化趋近于 0 时,求 $f(x)$ 的值。x 的变化用 Δx 表示,Δ 表示变化,念"逮它"。大家别太纠结于这些符号的发音,这里给出的读音只是谐音,仅用于学习参考,觉得有意思就当作趣味去学习就可以了。

> **学习点拨**：什么符号表示什么含义，通常有约定俗成的做法，这样大家理解起来才能够达成共识。例如：用 Δ 表示变化，用 $f(x)$ 表示函数。f 是 function 的首字母，这个英文单词就是"函数、功能"的意思。

当 $\Delta x \to 0$ 时，表示 x 值出现微小的变化，记为 $\mathrm{d}x$；跟随这种变化，y 值也会出现微小的变化，记为 $\mathrm{d}y$。注意，y 值的微小变化是跟随 $\Delta x \to 0$ 产生的，而不是无缘无故产生的。同样，要用动态、微观的观点来看待这件事。有了这些观点，导数的公式含义和图 2-4 就比较好理解了。

从图 2-4 来看，$\mathrm{d}y$ 和 Δy 长短是有区别的，但是在 $\Delta x \to 0$，即"无限逼近"时，我们认为在当前这个点时，Δx 就等同于 $\mathrm{d}x$（从图 2-4 可以明显看出），Δy 就等同于 $\mathrm{d}y$。这就是从"微观的角度"和"动态的观点"来看待和解决问题的内涵。但是，这些必须建立在函数可导的基础上。

答疑解惑

学习导数的定义时，经常有人会碰到一些困惑，下面做出解答。如果确实没看懂，在后续学习了更多知识（主要是泰勒公式）后可再回过头来理解。

学生问：不是说 $\mathrm{d}y$ 和 Δy 长短是有区别的吗？那怎么又可以等同于呢？

老师答：$\mathrm{d}y$ 和 Δy 的长度相差多少呢？可以从图 2-4 明显看出，相差的值为 $\Delta y - \mathrm{d}y$。当 $\Delta x \to 0$ 时，$\Delta y - \mathrm{d}y$ 是比 $\mathrm{d}y$ 更为高阶的无穷小，故可以认为 Δy 就等同于 $\mathrm{d}y$。$\Delta y - \mathrm{d}y$ 怎么会是比 $\mathrm{d}y$ 更为高阶的无穷小呢？后续我们学习了泰勒公式后再来详细解释。为了让大家不至于过于迷茫，下面我想先用一个例子来做个解释。如果函数为

$$f(x) = x^2$$

通过后续学习，我们可以知道：

$$(x^2)' = 2x$$

而 $\mathrm{d}y = f'(x)\mathrm{d}x$、$\mathrm{d}x = \Delta x$，故有

$$\Delta y - \mathrm{d}y = f(x + \Delta x) - f(x) - \mathrm{d}y = (x + \Delta x)^2 - x^2 - 2x\mathrm{d}x$$

$$= x^2 + 2x\Delta x + (\Delta x)^2 - x^2 - 2x\Delta x = (\Delta x)^2$$

从而可得

$$\lim_{\Delta x \to 0} \frac{\Delta y - \mathrm{d}y}{\mathrm{d}y} = \lim_{\Delta x \to 0} \frac{(\Delta x)^2}{\Delta x} = \lim_{\Delta x \to 0} \Delta x = 0$$

故此时，$\Delta y - \mathrm{d}y$ 是比 $\mathrm{d}y$ 更为高阶的无穷小。

2.1.2　用导数的定义计算导函数

例 2-1：用导数的定义计算 $f(x) = x^2$ 的导数。

解：

根据导数的定义可计算出：

$$\frac{\mathrm{d}y}{\mathrm{d}x} = \lim_{\Delta x \to 0} \frac{\Delta y}{\Delta x} = \lim_{\Delta x \to 0} \frac{f(x + \Delta x) - f(x)}{\Delta x} = \lim_{\Delta x \to 0} \frac{(x + \Delta x)^2 - x^2}{\Delta x}$$

$$= \lim_{\Delta x \to 0} \frac{x^2 + 2x\Delta x + (\Delta x)^2 - x^2}{\Delta x} = \lim_{\Delta x \to 0} \frac{2x\Delta x + (\Delta x)^2}{\Delta x}$$

$$= \lim_{\Delta x \to 0} (2x + \Delta x) = 2x$$

分子分母中均有 Δx，且 Δx 的值是趋近于 0 但不为 0，故分子、分母可约掉 Δx

2.1.3　彻底讲透导数的内涵

通过图形理解导数的内涵，实质上就是说某点的导数就是该点切线的斜率，就是在该点时的变化率。变化率又说明了什么呢？说明在该点，以导数值来看，自变量每变化一个单位，因变量会跟着变化多少个单位。例如：

$$\left. \frac{\mathrm{d}y}{\mathrm{d}x} \right|_{x=1} = 3$$

这表明当在 $[x,y]=[1,f(1)]$ 这个点,x 的值每变大 1,y 的值会跟着变大 3;x 的值每变小 1,y 的值会跟着变小 3。那如果导数值为 0,则不论 x 的值变化多少,y 的值总是固定不变。

如果导数值大于 0,表明随 x 值的增大,y 值会增大,表明此时的函数是一个单调递增函数。如果导数值小于 0,表明随 x 值的增大,y 值会减少,表明此时的函数是一个单调递减函数。

2.1.4 理解可导与连续的关系

有一条经典的语句"可导一定连续,但连续不一定可导"。看起来,前半句好理解,但后半句很难让人理解。不妨来看个反例,一讲就明白了。

函数 $y=|x|$ 的图形如图 2-5 所示,看起来明显是连续的,在 $x=0$ 时,函数图形有突变。这时,$\lim\limits_{x \to 0}|x|$ 的值是存在的,因为无论从左看还是从右看,函数的极限值都是 0,因此 $\lim\limits_{x \to 0}|x|=0$。但是此时,$\lim\limits_{\Delta x \to 0}\dfrac{f(x+\Delta x)-f(x)}{\Delta x}$ 却不存在。因为从左边看,函数实际上是 $y=-x$,斜率是 -1;从右边看,函数实际上是 $y=x$,斜率是 1,那导数值到底是多少? 导函数选谁? 相互之间产生了矛盾,此时也就意味着函数 $y=|x|$ 不可导。

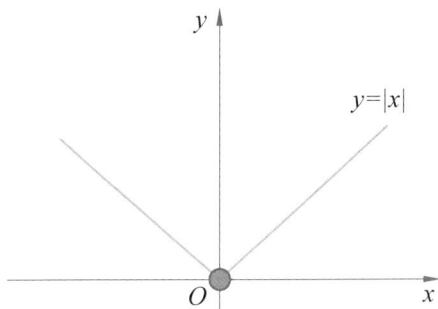

图 2-5 一个连续但不可导的函数示例

2.1.5　学习常用的求导法则

基于前人很多经验的总结,对特定形式的函数,通过求导可以得到它的导数的函数表达形式。对原函数应用求导法则后得到的新函数称为导函数。表 2-1 所示的求导法则经常会用到,请一定要掌握。

表 2-1　常用的求导法则

序号	求 导 法 则	序号	求 导 法 则
1	$x'=1$	5	$a'=0$
2	$(ax)'=a$	6	$(\mathrm{e}^x)'=\mathrm{e}^x$
3	$(x^a)'=ax^{a-1}$	7	$(a^x)'=a^x\ln a$
4	$(\ln x)'=\dfrac{1}{x}$	8	$(\log_a x)'=\dfrac{1}{x\ln a}$

说明:1. a 是常数。

　　　2. e 是常数,其值为一个近似于 2.718 281 83 的数。

　　　3. $\ln x$ 表示以 e 为底的对数。

> 学习点拨:导函数并不是切线方程的等式右边的函数,而是函数在自己图形上位于无数个点时的切线斜率的通用表达式。这点请大家一定要记住并保持清晰的思路。鉴于此,如果无数个点的切线斜率的表达式通用不起来,也就不能得到导函数。

请大家通过图形来理解表 2-1 的求导法则,一些示例如图 2-6 所示。函数怎么会有图形?通常在函数的左边加上 y＝就可以构建出方程,从而根据方程画出函数的图形。

从图形来看,函数 x、2x 的图形是一条直线。因为 y＝x 这条直线的斜率就是 1;y＝2x 这条直线的斜率就是 2,可见直线表达式的导数是一个数值,这个数值就是 x 的系数。其他函数及其导函数的图像就不再赘

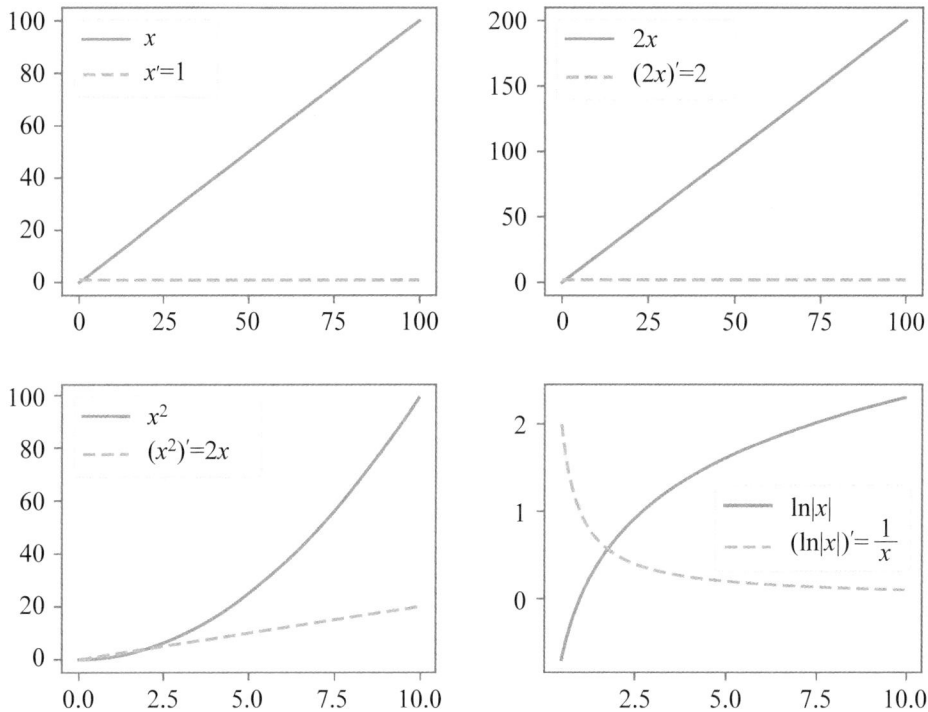

图 2-6 表 2-1 中第 1～4 个求导法则的示例

述了。

在函数的极大值或极小值的点,导函数的值必为 0。因为在函数的极大值或极小值之处,切线平行于 x 轴,平行于 x 轴的线的斜率必定为 0,如图 2-7 所示。从几何意义上理解,处于极小值或极大值时,函数的变化率(也就是切线的斜率、导数)为 0。只要函数存在极大值、极小值,那么从几何意义上就可以这么理解。

函数可能存在多个极值。一个示例如图 2-8 所示,在这个函数的图形中,明显可以看出存在有 2 个局部极大值、2 个局部极小值,这些值都是极值。对比所有局部极大值就可以得到全局的极大值,对比所有局部极小值就可以得到全局的极小值。

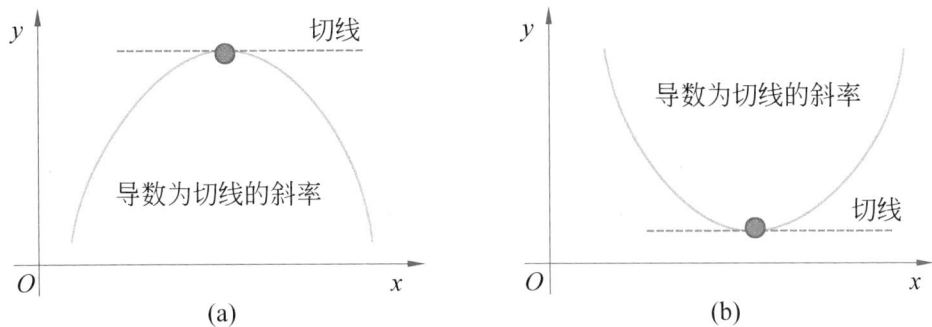

图 2-7 函数在极大值、极小值处的导数

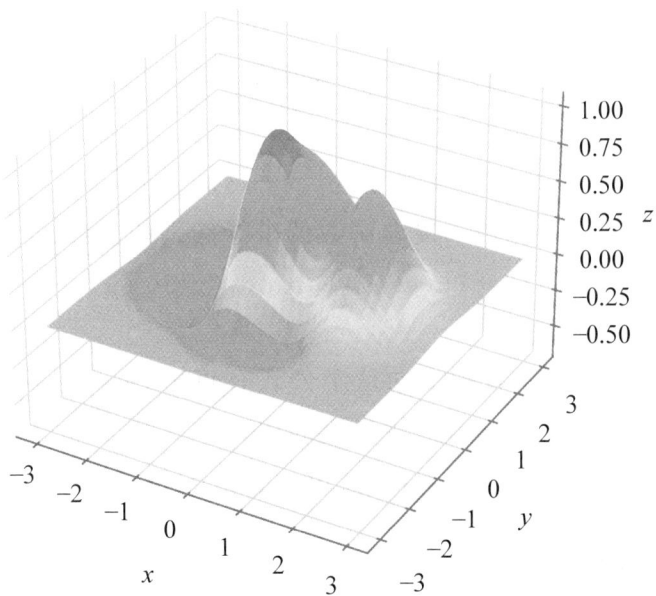

图 2-8 一个有多个极值的函数示例

图 2-8 实际上是以下方程的图形（等号右边是函数）：

$$z=\left(1-\frac{x}{2}+x^5+y^3\right)e^{-x^2-y^2}$$

2.2 计算导数的方法

计算导数的方法包括复合函数求导、函数乘法求导等。初次学习时,复合函数的求导法则会相对难以理解一些,请认真掌握。

2.2.1 会用复合函数的求导法则

什么是复合函数?复合函数就是函数的函数,中间通过别的变量来表达。例如:

$$f(x) = u(v(x))$$

$f(x)$、$v(x)$ 都是自变量为 x 的函数,但 $u(v(x))$ 的自变量是 $v(x)$。显然,$u(v(x))$ 通过 u 这个变量来表达,即

$$f(x) = u(v), v = v(x)$$

故 $u(v(x))$ 是复合函数。复合函数的求导法则如下:

$$f'(x) = (u(v(x)))' = u'(v(x))v'(x)$$

> ❋ 学习点拨:有些人看到上面这个公式有点懵,觉得有点复杂。其实,这个公式用起来很简单。请记住我说的诀窍——复合函数的求导法则就是要"一导到底"。如果还是不理解,可以看下面的计算示例来加深理解。

例 2-2:求导数

$$f(x) = \ln(x^2 + 1)$$

解:
设 $u(v(x)) = \ln(x^2 + 1)$,$v(x) = x^2 + 1$,则

$$u(v(x)) = \ln(v(x))$$

进一步计算,可得

$$f'(x) = (u(v(x)))' = u'(v(x))v'(x) = \frac{1}{v(x)}v'(x)$$

$$= \frac{1}{x^2+1}(x^2+1)' = \frac{2x}{x^2+1}$$

如果用导数的另一种表示方法,也可表示为

$$f'(x) = \frac{\mathrm{d}f}{\mathrm{d}x} = \frac{\mathrm{d}f}{\mathrm{d}u} \cdot \frac{\mathrm{d}u}{\mathrm{d}x} = \frac{\mathrm{d}f}{\mathrm{d}u} \cdot \frac{\mathrm{d}u}{\mathrm{d}v} \cdot \frac{\mathrm{d}v}{\mathrm{d}x}$$

用这种表示方法看起来会更为形象,因为在上述公式的乘法中,$\mathrm{d}u$ 作为分母和分子同时出现时可以约掉,$\mathrm{d}v$ 亦是如此,这更为透彻地表达了"一导到底"的内涵要义。

2.2.2　会用函数乘法的求导法则

两个自变量为 x 的函数相乘,即 $u(x)v(x)$,其求导的计算法则如下:

$$(u(x)v(x))' = u'(x)v(x) + v'(x)u(x) = \frac{\mathrm{d}u}{\mathrm{d}x}v(x) + \frac{\mathrm{d}v}{\mathrm{d}x}u(x)$$

上述公式看起来挺复杂的,记起来却挺方便。记忆口诀就是"一个导乘另一个不导,再相加"。这只是记住了,但是要理解并不容易。稍深一点并通俗一点的理解是:$u(x)v(x)$ 的导数,即为 $u(x)v(x)$ 随 x 的瞬时变化率;这个瞬时变化率的值由两部分相加构成,一部分是 $u(x)$ 的瞬时变化率与 $v(x)$ 的乘积,表达了随 $u(x)$ 的变化引发 $u(x)v(x)$ 发生的变化,另一部分是 $v(x)$ 的瞬时变化率与 $u(x)$ 的乘积,表达了随 $v(x)$ 的变化引发 $u(x)v(x)$ 发生的变化。想要更为深刻地理解,我认为要进行公式推演,下面就进行详细讲解。如果觉得下面的推演过程复杂了点,可以略过。

答疑解惑

◎此处阅读如有困难,可选读。

学生问:老师,能否更为详细地解析函数相乘求导公式的由来?

老师答:好的,下面进行详细解析,这样我们能理解得更为通透。设

$$y = u(x)v(x)$$

当有增量 Δx 时,函数 $u(x)$、$v(x)$ 的值分别变为 $u(x+\Delta x)$、$v(x+\Delta x)$,因此

$$\Delta y = \overline{u(x+\Delta x)\underline{v(x+\Delta x)}} - u(x)v(x) = \overline{(u(x)+\Delta u)}\underline{(v(x)+\Delta v)}$$

$$-u(x)v(x)$$

$$= \underline{u(x)v(x)} + u(x)\Delta v + v(x)\Delta u + \Delta u\Delta v - \underline{u(x)v(x)}$$

$$= u(x)\Delta v + v(x)\Delta u + \Delta u\Delta v$$

两边均除以 Δx,可得

$$\frac{\Delta y}{\Delta x} = u(x)\frac{\Delta v}{\Delta x} + v(x)\frac{\Delta u}{\Delta x} + \frac{\Delta u\Delta v}{\Delta x}$$

当 $\Delta x \to 0$,可得

$$y' = \lim_{\Delta x\to 0}\frac{\Delta y}{\Delta x} = \lim_{\Delta x\to 0}\left(u(x)\frac{\Delta v}{\Delta x}\right) + \lim_{\Delta x\to 0}\left(v(x)\frac{\Delta u}{\Delta x}\right) + \lim_{\Delta x\to 0}\left(\frac{\Delta u\Delta v}{\Delta x}\right)$$

$$= u(x)\lim_{\Delta x\to 0}\frac{\Delta v}{\Delta x} + v(x)\lim_{\Delta x\to 0}\frac{\Delta u}{\Delta x} + \lim_{\Delta x\to 0}\left(\frac{\Delta u\Delta v}{\Delta x}\right)$$

$$= u(x)v'(x) + v(x)u'(x) + \lim_{\Delta x\to 0}\left(\frac{\Delta u\Delta v}{\Delta x}\right)$$

当 $\Delta x \to 0$ 时,$\Delta u \to 0$,且 $\lim\limits_{\Delta x\to 0}\frac{\Delta v}{\Delta x}$ 必为某个数值(导数存在,故函数在某点的变化率必为某个数值),无穷小与数值的乘积为无穷小,故 $\lim\limits_{\Delta x\to 0}\left(\frac{\Delta u\Delta v}{\Delta x}\right)=0$。

也可以理解为当 $\Delta x \to 0$ 时,$\Delta v \to 0$,且 $\lim\limits_{\Delta x\to 0}\frac{\Delta u}{\Delta x}$ 必为某个数值(导数存在,故函数在某点的变化率必为一个数值),无穷小与数值的乘积为无穷

036

小，故 $\lim\limits_{\Delta x \to 0}\left(\dfrac{\Delta u\, \Delta v}{\Delta x}\right)=0$。

至此，可得函数相乘的求导公式。

例 2-3：求导数

$$f(x)=3x^2 \cdot (x+1)$$

解：

$f'(x)=(3x^2 \cdot (x+1))'=(3x^2)'(x+1)+3x^2\,(x+1)'=6x(x+1)+3x^2$

$=9x^2+6x$

2.2.3 会用函数除法的求导法则

两个自变量为 x 的函数相除，即 $\dfrac{u(x)}{v(x)}$，其求导的计算法则如下：

$$\left(\frac{u(x)}{v(x)}\right)'=\frac{u'(x)v(x)-v'(x)u(x)}{(v(x))^2}$$

这个公式看起来有点复杂，但如果我们会用函数乘法的求导法则和复合函数的求导法则，再来推导这个公式就比较容易了。推导过程如下：

运用函数乘法的求导法则

$\left(\dfrac{u(x)}{v(x)}\right)'=\left(u(x)\dfrac{1}{v(x)}\right)'=(u(x)v^{-1}(x))'=u'(x)v^{-1}(x)+(v^{-1}(x))'u(x)$

运用求导法则 $(x^a)'=ax^{a-1}$ 及复合函数的求导法则

$=u'(x)v^{-1}(x)+(-1\times v^{-2}(x))v'(x)u(x)=\dfrac{u'(x)}{v(x)}-\dfrac{v'(x)u(x)}{v^2(x)}$

$=\dfrac{u'(x)v(x)-v'(x)u(x)}{(v(x))^2}$

例 2-4：求导数

$$f(x) = \frac{3(x+1)^2 + 3}{2x}$$

解：

$$f'(x) = \left(\frac{3(x+1)^2 + 3}{2x}\right)' = \frac{(3(x+1)^2 + 3)'2x - (3(x+1)^2 + 3)(2x)'}{(2x)^2}$$

$$= \frac{6(x+1)2x - 2(3(x+1)^2 + 3)}{4x^2} = \frac{12x^2 + 12x - 6x^2 - 12x - 6 - 6}{4x^2}$$

$$= \frac{6x^2 - 12}{4x^2} = \frac{3x^2 - 6}{2x^2} = \frac{3}{2} - \frac{3}{x^2}$$

2.2.4 会用三角函数的求导法则

常用的三角函数求导法则如表 2-2 所示。这些公式可以适当记忆。如果想记忆深刻，那就得尝试做推导。

表 2-2 常用的三角函数求导法则

序号	求导法则	序号	求导法则
1	$(\sin x)' = \cos x$	4	$(\cot x)' = -\csc^2 x = -\dfrac{1}{\sin^2 x}$
2	$(\cos x)' = -\sin x$	5	$(\sec x)' = \sec x \tan x$
3	$(\tan x)' = \sec^2 x = \dfrac{1}{\cos^2 x}$	6	$(\csc x)' = -\csc x \cot x$

我们来尝试对第 1 个公式做推导。设 $y = \sin x$，则

$$\Delta y = \sin(x + \Delta x) - \sin x = \sin x \cos \Delta x + \cos x \sin \Delta x - \sin x$$

当 $\Delta x \to 0$ 时，$\cos \Delta x \to 1$，故有

$$y' = \lim_{\Delta x \to 0} \frac{\Delta y}{\Delta x} = \lim_{\Delta x \to 0} \frac{\sin x \cos \Delta x + \cos x \sin \Delta x - \sin x}{\Delta x}$$

$$= \lim_{\Delta x \to 0} \frac{\sin x + \cos x \sin \Delta x - \sin x}{\Delta x} = \lim_{\Delta x \to 0} \frac{\cos x \sin \Delta x}{\Delta x}$$

$$= \lim_{\Delta x \to 0} \cos x \, \frac{\sin \Delta x}{\Delta x} = \cos x$$

　　使用上述类似的方法,可以推导出第 2 个公式。说起三角函数,我觉得首先是要记住三角函数在直角三角形上的对应关系,然后再做应用。要记住这些对应关系,最好的办法就是"图形＋记忆口诀"。

　　三角函数在直角三角形上的对应关系如图 2-9 所示。

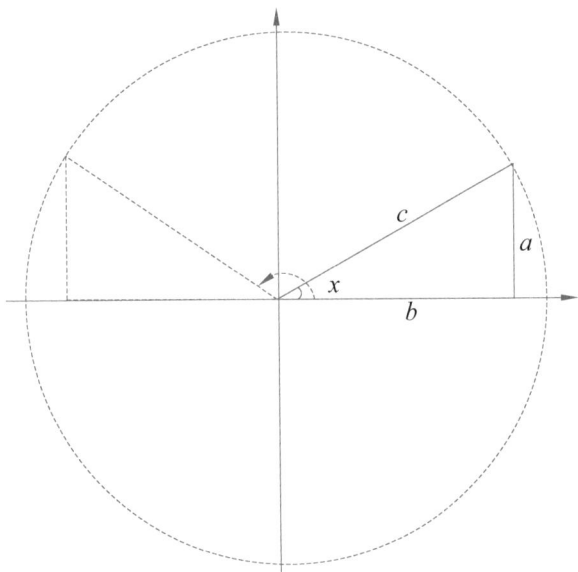

图 2-9　三角函数在直角三角形上的对应关系

　　从图 2-9 上看,角度 x 如果为锐角(即小于 90°),6 个三角函数的值都会是正数;角度 x 如果为钝角(即大于 90°而小于 180°),由于 b 的值变成了负数,故余弦、正切、余切、正割这 4 个函数的结果都会变成负数;当角度为 90°时,高变得和斜边一样长,且底边长变为 0,因此正弦函数值为 1,余弦函数值为 0。理解了图,实际上需要深度记忆的只是正弦、余弦、正切这 3 个函数及其口诀,其他的只需要记住倒数关系。

　　我认为理解图 2-9 和表 2-3 很重要,这样既简化记忆,能够记得深刻,又能把三角函数涉及的运算问题基本打通。下面来看如何推导 $\tan x$ 的求导公式。

$$(\tan x)' = \left(\frac{\sin x}{\cos x}\right)' = \frac{(\sin x)'\cos x - (\cos x)'\sin x}{\cos^2 x} = \frac{\cos^2 x + \sin^2 x}{\cos^2 x} = \frac{1}{\cos^2 x}$$

表 2-3　三角函数及其记忆口诀

序号	三角函数名称	三角函数表达式	记 忆 口 诀
1	正弦函数	$\sin x = \dfrac{a}{c}$	撒尔就是高比斜(边)
2	余弦函数	$\cos x = \dfrac{b}{c}$	扩散就是底比斜(边)
3	正切函数	$\tan x = \dfrac{a}{b}$	腾格就是高比底(边)
4	余切函数	$\cot x = \dfrac{b}{a} = \dfrac{1}{\tan x}$	扩腾格是腾格的倒数
5	正割函数	$\sec x = \dfrac{c}{b} = \dfrac{1}{\cos x}$	塞克就是扩散的倒数
6	余割函数	$\csc x = \dfrac{c}{a} = \dfrac{1}{\sin x}$	扩赛克是撒尔的倒数

注：三角函数名称为音译。

例 2-5：求导数

$$y = \sin x - \cos x \sin x$$

解：

$$y' = (\sin x - \cos x \sin x)' = \left(\sin x - \frac{1}{2}\sin 2x\right)' = \cos x - \frac{1}{2} \times 2\cos 2x$$
$$= \cos x - \cos 2x$$

2.2.5　会求隐函数的导数

如果函数隐含在方程中,则需要求隐函数的导数。求隐函数的方法也很简单,那就是对方程两边同时求导。下面来看个例子。

例 2-6：请根据下述方程求 y'：

$$x^2 + y^2 - r^2 = 0$$

解：

这是圆的方程，半径为 r。如何求 y'？对方程两边同时求导，可得

$$2x + 2yy' = 0$$

故可得

$$y' = -\frac{x}{y}$$

这说明了什么？说明对于圆，y 随 x 的变化速度与 r 无关，且值为 $-\frac{x}{y}$。

2.2.6　会求反函数的导数

如果函数 $f(x)$ 存在反函数 $f^{-1}(x)$，则反函数的导数为

$$(f^{-1}(x))' = \frac{1}{f'(x)}$$

为什么会是这样呢？因为 $f'(x) = \dfrac{\mathrm{d}y}{\mathrm{d}x}$ 表示的是 y 随 x 变化的速度，那么反函数表示的实际上是 x 随 y 的变化速度，即 $(f^{-1}(x))' = \dfrac{\mathrm{d}x}{\mathrm{d}y}$。

例 2-7：$f(x) = y = \mathrm{e}^x$，请求其反函数的导数。

$$f^{-1}(x) = x = \ln y$$

解：

根据公式：

$$(f^{-1}(x))' = \frac{1}{f'(x)} = \frac{1}{\mathrm{e}^x} = \frac{1}{y}$$

反函数中，应当将自变量、因变量反过来写，因此有

$$y = \ln x$$

$$y' = \frac{1}{x}$$

2.2.7　其他计算法则

加法和减法的计算法则容易理解，下面直接给出计算公式：

$$(u(x) + v(x))' = u'(x) + v'(x)$$

$$(u(x) - v(x))' = u'(x) - v'(x)$$

$$\left(\sum (f(x) + g(x))\right)' = \sum (f(x) + g(x))' = \sum (f'(x) + g'(x))$$

$$\left(\sum (f(x) - g(x))\right)' = \sum (f(x) - g(x))' = \sum (f'(x) - g'(x))$$

幂次函数、指数函数、对数函数的导数计算法则在表 2-1 中已经给出，此处不再赘述。

2.3　高阶导数

二阶导数是指导数的导数，三阶导数是指二阶导数的导数。重点是要理解高阶导数的内涵，并且学会应用高阶导数。

2.3.1　理解高阶导数的内涵

二阶导数记为 y''，也可表示为

$$y'' = (y')' = \frac{\mathrm{d}}{\mathrm{d}x}\left(\frac{\mathrm{d}y}{\mathrm{d}x}\right) = \frac{\mathrm{d}^2 y}{(\mathrm{d}x)^2} = \frac{\mathrm{d}^2 y}{\mathrm{d}x^2}$$

注意：最右边的 $\mathrm{d}x^2$ 是 $(\mathrm{d}x)^2$ 的简记，并不是对 x^2 求微分。以此类推，三阶导数可表示为

$$y''' = (y'')' = \frac{\mathrm{d}}{\mathrm{d}x}\left(\frac{\mathrm{d}}{\mathrm{d}x}\left(\frac{\mathrm{d}y}{\mathrm{d}x}\right)\right) = \frac{\mathrm{d}^3 y}{(\mathrm{d}x)^3} = \frac{\mathrm{d}^3 y}{\mathrm{d}x^3}$$

如果为 n 阶导数，则可表示为

$$y^{(n)} = \frac{\mathrm{d}^n y}{(\mathrm{d}x)^n} = \frac{\mathrm{d}^n y}{\mathrm{d}x^n}$$

从内涵上来理解，一阶导数是因变量随自变量变化的速度。如果距离 S 只与时间 t 有关，那 $S' = \dfrac{\mathrm{d}S}{\mathrm{d}t} = v$，也就是说距离的导数为速度。二阶导数就是速度随自变量变化的速度。因此，$S'' = \dfrac{\mathrm{d}^2 S}{\mathrm{d}t^2} = \dfrac{\mathrm{d}}{\mathrm{d}t}\left(\dfrac{\mathrm{d}S}{\mathrm{d}t}\right) = \dfrac{\mathrm{d}v}{\mathrm{d}t} = \alpha$，即速度的导数为加速度，反映了速度变化的快慢程度。三阶导数就是加速度随自变量变化的速度。因此，$S''' = \dfrac{\mathrm{d}^3 S}{\mathrm{d}t^3} = \dfrac{\mathrm{d}}{\mathrm{d}t}\left(\dfrac{\mathrm{d}}{\mathrm{d}t}\left(\dfrac{\mathrm{d}S}{\mathrm{d}t}\right)\right) = \dfrac{\mathrm{d}}{\mathrm{d}t}\left(\dfrac{\mathrm{d}v}{\mathrm{d}t}\right) = \dfrac{\mathrm{d}\alpha}{\mathrm{d}t} = j$，加速度的导数称为加加速度或急动度，反映了加速度变化的快慢程度。

如果是汽车行驶的应用场景，在人体的感受上，速度 v 反映了汽车行驶的快慢。速度 v 如果比较均匀，也就是说加速度 α 很小，则表明汽车行驶比较平稳；如果加速度 α 为正或负，表明汽车在加速或减速；如果加速度 α 突然变化很大，说明汽车在紧急加速和紧急减速，会让人产生后倒或推背的感觉，但也同时容易导致晕车。如果急动度 j 比较小，说明汽车加速、减速比较平稳；如果急动度 j 比较大，表明加速度变化明显，自然容易让人产生不适。

例 2-8：求二阶导数

$$y = x^2 \mathrm{e}^x$$

解：

$$y'' = \frac{\mathrm{d}}{\mathrm{d}x}\left(\frac{\mathrm{d}y}{\mathrm{d}x}\right) = \frac{\mathrm{d}}{\mathrm{d}x}\left(\frac{\mathrm{d}}{\mathrm{d}x}(x^2 \mathrm{e}^x)\right) = \frac{\mathrm{d}}{\mathrm{d}x}(2x\mathrm{e}^x + x^2 \mathrm{e}^x)$$

$$= 2\mathrm{e}^x + 2x\mathrm{e}^x + 2x\mathrm{e}^x + x^2 \mathrm{e}^x = 2\mathrm{e}^x + 4x\mathrm{e}^x + x^2 \mathrm{e}^x$$

2.3.2　初见泰勒公式

如果函数 $f(x)$ 在点 $[x_0, f(x_0)]$ 存在高阶导数，则可应用泰勒公式：

$$f(x) = f(x_0) + f'(x_0)(x - x_0) + \frac{f''(x_0)}{2!}(x - x_0)^2 + \cdots$$

$$= \sum_{n=0}^{\infty} \left(\frac{f^{(n)}(x_0)}{n!} (x - x_0)^n \right)$$

其中，$0!=1,1!=1,f^{(0)}(x_0)=f(x_0)$。因为这个公式是数学家泰勒提出来的，故以其命名。这个公式说明了什么呢？说明了无论是哪个函数，如果它的高阶导数均存在，那么这个函数总可以通过某个点的上述公式来表达。尽管公式很长，但是可以"一点就表达出整个函数"。

答疑解惑

◎此处阅读如有困难，可选读。

学生问：老师，看到泰勒公式感觉确实很巧妙，但是就百思不得其解，这个公式是怎么来的呢？

老师答：首先，尽可能地让 x 处在 x_0 的附近，会使得泰勒公式的逼近效果更好，不过这不是必需的。其次，如果把 $x-x_0$ 看成 Δx，则在一阶导数中：

$$f'(x_0)(x-x_0) = \frac{\mathrm{d}y}{\mathrm{d}x}\bigg|_{x=x_0} \Delta x$$

这就相当于用点 $[x_0, f(x_0)]$ 处的速度乘以 Δx，以近似地得到 Δy。由于 x 不一定与 x_0 距离很近，Δy 和 $\mathrm{d}y$ 之间还相差一个高阶的无穷小 $\Delta y - \mathrm{d}y$。如果不需要补足这个高阶的无穷小，那么函数 $f(x)$ 就可以近似地计算为

$$f(x) \approx f(x_0) + f'(x_0)(x-x_0)$$

然而，近似结果毕竟是近似，为提高计算精度，可进一步引进二阶导数做计算。同理有

$$f''(x_0)(x-x_0)^2 = \frac{\mathrm{d}^2 y}{\mathrm{d}x^2}\bigg|_{x=x_0} (\Delta x)^2$$

显然，$(\Delta x)^2$ 比 Δx 的变化速度更快，除以 $2!$ 就可将 $(\Delta x)^2$ 的速度

调整到与 Δx 处在同一个量级。同理，更高阶的 n 阶导数计算，就需要阶乘以 $n!$，以将 $(\Delta x)^n$ 的速度调整到与 Δx 处在同一个量级。因此，如果使用二阶导数来逼近原函数，可为

$$f(x) \approx f(x_0) + f'(x_0)(x-x_0) + \frac{f''(x_0)}{2!}(x-x_0)^2$$

如果要更为精确的逼近，则可使用更多阶的导数。如果还是没理解也没事，后续还会讲解详细的推导过程，这里先学会使用。

2.3.3　初见麦克劳林公式

麦克劳林公式因数学家麦克劳林提出该公式而命名。该公式为

$$f(x) = f(0) + f'(0)x + \frac{f''(0)}{2!}x^2 + \cdots = \sum_{n=0}^{\infty}\left(\frac{f^{(n)}(0)}{n!}x^n\right)$$

实质上，这个公式就是在泰勒公式的基础上设 $x_0=0$，从而简化计算。

学习点拨：泰勒公式与麦克劳林公式样子很像，但应用的场景不同。泰勒公式可应用在任意点，麦克劳林公式仅应用在原点。

2.3.4　运用泰勒公式和麦克劳林公式做近似计算

我们来试试求 e^x 的近似值。如果使用麦克劳林公式：

$$f(x) = \sum_{n=0}^{\infty}\left(\frac{f^{(n)}(0)}{n!}x^n\right) = f(0) + f'(0)x + \frac{f''(0)}{2!}x^2 + \cdots$$

则

$$e^x = e^0 + e^0 x + \frac{e^0}{2!}x^2 + \cdots = 1 + x + \frac{1}{2!}x^2 + \cdots$$

例 2-9：计算 $e^{0.1}$、$e^{1.1}$。

解：

如果要计算 $e^{0.1}$，则

$$e^{0.1} = 1 + 0.1 + \frac{1}{2!}(0.1)^2 + \cdots = 1.1 + 0.005 + \cdots \approx 1.105$$

如果要计算 $e^{1.1}$，使用泰勒公式更为妥当。假定 $x_0 = 1$，则

$$f(x) = \sum_{n=0}^{\infty} \left(\frac{f^{(n)}(1)}{n!}(x-1)^n \right)$$

$$= f(1) + f'(1)(x-1) + \frac{f''(1)}{2!}(x-1)^2 + \cdots$$

故有

$$e^{1.1} = e + e(x-1) + \frac{e}{2!}(x-1)^2 + \cdots \approx e + 0.1e + 0.005e \approx 1.105e \approx 2.999$$

如果使用麦克劳林公式计算 $e^{1.1}$ 行不行？来试试：

$$f(x) = \sum_{n=0}^{\infty} \left(\frac{f^{(n)}(0)}{n!} x^n \right) = f(0) + f'(0)x + \frac{f''(0)}{2!}x^2 + \cdots$$

故有

$$e^{1.1} = e^0 + e^0 x + \frac{e^0}{2!}x^2 + \cdots = 1 + 1.1 + 0.605 + \cdots \approx 2.805$$

实际上，$e^{1.1} \approx 3.004$。可见，使用 $x_0 = 1$ 时的泰勒公式可以更快地接近真实值。从对比来看，麦克劳林公式也可以用来求 $e^{1.1}$，只是接近真实值没有那么快。那在计算近似值时，我们应该使用泰勒公式还是麦克劳林公式呢？这得看自变量以哪个值为基点求近似值，如果以 0 为基点则使用麦克劳林公式，如果不是则使用泰勒公式。使用泰勒公式时，x_0 的值应尽可能接近自变量的值并尽可能好计算。

接下来，还有一个困惑要解开。要计算 e^x 这样的函数值，用计算机算不就行了，何必这么麻烦？这样说有道理，只是这两个公式的应用绝不仅如此，它们可以得到任何可导函数用多项式来表达的可代替函数；可以用于优化计算；可以用于证明前文所述 $\Delta y - \mathrm{d}y$ 是比 $\mathrm{d}y$ 更为高阶的无穷小；等等。这两个公式的用处很多，下面再来体验一些用处。

2.3.5　用多项式扩展眼界表达可导函数

来看 $f(x)=\sin x$ 这个函数,以 $x_0=0$ 这个点来讨论。

$$f(0)=\sin 0=0$$
$$f'(0)=\cos 0=1$$
$$f''(0)=-\sin 0=0$$
$$f'''(0)=-\cos 0=-1$$
$$f''''(0)=\sin 0=0$$
$$f'''''(0)=\cos 0=1$$

因此根据麦克劳林公式,可得

$$\sin x=\sum_{n=0}^{\infty}\left(\frac{f^{(n)}(0)}{n!}x^n\right)=x-\frac{1}{3!}x^3+\frac{1}{5!}x^5+\cdots$$

如图 2-10 所示,可以看出,随着泰勒公式的展开,多项式越来越多,图形就会越来越相近于原函数的图形,而且是以 $[x_0,f(x_0)]$ 这个基点为中心呈扩散状(即越往这个点走,图形就越与原函数图形相近)。

这就好比我们看待函数的眼界,以 $[x_0,f(x_0)]$ 这个基点为中心,多一些项就扩展一些眼界,看到的多项式就越接近真实的函数。

◎2.3.6　推导出泰勒公式

◎本节阅读如有困难,可选读。

接下来,我们一起来推导泰勒公式,揭开这个公式的神秘面纱。

通过上一节的学习,我们知道,高阶可导的函数 $f(x)$ 可以用一个多项式来近似地表达,设这个多项式为

$$f(x)=Q(x)=a_0+a_1(x-x_0)+a_2(x-x_0)^2+\cdots+a_n(x-x_0)^n$$
$$=\sum_{n=0}^{\infty}a_n(x-x_0)^n$$

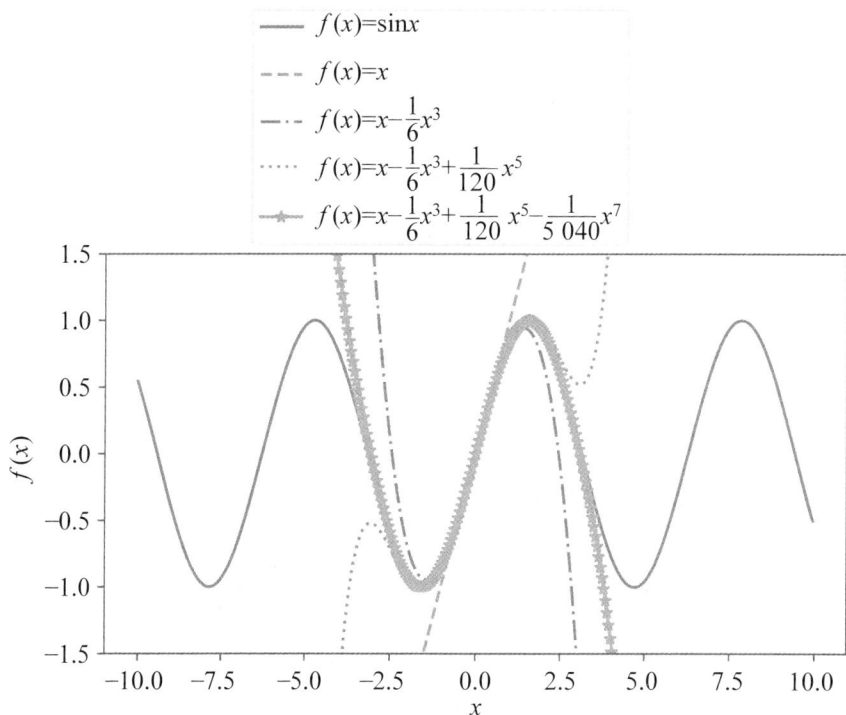

图 2-10　$f(x) = \sin x$ 的近似表达

那为什么要这样设呢？为什么不设多项式为 $\sum\limits_{n=0}^{\infty} a_n x^n$ 呢？设多项式为 $\sum\limits_{n=0}^{\infty} a_n x^n$ 也是可以的，只是这样就相当于是在 $[0, f(0)]$ 这个基点，那么后续推导出来的就会是麦克劳林公式。从前述学习，我们应该已经看出，麦克劳林公式就是泰勒公式以 $[0, f(0)]$ 为基点这一特殊情况。既然已经设置好了多项式，接下来做推导。

在 $x = x_0$ 处，$f(x) = Q(x)$ 必成立。由于此时 $x - x_0 = 0$，故
$$f(x_0) = Q(x_0) = a_0$$
可得 $a_0 = f(x_0)$。对多项式求一阶导数，可得
$$f'(x) = Q'(x) = a_1 + 2a_2(x - x_0) + 3a_3(x - x_0)^2 + \cdots$$

同样,在 $x=x_0$ 处,$f'(x)=Q'(x)$ 必成立。由于此时 $x-x_0=0$,故
$$f'(x_0)=Q'(x_0)=a_1$$
可得
$$a_1=f'(x_0)$$
对多项式求二阶导数,可得
$$f''(x)=Q''(x)=2a_2+2\times3a_3(x-x_0)+\cdots$$
同样,在 $x=x_0$ 处,$f''(x)=Q''(x)$ 必成立。由于此时 $x-x_0=0$,故
$$f''(x_0)=Q''(x_0)=2a_2$$
可得
$$a_2=\frac{f''(x_0)}{2}=\frac{f''(x_0)}{2!}$$
用类似办法推导,可得
$$a_3=\frac{f'''(x_0)}{3!}$$
$$a_4=\frac{f^{(4)}(x_0)}{4!}$$
$$\cdots$$
$$a_n=\frac{f^{(n)}(x_0)}{n!}$$
将得到的 a_1、a_2、$\cdots$、a_n 代回到多项式中,即可得到泰勒公式。

◎2.3.7　用泰勒公式比较导数定义中无穷小的阶

◎本节阅读如有困难,可选读。

前述在导数的定义中,还有一个遗留问题:怎么证明 $\Delta y-\mathrm{d}y$ 是比 $\mathrm{d}y$ 更为高阶的无穷小?下面来证明。

根据导数的定义:
$$f'(x)=\frac{\mathrm{d}y}{\mathrm{d}x}=\lim_{\Delta x\to0}\frac{\Delta y}{\Delta x}=\lim_{\Delta x\to o}\frac{f(x+\Delta x)-f(x)}{\Delta x}$$

因此

$$\Delta y - \mathrm{d}y = f(x + \Delta x) - f(x) - \mathrm{d}y = f(x + \Delta x) - f(x) - f'(x)\mathrm{d}x$$

根据泰勒公式有

$$f(x + \Delta x) = f(x) + f'(x)\Delta x + \frac{f''(x)}{2!}(\Delta x)^2 + \cdots = \sum_{n=0}^{\infty}\left(\frac{f^{(n)}(x)}{n!}(\Delta x)^n\right)$$

因 $\Delta x = \mathrm{d}x$，故可得

$$
\begin{aligned}
\Delta y - \mathrm{d}y &= f(x + \Delta x) - f(x) - f'(x)\mathrm{d}x \\
&= \left(f(x) + f'(x)\Delta x + \frac{f''(x)}{2!}(\Delta x)^2 + \cdots\right) - f(x) - f'(x)\mathrm{d}x \\
&= \frac{f''(x)}{2!}(\Delta x)^2 + \cdots = \sum_{n=2}^{\infty}\left(\frac{f^{(n)}(x)}{n!}(\Delta x)^n\right)
\end{aligned}
$$

当 $\Delta x \to 0$ 时，$(\Delta x)^n (n \geqslant 2)$ 都是比 Δx 高阶的无穷小；而 $\mathrm{d}y = f'(x)\Delta x$ 中有因子 Δx，故 $\Delta y - \mathrm{d}y$ 是比 $\mathrm{d}y$ 更为高阶的无穷小。也就是说 $\Delta y - \mathrm{d}y$ 趋近于 0 的速度比 $\mathrm{d}y$ 趋近于 0 的速度要快得多。

2.4　洛必达法则

洛必达法则的名称因在著作中提出它的数学家洛必达而命名。这个法则用来求极限较为简便。因推导这个法则需要用到导数和泰勒公式，所以在本章中才学习洛必达法则。

2.4.1　学会使用洛必达法则

洛必达法则用于对函数之间的除法求极限，这个除法的形式如下：

$$\lim_{x \to a}\frac{f(x)}{g(x)}$$

能使用洛必达法则的条件如下：

（1）当 $x \to a$（a 可为 ∞）时，函数 $f(x)$ 和函数 $g(x)$ 要么同时趋近于 0，要么同时趋近于 ∞。

（2）函数 $f(x)$ 和函数 $g(x)$ 均可导。

（3）当 $x\to a(a$ 可为 $\infty)$ 时，$g'(x)\neq 0$。

（4）$\lim\limits_{x\to a}\dfrac{f(x)}{g(x)}$ 存在或结果为无穷大。

如果满足上述条件，可用以下公式求得极限：

$$\lim_{x\to a}\frac{f(x)}{g(x)}=\lim_{x\to a}\frac{f'(x)}{g'(x)}$$

有了这个公式，很多导数计算就能快速而简化求取。

例 2-10：求 $\lim\limits_{x\to 0}\dfrac{\sin x}{x}$。

解：

当 $x\to 0$ 时，$\lim\limits_{x\to 0}\dfrac{\sin x}{x}$ 的形状为 $\dfrac{\to 0}{\to 0}$。此时，满足洛必达法则的必要条件。

因此

$$\lim_{x\to 0}\frac{\sin x}{x}=\lim_{x\to 0}\frac{(\sin x)'}{x'}=\lim_{x\to 0}\cos x=1$$

◎2.4.2　推导出洛必达法则

◎本节阅读如有困难，可选读。

先证明 $\lim\limits_{x\to a}\dfrac{f(x)}{g(x)}$ 形状为 $\dfrac{\to 0}{\to 0}$ 时的洛必达法则。

据导数的定义和泰勒公式，函数 $f(x)$ 和函数 $g(x)$ 可分别写成

$$f(x)=f(a)+f'(a)(x-a)+o(x-a)=f'(a)(x-a)+o(x-a)$$

$$g(x)=g(a)+g'(a)(x-a)+o(x-a)=g'(a)(x-a)+o(x-a)$$

其中，$o(x-a)$ 表示比 $(x-a)$ 更为高阶的无穷小。则 $\dfrac{f(x)}{g(x)}$ 可写成

$$\frac{f(x)}{g(x)}=\frac{f'(a)(x-a)+o(x-a)}{g'(a)(x-a)+o(x-a)}=\frac{f'(a)+\dfrac{o(x-a)}{x-a}}{g'(a)+\dfrac{o(x-a)}{x-a}}$$

因为 $o(x-a)$ 表示比 $(x-a)$ 更为高阶的无穷小, 故

$$\lim_{x \to a} \frac{o(x-a)}{x-a} = 0$$

可得

$$\lim_{x \to a} \frac{f(x)}{g(x)} = \lim_{x \to a} \frac{f'(a) + \dfrac{o(x-a)}{x-a}}{g'(a) + \dfrac{o(x-a)}{x-a}} = \lim_{x \to a} \frac{f'(a)}{g'(a)}$$

再来证明 $\lim\limits_{x \to a} \dfrac{f(x)}{g(x)}$ 形状为 $\dfrac{\to \infty}{\to \infty}$ 时的洛必达法则。

$$\lim_{x \to a} \frac{f(x)}{g(x)} = \lim_{x \to a} \frac{\dfrac{1}{g(x)}}{\dfrac{1}{f(x)}}$$

此时就切换成了 $\dfrac{\to 0}{\to 0}$ 的形式, 该种形式前述已证, 因此

$$\lim_{x \to a} \frac{f(x)}{g(x)} = \lim_{x \to a} \frac{\dfrac{1}{g(x)}}{\dfrac{1}{f(x)}} = \lim_{x \to a} \frac{\left(\dfrac{1}{g(x)}\right)'}{\left(\dfrac{1}{f(x)}\right)'} = \lim_{x \to a} \frac{-\dfrac{1}{g^2(x)}g'(x)}{-\dfrac{1}{f^2(x)}f'(x)}$$

$$= \lim_{x \to a} \frac{f^2(x)}{g^2(x)} \cdot \lim_{x \to a} \frac{g'(x)}{f'(x)}$$

据此可得到以下等式, 并做进一步推导:

$$\lim_{x \to a} \frac{f(x)}{g(x)} = \lim_{x \to a} \frac{f^2(x)}{g^2(x)} \cdot \lim_{x \to a} \frac{g'(x)}{f'(x)} \xRightarrow{\text{两边同时乘以} \frac{g^2(x)}{f^2(x)}} \lim_{x \to a} \frac{g(x)}{f(x)} = \lim_{x \to a} \frac{g'(x)}{f'(x)}$$

$$\xRightarrow{\text{两边同时取倒数}} \lim_{x \to a} \frac{f(x)}{g(x)} = \lim_{x \to a} \frac{f'(x)}{g'(x)}$$

至此, 洛必达法则得证。

2.5　用导数解决实际问题

前述已讲解过用泰勒公式、麦克劳林公式求近似值的应用。这里再讲解两类应用：一为求极值与拐点；二为求自由落体物体的速度与加速度。

2.5.1　求极值点

首先，要用导数来求函数的极值点，要求函数是可导的。为什么可以用导数求函数 $f(x)$ 的极值呢？因为当 $f'(x)=0$ 时，表明在当前点，$f(x)$ 随 x 的变化速度为 0，说明当前点很可能是一个极大值或极小值。为什么说可能是极值，而不是一定是呢？举个反例，$f(x)=3$，这个函数的图形是一条平行于 x 轴的直线，其导数在任意点处均为 0。因此，在极值点处，函数的导数必为 0；但导数为 0，当前点不一定是极值点。那怎么判断当前点是极值点呢？除了当前点的一阶导数为 0 外，还要看当前点左边和右边附近的点，如果左边和右边附近点的一阶导数值异号，说明当前点是极值点。

其次，如果函数不可导则应在可导的函数区间进行观察。如，对于图 2-5 所示的函数 $y=|x|$，明显 $[0,0]$ 就是极值点。在可导的区间里，在 $x=0$ 的左边，一阶导数值为 $y'=-1$；在 $x=0$ 的右边，一阶导数值为 $y'=1$；两者异号。

例 2-11：求函数 $f(x)=x^3-3x^2+2$ 的极值点。

解：

这个函数的图形如图 2-11 所示。可见，该图形有一个极大值，一个极小值。

$$f'(x)=(x^3-3x^2+2)'=3x^2-6x$$

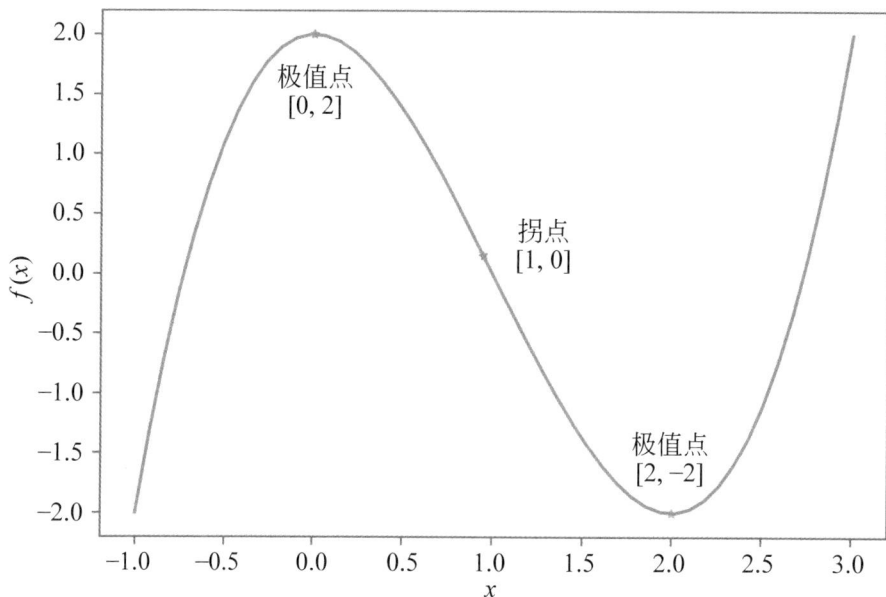

图 2-11　$f(x)=x^3-3x^2+2$ 的图形

学习点拨：注意区分极值与最值。如果函数存在极大值，极大值可能有多个，通常多个极大值中最大的那个就是最大值，但也有例外。如图 2-11 的例子就是一个反例，极大值只有一个，但在 $x>2$ 的情况下，函数值 y 随 x 的值变大而变大，函数值会往 $+\infty$ 方向发展。类似地，函数如果存在极小值，极小值可能有多个，通常多个极小值中最小的那个就是最小值，但也有例外。如图 2-11 的例子就是一个反例，极小值只有一个，但在 $x<0$ 的情况下，函数值 y 随 x 的值变小而变小，函数值会一直往 $-\infty$ 方向发展。总之，从图上来理解，极大值就是一个个的峰顶，极小值就是一个个的谷底，最小值就是值域里函数最小的值，最大值就是值域里函数最大的值。

令 $f'(x)=3x^2-6x=0$，可解得

$$x_1=0, x_2=2$$

将这两个解代入 $f(x)$，可得两个点$[0,2]$和$[2,-2]$。以这两个点作为极大值、极小值的考察对象。结合图 2-11 可马上看出，极大值点为$[0,2]$，极小值点为$[2,-2]$。但如果函数的图形不那么容易得到呢？那就要考察极值点附近的一阶导数值的情况。

在 $x_1=0$ 的左边，即 $x<0$ 的情况下：

$$f'(x)=3x^2-6x>0$$

如果看不准，可代入一个 $x<0$ 的值，如 $x=-0.5$，可计算得到 $f'(x)$ 的一个示例 $f'(-0.5)=3.75$，会发现此时 $f'(x)>0$，即可认为在 $x<0$ 的情况下 $f'(x)>0$。$f'(x)>0$ 又说明了什么？说明此时 $f(x)$ 是单调递增的，随着 x 值的增大，$f(x)$ 的值也会增大，就像人在爬一个山坡。

同理，在 $x_1=0$ 的右边一点，即 $0<x<2$ 这个区间里：

$$f'(x)=3x^2-6x<0$$

这又说明了什么？说明此时 $f(x)$ 是单调递减的，随着 x 值的增大，$f(x)$ 的值会减少，就像人在下一个山坡。

综上，在$[0,2]$这个点的两边，左边随着 x 值的增大，人在爬山坡；右边随着 x 值的增大，人在下山坡；显然可以认为$[0,2]$这个点就是山顶，也就是极大值点。

类似地，在极小值点的左边近邻点必有 $f'(x_左)<0$，右边近邻点必有 $f'(x_右)>0$。也就是说，在$[2,-2]$这个点的两边，左边随着 x 值的增大，人在下山坡；右边随着 x 值的增大，人在爬山坡；显然可以认为$[2,-2]$这个点就是谷底，也就是极小值点。

2.5.2 求拐点

首先，要明白什么是拐点。拐点并不是指的极值点（但有可能是极值点），而是指函数的凹凸性发生改变的点。那凹凸性又是指的什么呢？来看图 2-11，先看函数 $f(x)=x^3-3x^2+2$ 图形的左半部分，这半边图形开口向下,说明是上凸、下凹的;再看右半部分,这半边图形开口向上,说明是上凹、下凸的。在拐点$[1,0]$图形的凹凸性发生了改变,由左至右,从上凸变成了下凸。

从图 2-11 可观察到明显存在拐点。可是,并不是每个函数都那么容易画图形来进行观察,即便是可以画出图形,到底是哪个点? 我们很难一眼就看得那么准确。有没有更好的办法? 有,那就是利用函数的二阶导数。

从数学本身来理解,二阶导数是切线斜率的切线斜率;从物理学角度来理解,二阶导数是指速度的速度。一阶导数(即切线斜率、速度)大于 0,表示函数单调递增;一阶导数小于 0,表示函数单调递减。那二阶导数呢? 如果二阶导数大于 0,表示一阶导数单调递增,即切线斜率、速度单调递增。

再来深刻理解一下单调递增,这对我们深刻理解二阶导数有帮助。所谓单调递增,就是因变量随自变量的增加而增加,因变量随自变量的减少而减少。据此理解,二阶导数大于 0 时,切线斜率随 x 的变大而变大(即速度的绝对值越来越大),切线斜率随 x 的变小而变小(即速度的绝对值越来越小)。以此类推,二阶导数小于 0 时,切线斜率随 x 的变大而变小(即速度的绝对值越来越小),切线斜率随 x 的变小而变大(即速度的绝对值越来越大)。

答疑解惑

学生问:老师,这里为什么要用速度的绝对值,而不是快慢呢?
老师答:这是因为从数学角度来说,斜率有负值。对于一个负数,其值变大则对应的绝对值会变小,其值变小则对应的绝对值会变大。速度通常都是正数值。不过,我们可以理解为人或车倒着走的速度是负数,正着走的速度是正数。通常时间也是正数值,不过我们也可以理解为时光倒流,在某个时间点以前时间是负数,在某个时间点以后时间是正数。在倒着走时,如果随着时间 t 的变大,速度越来越快,表明速度的绝对值是大了(速度快了),但其对应的负数值却变小了。因此,用速度的绝对值来理解更为准确。

总之,拐点改变的是一阶导数的单调性,即速度的绝对值随 x 变化的单调性。我这样讲解,应该是讲透彻了,但估计很多人还是没明白,从图 2-11 来看,两个极值点的两边不是正好都是一边速度变快了,另一边速度变慢了吗? 那么这两个极值点应该是拐点才对啊? 这种理解就是一种误解。下面为了让大家理解得更为深刻,不妨把图 2-11 放大了来观察,如图 2-12 所示。

一阶导数值就是切线的斜率值。随着 x 的增大,在拐点左边,切线的斜率越变越小。在极大值点的右边、拐点的左边,切线的斜率变成了负值,且随 x 的变大,切线的斜率越负越多。同理,随着 x 的增大,在拐点右边,切线的斜率越变越大。在拐点的右边、极小值点的左边,切线的斜率是负值,且随 x 的增加,切线的斜率越变越小。

综上,两个极值点并没有改变斜率的变化趋势,但拐点改变了斜率的变化趋势。再次做出提醒和总结,如果函数可导,n 阶导数的正负表达的是 $n-1$ 阶导数的单调性,为正表示 $n-1$ 阶导数是单调递增的,为负表示 $n-1$ 阶导数是单调递减的。

那有没有办法快速而又简单地找到拐点? 我想要分两步来做。下面用例子来解说。

例 2-12:求函数 $f(x)=x^3-3x^2+2$ 的拐点。

解:

第一步,找到二阶导数为 0 的点。$f''(x)=6x-6=0$,可求得 $x=1$,再代入函数,可得到点 $[1,0]$。

第二步,再以上一步求得的点为基础,考察该点左右两边附近二阶导数值的情况。如果左右两边二阶导数值的正负号相反,则该点为拐点。可见,在点 $[1,0]$ 左边,$f''(x)<0$,因此一阶导数单调递减;在点 $[1,0]$ 右边,$f''(x)>0$,因此一阶导数单调递增。故点 $[1,0]$ 为拐点。

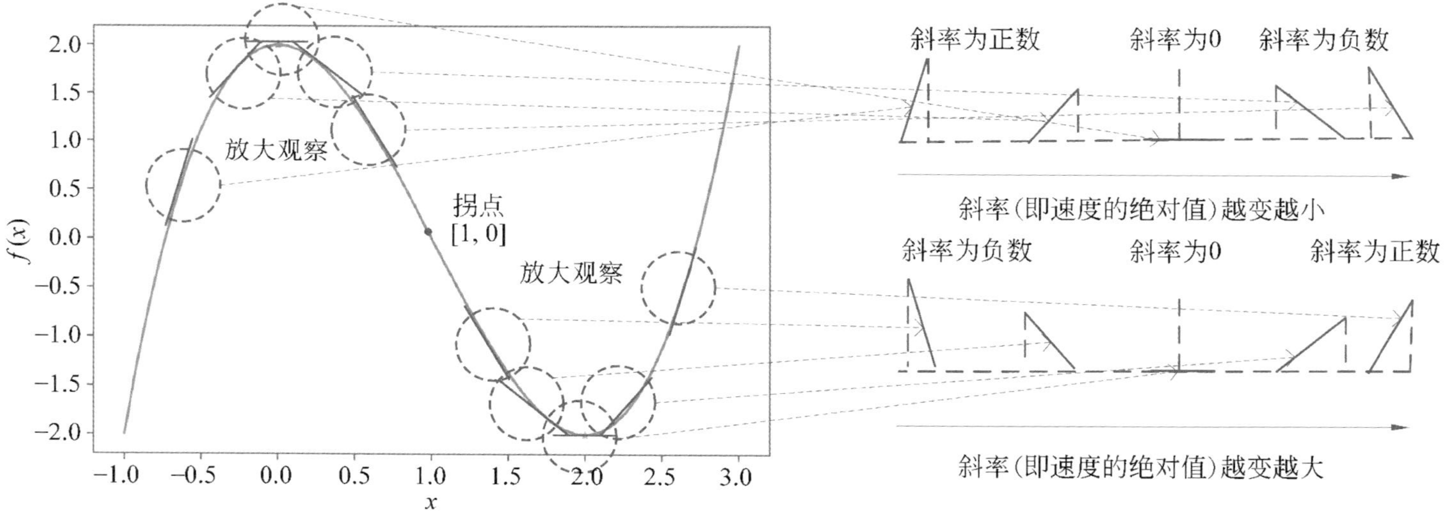

图 2-12 放大斜率来观察

学习点拨：拐点的内涵可能与我们通常的理解有点不一样。通常的理解是函数在图形的表现上发生了拐弯，如果这样理解则图 2-11 中的两个极值点都是拐点。然而这种理解是错误的。我举两个反例大家就能明白了。如图 2-13 所示，对于函数 $f(x)=x^2$，其二阶导数 $f''(x)=2$，说明二阶导数的值恒大于 0，因此该函数的一阶导数总是单调递增的，该函数没有拐点。实际上这个函数的开口向上，表明是一个上凹函数，存在一个极小值点，即 $[0,0]$。同理，对于函数 $f(x)=-x^2$，其二阶导数 $f''(x)=-2$，说明二阶导数的值恒小于 0，因此也没有拐点。

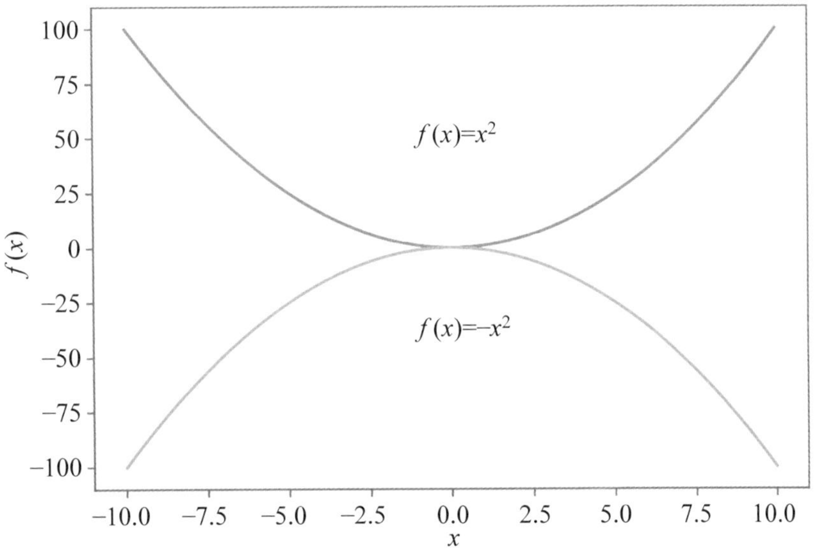

图 2-13　$f(x)=x^2$ 和 $f(x)=-x^2$ 的图形

2.5.3　求自由落体物体的速度与加速度

现已知自由落体物体的距离计算公式为

$$S(t)=\frac{1}{2}gt^2$$

求速度计算公式 $v(t)$ 和加速度计算公式 $\alpha(t)$。

从前述学习我们已知：速度为距离的导数，加速度为速度的导数，故可得

$$v(t)=S'(t)=\left(\frac{1}{2}gt^2\right)'=gt$$

$$\alpha(t)=v'(t)=(gt)'=g$$

2.6　小结

总结起来，首先要深刻理解导数定义的内涵。从定义本身来讲，导数是在自变量变化值趋近于 0 的基础上，因变量变化值与自变量变化值的比值。再进一步通俗准确地说，导数就是当前点的切线斜率、变化速度，导函数就是导数的通用表达式。

需要掌握的导数计算法则中相对难一点的是复合函数、函数乘法、函数除法的求导法则，还有其他的一些求导法则，需要我们在理解的基础上适当记忆。我想要总结的是记住几句关键的口诀：复合函数的求导法则就是要"一导到底"；乘法的求导法则就是"一个导乘另一个不导，再相加"。

尽管我在本书中给出了泰勒公式的详细推导过程，但泰勒公式还是需要适当记忆，主要就是记住这个通用表达式 $\sum\limits_{n=0}^{\infty}\left(\dfrac{f^{(n)}(x_0)}{n!}(x-x_0)^n\right)$。记忆的关键点就在于分子、分母、多项式的每个项都有 n。麦克劳林公式是泰勒公式的一种特殊情况，这个应当好理解，所以理解了泰勒公式就能很容易地理解麦克劳林公式。这两个公式在求近似值以及优化问题中应用非常多。

导数的应用十分广泛。本章引导大家掌握洛必达法则，目的是用导数知识来解决求极限的一些问题；此外学会用导数求极值点、拐点，解决物理领域的一些问题，有利于拓展我们的视野。我们需理解的关键信息是：一阶导数用于求极值点和速度；二阶导数用于求拐点和加速度。

第3章 偏导数

知识树

偏导数的知识树如图 3-1 所示。

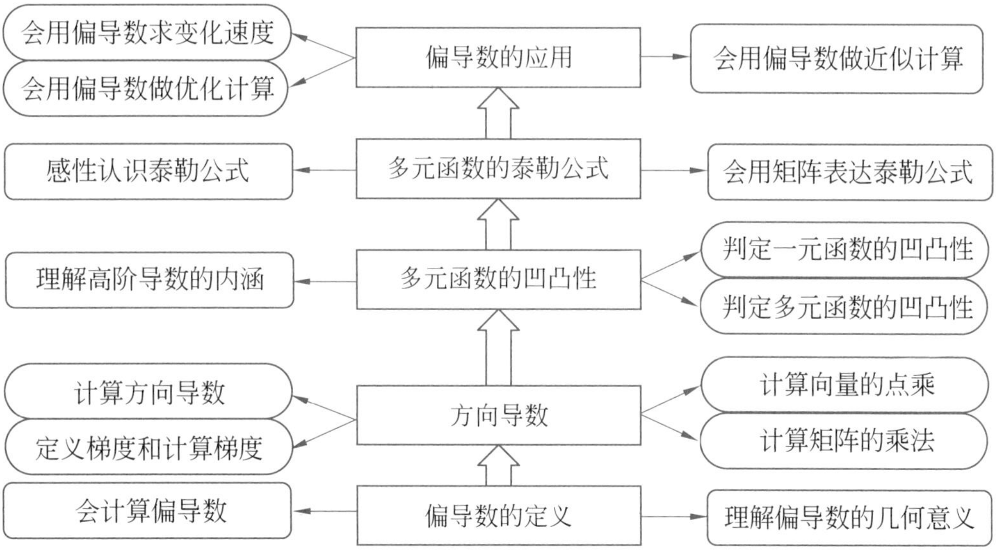

图 3-1 偏导数的知识树

应用场景：房价随影响因素的变化而变化

偏导数适用于对多元函数求导。如图 3-2 所示的场景，假定现在已知某地的房屋均价（因变量 z）由两个因素决定，一是该地区未购房的人口数量（自变量 x）；二是该地区的房屋空置套数（自变量 y）。现通过大数据分析已得知计算公式如下：

$$z = ax^2 + bxy + cy^2 + d$$

其中，a、b、c、d 为常量。偏导数可以用来衡量当一个自变量确定，另一个自变量的变化会引起因变量多大的变化。

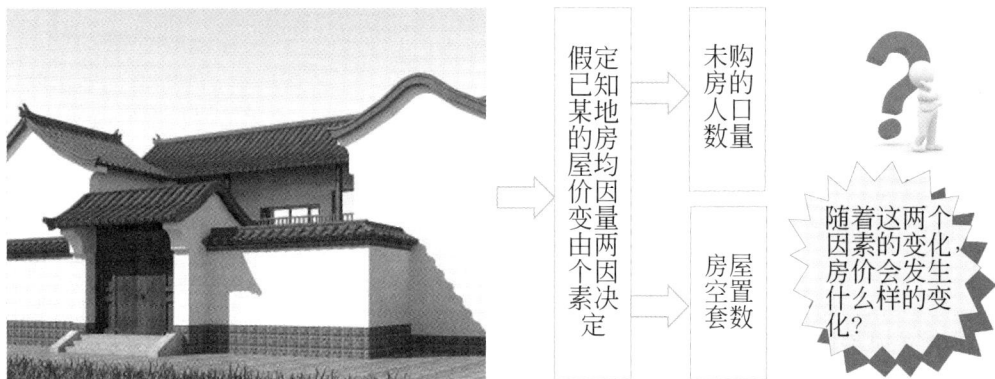

图 3-2　房价由多个因素决定

经计算，该地区房价对未购房的人口数量的偏导数为 $2ax + by$，表明当该地区的房屋空置套数确定时，未购房的人口数量变化 1 个单位，房屋均价就会变化 $2ax + by$。同理，经计算，该地区房价对房屋空置套数的偏导数为 $2cy + bx$，表明当该地区的未购房的人口数量确定时，房屋空置套数变化 1 个单位，房屋均价就会变化 $2cy + bx$。

偏导数在许多领域还有重要的应用。

（1）偏导数是后续学习微分、积分的基础。学习完本章后，再学习偏微分、积分,就会感觉学起来容易很多。通常可以把导数和积分看成相对互逆的运算,之所以说相对互逆而不是互逆,是因为它们之间有很强的关联性,但确实不是互逆函数(后续章节会学习);高阶导数与多重积分也可以看成相对互逆的运算。

(2)偏导数在物理学、经济学等领域有重要的应用。例如,在热力学中,通过偏导数可以描述系统的热容量等性质随温度、压强等变量的变化关系。又如,在电磁学中,电场强度和磁场强度对空间坐标的偏导数可以用于计算电动势和磁动势的变化。再如,成本函数对产量的偏导数可以得出边际成本,可用于帮助企业决定生产规模。

(3)需要考察多元函数因变量随某个自变量的变化情况这一场景都可用到偏导数。本章还会穿插讲解三个实例。一是物理学领域的例子。在这个例子里,我们将学会用偏导数考察合力随平面位置的变化。二是优化计算的例子。在这个例子里,我们将学会用梯度下降法找到极小值。三是近似计算的例子。我们将学会用多元函数的泰勒公式计算函数在某点附近的近似值。

问题先导:偏导数与导数有什么不同

(1)学生问:老师,前面您举的关于房屋均价计算的例子,您怎么知道计算公式的呢?怎么知道房屋均价是根据这两个因素来决定的呢?

简要回答:问得好,追究问题的本源才能让我们的学习更为透彻。通常,运用大数据工具进行因果分析,我们可以统计很多个有可能影响房屋均价的因素,如这个地区的人口数量、住房公积金的增长速度等,统计这些数据后再进行数据项筛选。用多项式做数学模型建模是其中一种较为简单的解决方案。运用机器学习工具,可以从数据项中筛选出紧密相关的数据项,再用样本数据可计算出多项式中的系数,从而得到计算公式。

（2）学生问：偏导数与导数的区别是什么？

简要回答：从字面上来看，偏导数多了一个偏字。从计算上来看，偏导数是对多元函数中的一个自变量求导，从而可以得到多个偏导数计算的结果。本章后续将会学习如何做具体的计算。

（3）学生问：偏导数与导数一样可以计算出在当前点函数随自变量的变化速度吗？

简要回答：可以，但是带有一定的条件。条件就是在当前点，把一个自变量看成变量，而把其他自变量看成常量，这样可以计算出函数随一个自变量的变化速度。

3.1 用动态和微观的观点理解偏导数

第 2 章我们学习对函数求导的情况都是只有一个自变量的情况。实际应用中自变量可能有多个，只有一个自变量的情况相对还是比较少见的。例如，一个地方的房屋均价是由人口数量、经济总量等多个因素关联决定的，它们之间的函数关系中会有多个自变量。下面就来学习偏导数。

3.1.1 先会求偏导数

函数中有多个自变量时，要求导数就得运用到偏导数。所谓偏，就是偏向某一个自变量，而将其他的自变量视同为常数。根据这种理解，偏导数就容易计算了，因为这就是相对简单的一元函数的求导。

如果函数为 $f(x,y)$，则对 x 的偏导数记为 $\dfrac{\partial f}{\partial x}$、$\dfrac{\partial f(x,y)}{\partial x}$ 或 $\dfrac{\partial}{\partial x}f(x,y)$。下面做一个计算示例体验一下。

例 3-1：计算函数的偏导数

$$z=f(x,y)=x^2+y+y^2$$

解：

计算过程如下：

$$\frac{\partial z}{\partial x}=\frac{\partial f}{\partial x}=\frac{\partial}{\partial x}f(x,y)=\frac{\partial}{\partial x}(x^2+y+y^2)=\frac{\partial}{\partial x}(x^2)=2x$$

当向 x 求偏导数时，把 y 看成常量，因此 $\frac{\partial}{\partial x}(y+y^2)=0$。同理，可得

$$\frac{\partial z}{\partial y}=\frac{\partial f}{\partial y}=\frac{\partial}{\partial y}f(x,y)=\frac{\partial}{\partial y}(x^2+y+y^2)=\frac{\partial}{\partial y}(y+y^2)=1+2y$$

设 $x=3$、$y=3$，则 $f(x,y)=x^2+y+y^2=3^2+3+3^2=21$。下面求 $[3,3,21]$ 这个点的偏导数。

$$\frac{\partial f}{\partial x}\Big|_{\substack{x=3\\y=3}}=2x\Big|_{\substack{x=3\\y=3}}=6$$

$$\frac{\partial f}{\partial y}\Big|_{\substack{x=3\\y=3}}=(1+2y)\Big|_{\substack{x=3\\y=3}}=7$$

3.1.2 理解偏导数的几何意义

偏导数表示了什么样的几何意义呢？先以 $\frac{\partial f}{\partial x}$ 来进行说明，仍以前面的例子来说明。由于计算 $\frac{\partial f}{\partial x}$ 时把 y 看成一个常量，以 $y=3$ 这个平面作为截面，与 $z=x^2+y+y^2$ 这曲面的交界处可以得到一条过点 $[3,3,21]$ 的曲线，如图 3-3 所示。怎么 $y=3$ 就成了一个平面呢？难道不是直线吗？在二维空间中，$y=3$ 是一条平行于 x 轴的直线；在三维空间中，$y=3$ 则成了一个平行于 xOz（O 表示原点）面的平面；在四维及更高维的空间中，$y=3$ 是一个超平面，只是这时用图表达不出来。

这条相交的曲线如果用方程来表示，那就是

$$\begin{cases}z=x^2+y+y^2\\y=3\end{cases}$$

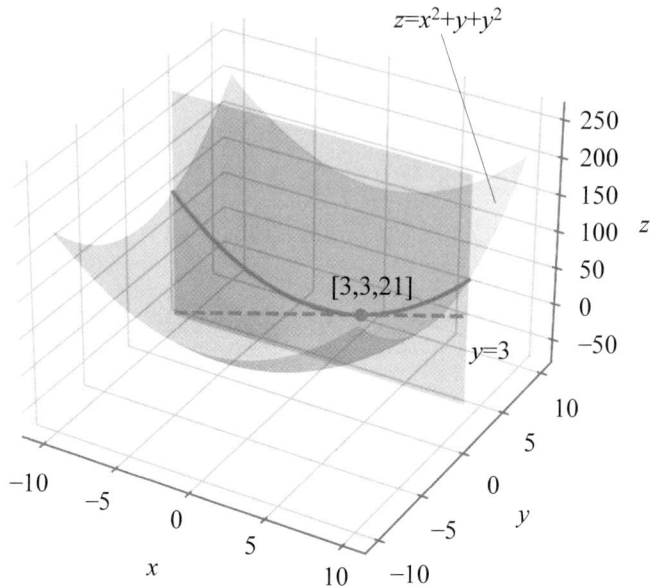

图 3-3　函数偏向 x 的导数

　　三维空间中的线要用联立方程组才能表示,因为如果只是一个方程则表达出来的图形会是一个平面或曲面。这条相交线在$[3,3,21]$这个点的切线斜率就是$\dfrac{\partial f}{\partial y}\Big|_{\substack{x=3 \\ y=3}}=6$。这条切线如图 3-3 中的虚线所示。

　　那切线的方程会是什么样呢? 此前的讨论已知,切线的斜率为 6,因此在 $y=3$ 这一前提下,$z=ax+b=6x+b$。由于切线必定会过$[3,3,21]$这个点,可得 $21=6\times3+b$,解得 $b=3$。所以,切线方程为

$$\begin{cases} z=6x+3 \\ y=3 \end{cases}$$

　　同理,计算$\dfrac{\partial f}{\partial y}$时把 x 看成一个常量。以 $x=3$ 这个平面作为截面,与 $z=x^2+y+y^2$ 这个曲面的交界处可以得到一条过点$[3,3,21]$的曲线,如图 3-4 所示。这条相交的曲线如果要用方程来表示,那就是

$$\begin{cases} z = x^2 + y + y^2 \\ x = 3 \end{cases}$$

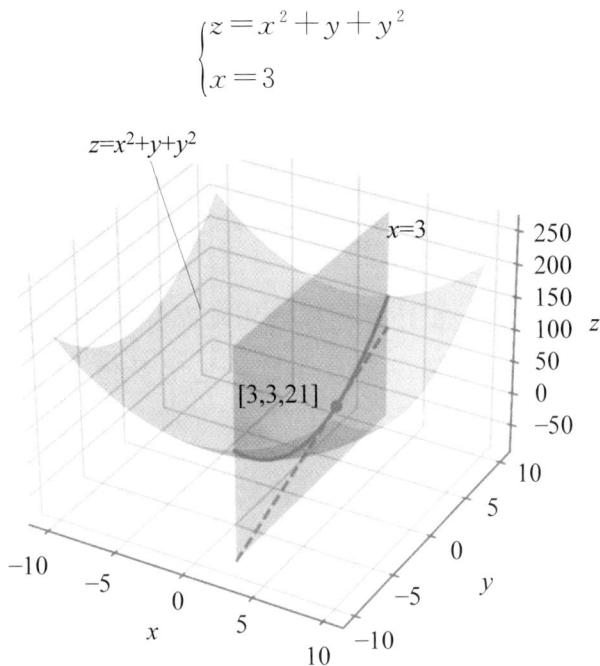

图 3-4　函数偏向 y 的导数

这条相交线在 $[3,3,21]$ 这个点的切线的斜率就是 $\dfrac{\partial f}{\partial y}\bigg|_{\substack{x=3 \\ y=3}} = 7$。这条切线

如图 3-4 中的虚线所示。切线方程为

$$\begin{cases} z = 7y \\ x = 3 \end{cases}$$

3.1.3　引出偏导数的定义

有了前述理解之后，我们再来理解偏导数的定义就会形象得多。函数 $z = f(x,y)$ 偏向 x 的导数为

$$\dfrac{\partial z}{\partial x} = \dfrac{\partial f}{\partial x} = \dfrac{\partial f(x,y)}{\partial x} = \dfrac{\partial}{\partial x} f(x,y) = \lim_{\Delta x \to 0} \dfrac{\Delta z}{\Delta x}\bigg|_{y \text{看成常量}}$$

$$= \lim_{\Delta x \to 0} \dfrac{f(x+\Delta x) - f(x)}{\Delta x}\bigg|_{y \text{看成常量}}$$

同导数类似,偏导数的通用表达式为偏导函数。类似地,函数 $z = f(x, y)$ 偏向 y 的导数为

$$\frac{\partial z}{\partial y} = \frac{\partial f}{\partial y} = \frac{\partial f(x, y)}{\partial y} = \frac{\partial}{\partial y} f(x, y) = \lim_{\Delta y \to 0} \frac{\Delta z}{\Delta y}\bigg|_{x \text{看成常量}}$$

$$= \lim_{\Delta y \to 0} \frac{f(y + \Delta y) - f(y)}{\Delta y}\bigg|_{x \text{看成常量}}$$

可见,偏导数从本质上和导数同样需用动态和微观的观点来看待。从其内涵要义上来理解,那就是某一个自变量的变化引起了因变量的变化,变化率是多少。

3.2 方向导数

我们先来讨论二元函数的方向导数,再扩展到更多元的函数。

3.2.1 会计算二元函数的方向导数

在此前的学习中,我们已经知道 $\dfrac{\partial z}{\partial x}\bigg|_{\substack{x = x_0 \\ y = y_0}}$ 代表着在 $[x_0, y_0, z_0]$ 这个点沿 x 方向的切线斜率;$\dfrac{\partial z}{\partial y}\bigg|_{\substack{x = x_0 \\ y = y_0}}$ 代表着在 $[x_0, y_0, z_0]$ 这个点沿 y 方向的切线斜率。那么方向导数和这些有什么关联吗?

三维空间中的曲面有很多方向导数,$\dfrac{\partial z}{\partial x}\bigg|_{\substack{x = x_0 \\ y = y_0}}$ 和 $\dfrac{\partial z}{\partial y}\bigg|_{\substack{x = x_0 \\ y = y_0}}$ 只是其中的两个方向的导数,即分别是沿 x 轴方向的偏导数和沿 y 轴方向的偏导数。

某一点导数的计算结果在几何意义上来说,值的含义就是如果自变量变化了 1 个单位,因变量变化了多少。所以方向导数就是指的沿着某个方向自变量变化了 1 个单位,因变量变化了多少。方向导数的方向只能在 xOy 平面(或与其平行的平面)中给出,如图 3-5(a)所示。

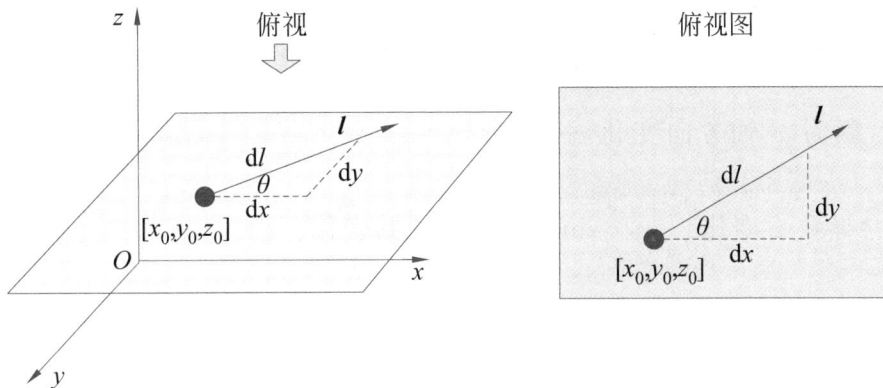

(a)

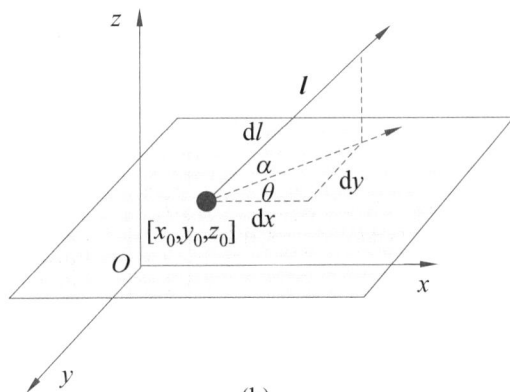

(b)

图 3-5   方向导数图示

俯视来看,方向导数$\dfrac{\partial z}{\partial l}$中的微分关系如下:

$$(\mathrm{d}l)^2 = (\mathrm{d}x)^2 + (\mathrm{d}y)^2$$

这就好像是把向量 l 分解成了两个方向垂直的分量,与物理学力学中力的分解类似。假定向量 l 与 x 轴的夹角为 θ,那么还可得到关联关系:

$$\begin{cases} \mathrm{d}x = \mathrm{d}l \cdot \cos\theta \\ \mathrm{d}y = \mathrm{d}l \cdot \sin\theta \end{cases}$$

从数量关系上来理解,如果沿向量 $\boldsymbol{l}$ 的方向每变化 1 个单位,则在 x 轴方向上就会变化 $\cos\theta$,在 y 轴方向上就会变化 $\sin\theta$。那么这会导致 z 变化多少呢?因为 x 轴方向变化 $\cos\theta$,会导致 z 变化 $\left.\dfrac{\partial z}{\partial x}\right|_{\substack{x=x_0 \\ y=y_0}}\cos\theta$;$y$ 轴方向变化 $\sin\theta$,会导致 z 变化 $\left.\dfrac{\partial z}{\partial y}\right|_{\substack{x=x_0 \\ y=y_0}}\sin\theta$,所以 z 一共变化:

$$\left.\frac{\partial z}{\partial x}\right|_{\substack{x=x_0 \\ y=y_0}}\cos\theta + \left.\frac{\partial z}{\partial y}\right|_{\substack{x=x_0 \\ y=y_0}}\sin\theta$$

综合以上讨论来说,沿向量 $\boldsymbol{l}$ 的方向每变化 1 个单位导致 z 变化的量就是方向导数的值:

$$\left.\frac{\partial z}{\partial l}\right|_{\substack{x=x_0 \\ y=y_0}} = \left.\frac{\partial z}{\partial x}\right|_{\substack{x=x_0 \\ y=y_0}}\cos\theta + \left.\frac{\partial z}{\partial y}\right|_{\substack{x=x_0 \\ y=y_0}}\sin\theta$$

变化到一般性情况,则

$$\frac{\partial z}{\partial l} = \frac{\partial z}{\partial x}\cos\theta + \frac{\partial z}{\partial y}\sin\theta = \begin{bmatrix} \dfrac{\partial z}{\partial x} \\ \dfrac{\partial z}{\partial y} \end{bmatrix} \cdot \begin{bmatrix} \cos\theta \\ \sin\theta \end{bmatrix}$$

可见,从几何意义上来理解方向导数还是比较容易的。上述算式中的"$\cdot$"表示的是向量的点乘。3.2.2 节将补充学习一点线性代数中的向量知识。

例 3-2:函数 $z=f(x,y)=x^2+y^2$。求点 $P(1,2)$ 处沿方向向量 $[1,1]$ 的方向导数。

解:

先求出偏导数:

$$\left.\frac{\partial z}{\partial x}\right|_{\substack{x=1 \\ y=2}} = \left.\frac{\partial}{\partial x}(x^2+y^2)\right|_{\substack{x=1 \\ y=2}} = 2x\Big|_{\substack{x=1 \\ y=2}} = 2$$

$$\left.\frac{\partial z}{\partial y}\right|_{\substack{x=1 \\ y=2}} = \left.\frac{\partial}{\partial y}(x^2+y^2)\right|_{\substack{x=1 \\ y=2}} = 2y\Big|_{\substack{x=1 \\ y=2}} = 4$$

方向导数沿方向向量 $[1,1]$,则夹角 θ 为 $45°$,故

$$\frac{\partial z}{\partial l} = \frac{\partial z}{\partial x}\cos\theta + \frac{\partial z}{\partial y}\sin\theta = 2\cos\frac{\pi}{4} + 4\sin\frac{\pi}{4} = 3\sqrt{2}$$

3.2.2 补充学习一些向量知识

向量就是指的带有方向的量。现实生活有很多量是向量,例如:力学中的力就带有方向和量,故为向量。向量可以用其坐标值表示,因为这样同时也表示了它的方向。例如

$$\boldsymbol{a} = \begin{bmatrix} x & y \end{bmatrix} = \begin{bmatrix} x \\ y \end{bmatrix} = \begin{bmatrix} 1 & 2 \end{bmatrix} = \begin{bmatrix} 1 \\ 2 \end{bmatrix}$$

横向表示时,也可在坐标值之间加逗号(,)。在不影响理解的情况下,上述向量横向和纵向表示是一样的。但在一些讨论分析中需要区分横向向量、纵向向量时,上述表述方向是有区别的。

向量 $\boldsymbol{a}$ 用图形来表示的话如图 3-6 所示。向量里既然有多个分量,那么向量的长度到底是多少呢?这就要用到向量的模的概念。向量的模就是指的向量的长度,用如下公式计算:

$$|\boldsymbol{a}| = \sqrt{a_1^2 + a_2^2 + \cdots + a_n^2}$$

之所以叫"模",源自于英文中的单词 norm,中文意思为"标准、规范",就像一个模子把向量给度量出来,表示出向量的长度。

> **学习点拨**:注意区分向量的模符号‖‖和绝对值符号‖‖。两者确实是使用同一个符号,这就是数学中符号的复用,但代表不同的运算。如果遇到符号‖‖,我们需要结合语境来理解到底是什么符号。

向量的长度有了,那么方向呢?方向是隐含在向量的表达式中的。那怎么理解呢?一起来看看向量的图形表示法吧,这样就会感觉比较形象了。

以一个二维向量[1,2]为例,运用模的计算公式可以得到它的模长为 $\sqrt{1^2 + 2^2} = \sqrt{5}$,如果用图形表示法则如图 3-6 所示。

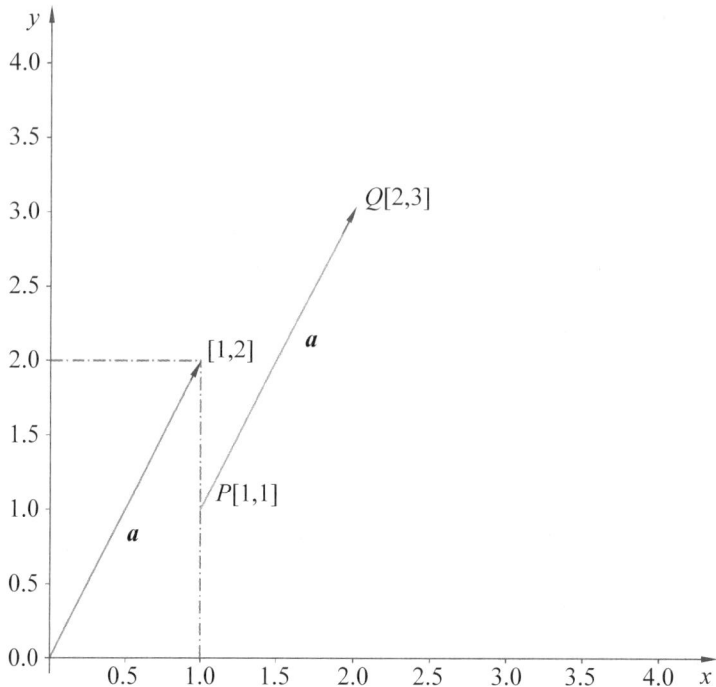

图 3-6　向量$[1,2]$的图形表示

从图中可以明确地看出向量既有长度又有方向。习惯上，以从原点出发的带方向的线段表示向量。也可以不从原点开始，只是这时如果向量比较多，则在脑海中形成的向量图像会让大脑反应不过来，因此不提倡这么做。在数学中，只要向量的方向和模长相同，就认为是同一个向量。事实上，在空间中，相同的向量可以互相之间平移得到。因此，一个向量实际上代表着一簇向量，它们的性质相同。图 3-6 中的两个向量就是同一个向量，尽管它们的起始位置和结束位置不同。

向量的点积结果是一个标量，所谓标量就是一个数值，不带方向。两个向量点积运算的结果是两个向量对应的维度值的乘积之和。仍假定 $\boldsymbol{a} = [a_1, a_2, \cdots, a_n]$，$\boldsymbol{b} = [b_1, b_2, \cdots, b_n]$，则向量的点积运算如下：

$$\boldsymbol{a} \cdot \boldsymbol{b} = a_1 b_1 + a_2 b_2 + \cdots + a_n b_n = \sum_{i=1}^{n} a_i b_i$$

点积的图形表示什么呢？因为点积没有方向，所以不便在图中画出，但是可想办法仍然形象地表达，如图 3-7 所示。

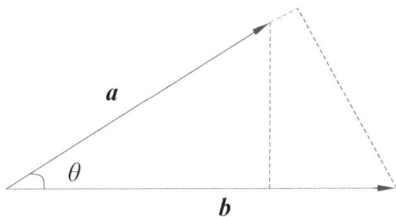

图 3-7　向量的点积运算

不论在多少维空间下，以下向量点积计算的公式均成立：

$$\boldsymbol{a} \cdot \boldsymbol{b} = \sum_{i=1}^{n} x_i y_i = |\boldsymbol{a}||\boldsymbol{b}|\cos\theta$$

3.2.3　补充学习一些矩阵计算知识

矩阵就是把数据集中在一起形成一个数据块。表面上看只是把数据集中在一起，实际上却起到了很大的计算作用。

❋ 学习点拨：可能有部分读者第一次接触矩阵。如下是一个示例矩阵：

$$\boldsymbol{A} = \begin{bmatrix} 1 & 2 & 3 \\ 4 & 5 & 6 \end{bmatrix}$$

$\boldsymbol{A}$ 就是一个 2×3（即 2 行 3 列）矩阵，其中共有 6 个数据。$\boldsymbol{A}$ 也可写成 $\boldsymbol{A}_{2\times3}$。

两个矩阵的加法就是把矩阵对应位置的值相加，减法亦如此。两个矩阵能做加减法运算的前提条件是两个矩阵之间的行数、列数要相同，即两者形状相同。

两个矩阵之间的乘法计算稍显复杂一些。两个矩阵之间能做乘法运算的前提是前者的列数与后者的行数相等。

$$\boldsymbol{A}_{m\times n}\times\boldsymbol{B}_{n\times p}=\boldsymbol{C}_{m\times p}$$

结果矩阵 $\boldsymbol{C}$ 的行数为矩阵 $\boldsymbol{A}$ 的行数，列数为矩阵 $\boldsymbol{B}$ 的列数。那么，结果矩阵 $\boldsymbol{C}$ 是怎么计算得来的呢？有公式如下：

$$c_{ij}=\sum_{k=0}^{n-1}(a_{ik}\times b_{kj})$$

上述公式看起来复杂，说起来却简单。就是将 a 的行号 i 不变，b 的列号 j 不变，然后 a 的列号与 b 的行号同步变动，再做乘法计算，结果累加，得到 c_{ij}。下面来做个计算的示例。

例 3-3：计算下面两个矩阵的乘积

$$A=\begin{bmatrix}3 & -5\\ 6 & 9\end{bmatrix},\quad B=\begin{bmatrix}-4 & 8 & 1\\ 5 & 2 & 3\end{bmatrix}$$

解：

计算过程如下所示：

$$A\times B=C=\begin{bmatrix}3\times(-4)+(-5)\times5 & 3\times8+(-5)\times2 & 3\times1+(-5)\times3\\ 6\times(-4)+9\times5 & 6\times8+9\times2 & 6\times1+9\times3\end{bmatrix}$$

$$=\begin{bmatrix}-37 & 14 & -12\\ 21 & 66 & 33\end{bmatrix}$$

那么 $\boldsymbol{B}\times\boldsymbol{A}$ 呢？显然不能计算，为什么呢？因为 $\boldsymbol{B}$ 的列数为 2，但 $\boldsymbol{A}$ 的行数为 3，能做乘法的前提条件不满足。可见，$\boldsymbol{A}\times\boldsymbol{B}\neq\boldsymbol{B}\times\boldsymbol{A}$。

3.2.4 解决一个很多人的困惑

接下来讲解一个很多人都感到困惑的问题。三维空间里代表导数方向的向量 $\boldsymbol{l}$ 应该是如图 3-5(b)所示的向量才对啊，怎么却是如图 3-5(a)所示的向量呢？z 是因变量，它随自变量而产生变化。如果是沿图 3-5(b)所示的向量 l 在 z 轴上也有值变化，那么自变量有 z 的变化，因变量也有 z 的变化，这岂不矛盾？同理，在二维空间和任意维空间中也可以这么理解。如果一定要沿图 3-5(b)所示的向量 l 来计算 $\dfrac{\partial z}{\partial l}$，假定向量 l 与 xOy 平面(或与其平行的平面)的夹角为 α，那么沿向量 l 的方向每变化 1 个单位，它在 xOy 平面的投影就会变化 $\cos\alpha$，因此

$$\frac{\partial z}{\partial l}=\cos\alpha\left(\frac{\partial z}{\partial x}\cos\theta+\frac{\partial z}{\partial y}\sin\theta\right)=\cos\alpha\left(\begin{bmatrix}\dfrac{\partial z}{\partial x}\\[2mm]\dfrac{\partial z}{\partial y}\end{bmatrix}\cdot\begin{bmatrix}\cos\theta\\[1mm]\sin\theta\end{bmatrix}\right)$$

3.2.5　理解什么是梯度

我们来接着分析方向导数。假定向量 $\begin{bmatrix}\dfrac{\partial z}{\partial x}\Big|_{\substack{x=x_0\\y=y_0}}\\[3mm]\dfrac{\partial z}{\partial y}\Big|_{\substack{x=x_0\\y=y_0}}\end{bmatrix}$ 与向量 $\begin{bmatrix}\cos\theta\\[1mm]\sin\theta\end{bmatrix}$ 的夹角为

ϕ。来看以下分析过程：

$$\frac{\partial z}{\partial l}\bigg|_{\substack{x=x_0\\y=y_0}}=\begin{bmatrix}\dfrac{\partial z}{\partial x}\Big|_{\substack{x=x_0\\y=y_0}}\\[3mm]\dfrac{\partial z}{\partial y}\Big|_{\substack{x=x_0\\y=y_0}}\end{bmatrix}\cdot\begin{bmatrix}\cos\theta\\[1mm]\sin\theta\end{bmatrix}=\left\|\begin{bmatrix}\dfrac{\partial z}{\partial x}\Big|_{\substack{x=x_0\\y=y_0}}\\[3mm]\dfrac{\partial z}{\partial y}\Big|_{\substack{x=x_0\\y=y_0}}\end{bmatrix}\right\|\times\left\|\begin{bmatrix}\cos\theta\\[1mm]\sin\theta\end{bmatrix}\right\|\times\cos\phi$$

$$=\left\|\begin{bmatrix}\dfrac{\partial z}{\partial x}\Big|_{\substack{x=x_0\\y=y_0}}\\[3mm]\dfrac{\partial z}{\partial y}\Big|_{\substack{x=x_0\\y=y_0}}\end{bmatrix}\right\|\times\sqrt{(\cos\theta)^2+(\sin\theta)^2}\times\cos\phi$$

$$= \left\| \begin{bmatrix} \left. \dfrac{\partial z}{\partial x} \right|_{\substack{x=x_0 \\ y=y_0}} \\[4mm] \left. \dfrac{\partial z}{\partial y} \right|_{\substack{x=x_0 \\ y=y_0}} \end{bmatrix} \right\| \times 1 \times \cos\phi = \left\| \begin{bmatrix} \left. \dfrac{\partial z}{\partial x} \right|_{\substack{x=x_0 \\ y=y_0}} \\[4mm] \left. \dfrac{\partial z}{\partial y} \right|_{\substack{x=x_0 \\ y=y_0}} \end{bmatrix} \right\| \cos\phi$$

在三维空间里,把向量 $\begin{bmatrix} \left. \dfrac{\partial z}{\partial x} \right|_{\substack{x=x_0 \\ y=y_0}} \\[4mm] \left. \dfrac{\partial z}{\partial y} \right|_{\substack{x=x_0 \\ y=y_0}} \end{bmatrix}$ 称为梯度。在不引起理解歧义的前提

下,可以简化表示为 $\begin{bmatrix} \dfrac{\partial z}{\partial x} \\[3mm] \dfrac{\partial z}{\partial y} \end{bmatrix}$。更多维的情况下可以再扩展这个向量,$n$ 维时可

以写成 $\begin{bmatrix} \dfrac{\partial z}{\partial x_0} \\[3mm] \dfrac{\partial z}{\partial x_1} \\[2mm] \vdots \\[2mm] \dfrac{\partial z}{\partial x_{n-1}} \end{bmatrix}$,也可以用横向方式来表示成 $\begin{bmatrix} \dfrac{\partial z}{\partial x_0} & \dfrac{\partial z}{\partial x_1} & \cdots & \dfrac{\partial z}{\partial x_{n-1}} \end{bmatrix}$。

❋
> 学习点拨:梯度向量中 $\dfrac{\partial z}{\partial x_0}$ 的 x_0 表示的是一个变量,而前述推导公
>
> 式里 $x=x_0$ 的 x_0 表示的是 $[x_0, y_0, z_0]$ 这个点的 x 坐标值。

什么情况下可以使 $\left. \dfrac{\partial z}{\partial l} \right|_{\substack{x=x_0 \\ y=y_0}}$ 的值最大呢? 因为 $\cos\phi$ 的值最大就是 1,这时

$\begin{bmatrix} \dfrac{\partial z}{\partial x} \\[3mm] \dfrac{\partial z}{\partial y} \end{bmatrix}$ 和 $\begin{bmatrix} \cos\theta \\ \sin\theta \end{bmatrix}$ 这两个向量的夹角为 $0°$。因此,使 z 的值变化最大的方向就是

向量 $\begin{bmatrix} \dfrac{\partial z}{\partial x} \\ \dfrac{\partial z}{\partial y} \end{bmatrix}$，此时的变化最大值为该向量的模，即 $\left\|\begin{bmatrix} \dfrac{\partial z}{\partial x} \\ \dfrac{\partial z}{\partial y} \end{bmatrix}\right\|$。

数学中用下三角符号 ∇（读"奈不拉"，nabla）表示梯度。∇f 表示函数 f 的梯度。$\nabla f(x_0, y_0)$ 表示函数 f 在 $[x_0, y_0, z_0]$ 这个点的梯度。

例 3-4：计算函数 $z = f(x, y) = 2x^2 + 3y^2$ 在点 $[1, 2]$ 处的梯度。

$$\nabla f(1, 2) = \begin{bmatrix} \left.\dfrac{\partial z}{\partial x}\right|_{\substack{x=1 \\ y=2}} \\ \left.\dfrac{\partial z}{\partial y}\right|_{\substack{x=1 \\ y=2}} \end{bmatrix} = \begin{bmatrix} \left.4x\right|_{\substack{x=1 \\ y=2}} \\ \left.6y\right|_{\substack{x=1 \\ y=2}} \end{bmatrix} = \begin{bmatrix} 4 \\ 12 \end{bmatrix}$$

3.3 多元函数的凹凸性

只有一个自变量的函数凹凸性我们已经在第 2 章中学习过，那多元函数的凹凸性又怎么理解呢？

3.3.1 理解什么是凸函数和凹函数

多元函数中的凹凸性与一元函数中的凹凸性有很大的不同。在对多元函数的讨论中，通常不加上字、下字来表达凹凸性。

多元函数中的凸函数的形状就像是一个碗的形状，从碗底往任何方向走，函数值都是上升的。例如在一个凸函数表示的地形上，站在中间的低处，不管朝哪个方向迈一步，高度都增加了。反过来，如果函数是凹的，就像是一个倒扣的碗。我们处在中间的高处，不管朝哪个方向走一步，高度都降低了。

✿ 学习点拨：上述多元函数凹凸性的说明，与此前我们学习过的一元函数的凹凸性有很大的区别，请注意细心体会。但是现在我们要将一元函数和多元函数的凹凸性统一起来，就得按本节中讲的多元函数的凹凸性来统一理解和认识。总的来说，就是"以下为准，向下凸就是凸函数，向上凸就是凹函数"。

举个例子，假设我们有一个二元函数 $z = f(x, y) = x^2 + y^2$，这就是个凸函数。如图 3-8(a) 所示，从中心点往外，高度逐渐增加。俯视看，我们可以做出等高线图，如图 3-8(b) 所示。而二元函数 $z = f(x, y) = -(x^2 + y^2)$ 却是一个凹函数，其图形如图 3-9 所示，从中心点往外，高度逐渐降低。可见，凹凸性与我们的视觉感受是反的。

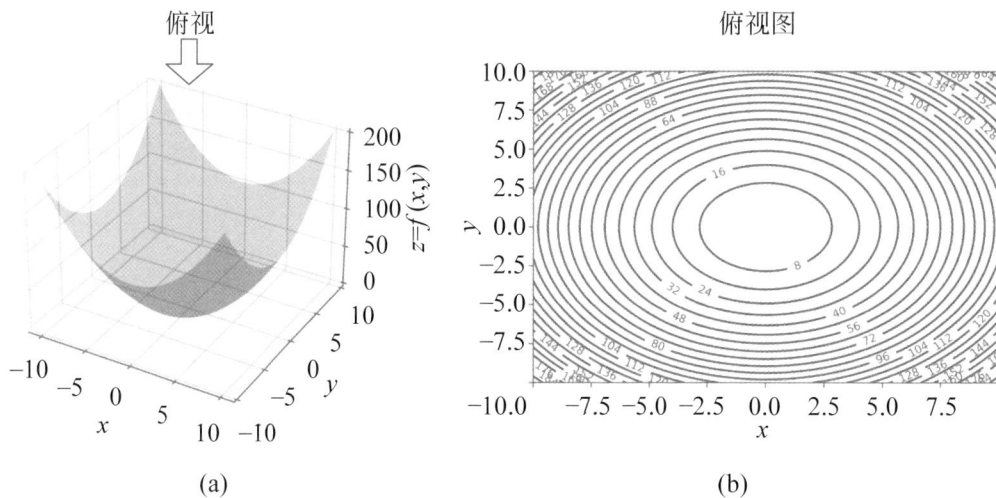

图 3-8　凸函数 $z = f(x, y) = x^2 + y^2$

3.3.2　如何判定一元函数的凹凸性

有两种方法来判定一元函数的凹凸性。

俯视

俯视图

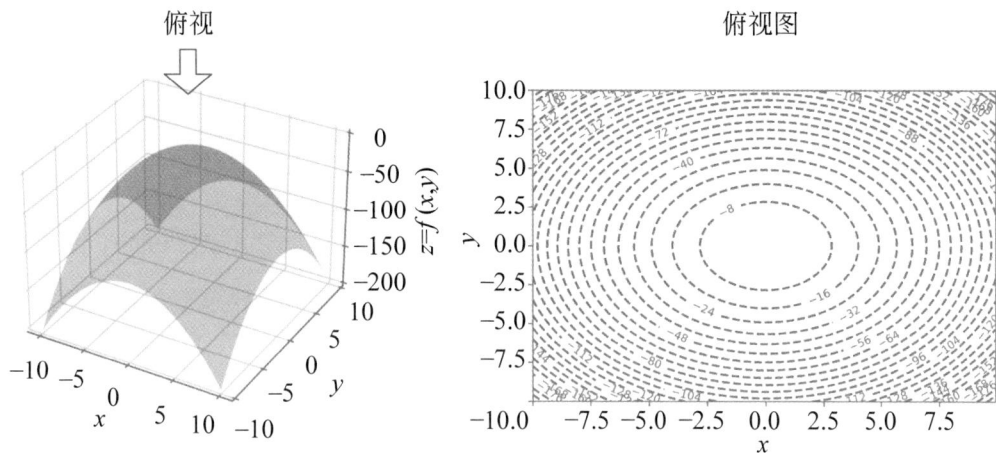

图 3-9　凹函数 $= f(x,y) = -(x^2 + y^2)$

1. 二阶导数法

假设函数 $f(x)$ 二阶可导,如果总是有 $f''(x) > 0$,表明凹凸性从未发生改变,且一阶导数总是单调递增的,故该函数的开口总是向上。因此,函数 $f(x)$ 是上凹、下凸函数。如果使用与多元函数统一的描述方法,函数 $f(x)$ 是凸函数。

如果总是有 $f''(x) < 0$,表明凹凸性从未发生改变,且一阶导数总是单调递减的,故该函数的开口总是向下。因此,函数 $f(x)$ 是上凸、下凹函数。不过,如果使用与多元函数统一的描述方法,函数 $f(x)$ 是凹函数。

2. 定义法

现有 $f(x)$ 及其定义区间 $[x_1, x_2]$,以及 $\lambda \in (0,1)$,如果总是有

$$f(\lambda x_1 + (1-\lambda)x_2) < \lambda f(x_1) + (1-\lambda)f(x_2)$$

则表明该一元函数为上凹、下凸函数。如果使用与多元函数统一的描述方法,函数 $f(x)$ 是凸函数。反之,现有 $f(x)$ 及其定义区间 $[x_1, x_2]$,以及 $\lambda \in (0,1)$,如果总是有

$$f(\lambda x_1 + (1-\lambda)x_2) > \lambda f(x_1) + (1-\lambda)f(x_2)$$

则表明该一元函数为上凸、下凹函数。如果使用与多元函数统一的描述方法，函数 $f(x)$ 是凹函数。

答疑解惑

学生问：老师，这个定义看上去不太好懂，加入一个 λ 把我都看懵了，能解释一下吗？

老师答：好的。先来看 $\lambda x_1 + (1-\lambda)x_2$ 这个式子。$[x_1, x_2]$ 表达了三个隐含信息：①$x_1 < x_2$；②x_1 和 x_2 是已知的量，不是未知量；③因函数的表达式事先已知，故 $f(x_1)$、$f(x_2)$ 也是已知的量，不是未知量。梳理出这些信息，理解起来就比较简单了。

$\lambda x_1 + (1-\lambda)x_2$ 这个式子中其实只有一个未知量，可见这是一个线性函数，图形就是一条线，因此，极大值和极小值就在线的两个端点处，即取 $\lambda = 0$ 和 $\lambda = 1$ 时。因 $\lambda \in (0, 1)$，故 $\lambda x_1 + (1-\lambda)x_2$ 的值范围为 (x_1, x_2)。

再来看 $\lambda f(x_1) + (1-\lambda)f(x_2)$ 这个式子。同前述分析类似，如果 $f(x_1) < f(x_2)$，则 $\lambda f(x_1) + (1-\lambda)f(x_2)$ 这个式子的值范围为 $(f(x_1), f(x_2))$；如果 $f(x_1) > f(x_2)$，则 $\lambda f(x_1) + (1-\lambda)f(x_2)$ 这个式子的值范围为 $(f(x_2), f(x_1))$。

综上，结合图 3-10(a) 来观察，如果是凸函数，$[\lambda x_1 + (1-\lambda)x_2, \lambda f(x_1) + (1-\lambda)f(x_2)]$ 这个点总是位于 $[x_1, f(x_1)]$ 和 $[x_2, f(x_2)]$ 这两个点连线的下方。

同理，如果是凹函数，$[\lambda x_1 + (1-\lambda)x_2, \lambda f(x_1) + (1-\lambda)f(x_2)]$ 这个点总是位于 $[x_1, f(x_1)]$ 和 $[x_2, f(x_2)]$ 这两个点连线的上方。

再看图 3-10(b)，如果一个函数既不是凹函数，也不是凸函数，函数上的任意两点连线后，不能保证 (x_1, x_2) 之间的点都位于连线的下方或上方。

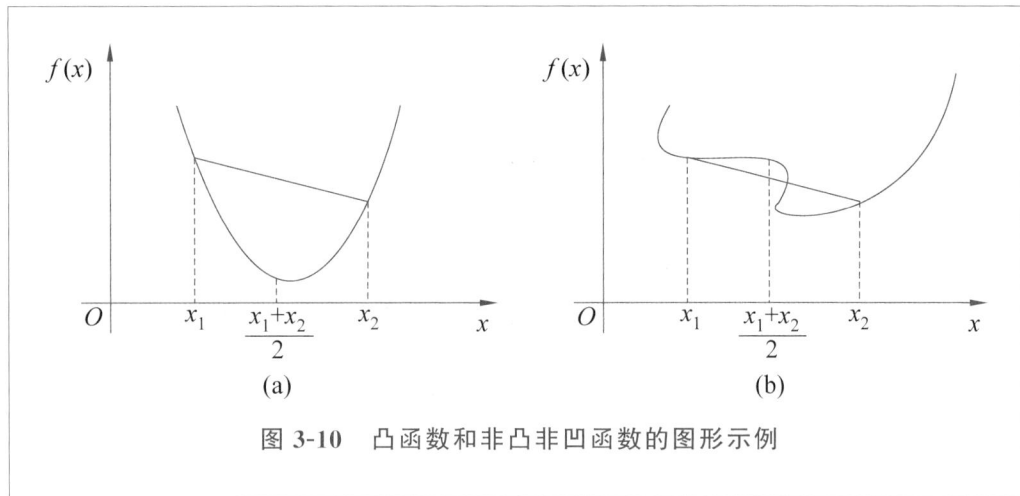

图 3-10　凸函数和非凸非凹函数的图形示例

例 3-5：判断 $f(x) = x^2 + 3$ 的凹凸性。

解：

$$f''(x) = (x^2 + 3)'' = (2x)' = 2 > 0$$

可见，一阶导数总是单调递增，凹凸性从未发生改变，因此，$f(x)$ 是上凹、下凸的。

◎3.3.3　如何判定多元函数的凹凸性

◎本节阅读如有困难，可选读。

与一元函数类似，同样有两种方法进行判定多元函数的凹凸性。

1. 二阶偏导法

Hessian 矩阵由数学家 Ludwig Otto Hesse 提出，故该矩阵以其名字命名。中文名称又叫作黑塞矩阵、海森矩阵、海瑟矩阵或海塞矩阵，常用 $\boldsymbol{H}(f)$ 表示。

假定 $f(\boldsymbol{x})$ 为 n 元函数，$\boldsymbol{x} = [x_0 \quad x_1 \quad \cdots \quad x_{n-1}]$，则

$$H(f) = \begin{bmatrix} \dfrac{\partial^2 f}{(\partial x_0)^2} & \dfrac{\partial^2 f}{\partial x_0 \partial x_1} & \cdots & \dfrac{\partial^2 f}{\partial x_0 \partial x_{n-1}} \\[3ex] \dfrac{\partial^2 f}{\partial x_1 \partial x_0} & \dfrac{\partial^2 f}{(\partial x_1)^2} & \cdots & \dfrac{\partial^2 f}{\partial x_1 \partial x_{n-1}} \\[3ex] \vdots & \vdots & & \vdots \\[2ex] \dfrac{\partial^2 f}{\partial x_{n-1} \partial x_0} & \dfrac{\partial^2 f}{\partial x_{n-1} \partial x_1} & \cdots & \dfrac{\partial^2 f}{(\partial x_{n-1})^2} \end{bmatrix}$$

Hessian 矩阵是由多元函数的二阶导数组成的方阵。由于 $\dfrac{\partial^2 f}{\partial x_1 \partial x_0}$ 与 $\dfrac{\partial^2 f}{\partial x_0 \partial x_1}$、$\dfrac{\partial^2 f}{\partial x_{n-1} \partial x_0}$ 与 $\dfrac{\partial^2 f}{\partial x_0 \partial x_{n-1}}$ 分别相等,故 $H(f)$ 明显是一个关于主对角对称的对称矩阵。

如果 Hessian 矩阵是半正定的,说明 $f(x)$ 是凸函数。这又怎么理解呢?所谓矩阵是正定的,从定义上来说这么理解:对于一个大小为 $n \times n$ 的实对称矩阵 A,若对于任意长度为 n 的非零向量 $x = \begin{bmatrix} x_0 \\ x_1 \\ \vdots \\ x_{n-1} \end{bmatrix}$,有 $x^{\mathrm{T}} A x > 0$ 恒成立,则矩阵 A 是一个正定矩阵。

所谓矩阵是半正定的,就是把上述正定的定义中,改为要求恒成立的不等式为 $x^{\mathrm{T}} A x \geqslant 0$。

这样的定义看上去有点吓人,让人不太好理解。下面我带大家用几何意义来理解。

首先要理解的是 $x^{\mathrm{T}} A x$ 这个式子。Ax 表达的含义就是用矩阵 A 对向量 x 做线性变换,变换的结果仍然是一个 n 维的向量,即 $A_{n \times n} \times x_{n \times 1} = B_{n \times 1}$。则有

$$x^{\mathrm{T}} A x = x_{1 \times n} \times B_{n \times 1}$$

因此,结果会是一个数值。

其次,要理解的是 $\pmb{x}_{1\times n}\times\pmb{B}_{n\times 1}$ 的计算实际就是向量 $\pmb{x}$ 和向量 $\pmb{B}$ 的点积运算,即

$$\pmb{x}_{1\times n}\times\pmb{B}_{n\times 1}=\begin{bmatrix} x_0 \\ x_1 \\ \vdots \\ x_{n-1} \end{bmatrix}^{\mathrm{T}}\cdot\begin{bmatrix} B_0 \\ B_1 \\ \vdots \\ B_{n-1} \end{bmatrix}=x_0B_0+x_1B_1+\cdots+x_{n-1}B_{n-1}=|\pmb{x}||\pmb{B}|\cos\theta$$

既然 $\pmb{x}^{\mathrm{T}}\pmb{A}\pmb{x}>0$ 恒成立,说明向量 $\pmb{x}$ 和向量 $\pmb{B}$ 的夹角 θ 必小于 $90°$,因为

$$|\pmb{x}||\pmb{B}|\cos\theta>0\Rightarrow\cos\theta>0$$

这就意味着矩阵 $\pmb{A}$ 的线性变换并没有对向量 $\pmb{x}$ 做转向角大于 $90°$ 的变换,也就是说函数在图像上从来就不会引入反方向上的分量,因此函数会是凸函数。理解了正定的几何意义,再来理解半正定的几何意义就比较容易了。矩阵 $\pmb{A}$ 是半正定的,意味着函数在图像上最大也就引入 $90°$ 方向上的分量。

例 3-6:用二阶偏导法判断 $f(x)=ax^2$,$f(x_0,x_1)=2x_0^2+3x_1^2$ 的凹凸性。

解:

先来看一元函数 $f(x)=ax^2$。这个函数我们应该都很熟悉,如果 $a>0$,则抛物线开口向上,这是一个典型的凸函数。实际上我们可以把这个函数的表达式看成以下的计算:

$$f(x)=[x][a][x]=ax^2$$

如果 $a>0$ 且 $x\neq 0$,则 $ax^2>0$ 恒成立,因此矩阵 $[a]$ 是正定的,$f(x)$ 是凸函数。

再来看 $f(x_0,x_1)=2x_0^2+3x_1^2$。它可以看成以下的计算:

$$f(x_0,x_1)=\begin{bmatrix} x_0 & x_1 \end{bmatrix}\begin{bmatrix} 2 & 0 \\ 0 & 3 \end{bmatrix}\begin{bmatrix} x_0 \\ x_1 \end{bmatrix}$$

如果 $\begin{bmatrix} x_0 \\ x_1 \end{bmatrix}$ 是非零向量,那么 $2x_0^2+3x_1^2>0$ 恒成立,因此矩阵 $\begin{bmatrix} 2 & 0 \\ 0 & 3 \end{bmatrix}$ 是正

定的，$f(x_0, x_1)$ 是凸函数。如果使用 Hessian 矩阵直接计算，则可得

$$\boldsymbol{H}(f) = \begin{bmatrix} \dfrac{\partial^2 f}{(\partial x_0)^2} & \dfrac{\partial^2 f}{\partial x_0 \partial x_1} \\[3mm] \dfrac{\partial^2 f}{\partial x_1 \partial x_0} & \dfrac{\partial^2 f}{(\partial x_1)^2} \end{bmatrix} = \begin{bmatrix} 4 & 0 \\ 0 & 6 \end{bmatrix}$$

可见，$\boldsymbol{H}(f)$ 是正定的，因此 $f(x_0, x_1)$ 是一个凸函数。

答疑解惑

学生问：老师，我还是不能理解，为什么 $\boldsymbol{H}(f)$ 的变换没有引入反方向的量，就可以认为是凸函数呢？

老师答：老师再通俗点讲讲吧。Hessian 矩阵就像是函数的"弯曲程度测量表"。如果这个矩阵是正定的，意思就是函数的弯曲都是向上的。

举个具体点的例子，假设有个函数 $z = f(x, y) = x^2 + y^2$，它的 Hessian 矩阵为

$$\boldsymbol{H}(f) = \begin{bmatrix} 2 & 0 \\ 0 & 2 \end{bmatrix}$$

计算这个矩阵的行列式和各阶主子式，发现它们都是正数，所以矩阵 $\boldsymbol{H}(f)$ 是正定的。如果没看明白，用 $\begin{bmatrix} x \\ y \end{bmatrix}^{\mathrm{T}} \boldsymbol{H}(f) \begin{bmatrix} x \\ y \end{bmatrix} = 2x^2 + 2y^2$ 来判断，因为 x、y 不全为 0，故 $\begin{bmatrix} x \\ y \end{bmatrix}^{\mathrm{T}} \boldsymbol{H}(f) \begin{bmatrix} x \\ y \end{bmatrix} > 0$，因此矩阵 $\boldsymbol{H}(f)$ 是正定的。

如图 3-11 所示，在图形的谷底，人站在极小值点，沿着函数无论向哪个方向走都感觉在爬坡。注意，人要站到函数的这个点上来看周边的情况。这也正是称这种函数为凸函数的由来。

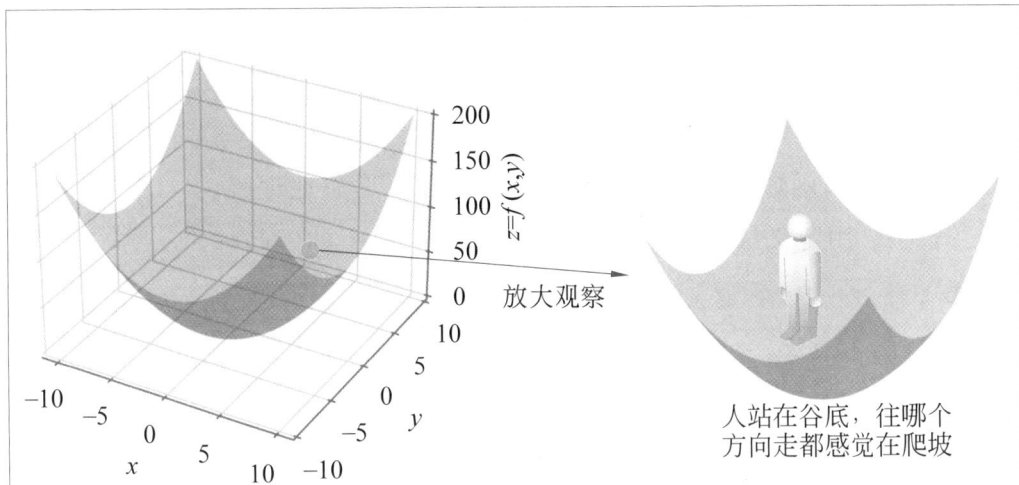

图 3-11 凸函数 $z=f(x,y)=x^2+y^2$

以 $z=f(x,y)=x^2+y^2$ 上的点 $[1,1]$ 为例。如果沿轴 x 的方向走一小步 h，函数值的变化约为 $f(1+h,1)-f(1,1)=2h+h^2$。如果沿轴 x 的正方向走 0.1，则 $2h+h^2=0.2+0.01=0.21>0$，故函数值是增加的；如果沿轴 x 的反方向走 0.1，则 $2h+h^2=-0.2+0.01=-0.19<0$，故函数值是减少的。

反之，如果 Hessian 矩阵是负定的，则函数就是凹函数。所谓矩阵负定，是指 $\boldsymbol{x}^{\mathrm{T}}\boldsymbol{A}\boldsymbol{x}<0$。

2. 定义法

假定 $f(\boldsymbol{x})$ 为 n 元函数，$\boldsymbol{x}=[x_0,x_1,\cdots,x_{n-1}]$，则

如果对于任意的 $\lambda\in(0,1)$ 和任意两点 $\boldsymbol{x}_{\mathrm{p0}}=[x_{\mathrm{p0v0}},x_{\mathrm{p0v1}},\cdots,x_{\mathrm{p0v}(n-1)}]$ 和 $\boldsymbol{x}_{\mathrm{p1}}=[x_{\mathrm{p1v0}},x_{\mathrm{p1v1}},\cdots,x_{\mathrm{p1v}(n-1)}]$，都有

$$f(\lambda\boldsymbol{x}_{\mathrm{p0}}+(1-\lambda)\boldsymbol{x}_{\mathrm{p1}})<\lambda f(\boldsymbol{x}_{\mathrm{p0}})+(1-\lambda)f(\boldsymbol{x}_{\mathrm{p1}})$$

则称 $f(\boldsymbol{x})$ 为凸函数。这里的 p 表示 point（点），$\boldsymbol{x}_{\mathrm{p0}}$ 用向量表示编号为 0 的点，$\boldsymbol{x}_{\mathrm{p1}}$ 用向量表示编号为 1 的点；v 表示 value（值），x_{p1v0} 表示编号为 1 的点

的第 0 个方向上的值。

反之，如果

$$f(\lambda \boldsymbol{x}_{p0} + (1-\lambda) \boldsymbol{x}_{p1}) > \lambda f(\boldsymbol{x}_{p0}) + (1-\lambda) f(\boldsymbol{x}_{p1})$$

则称 $f(\boldsymbol{x})$ 为凹函数。下面再来看个例子可以更形象地理解。

例 3-7：用定义法判定 $z = f(x_0, x_1) = x_0^2 + x_1^2$ 的凹凸性。

解：

设有两个点 $\boldsymbol{x}_{p0} = [x_{p0v0}, x_{p0v1}]$ 和 $\boldsymbol{x}_{p1} = [x_{p1v0}, x_{p1v1}]$。为了方便表达且

不引起混淆，使用向量的竖向表示法，即 $\boldsymbol{x}_{p0} = \begin{bmatrix} x_{p0v0} \\ x_{p0v1} \end{bmatrix}$ 和 $\boldsymbol{x}_{p1} = = \begin{bmatrix} x_{p1v0} \\ x_{p1v1} \end{bmatrix}$。

则有

$$\lambda f(\boldsymbol{x}_{p0}) + (1-\lambda) f(\boldsymbol{x}_{p1}) - f(\lambda \boldsymbol{x}_{p0} + (1-\lambda) \boldsymbol{x}_{p1})$$

$$= \lambda f\left(\begin{bmatrix} x_{p0v0} \\ x_{p0v1} \end{bmatrix}\right) + (1-\lambda) f\left(\begin{bmatrix} x_{p1v0} \\ x_{p1v1} \end{bmatrix}\right) - f\left(\lambda \begin{bmatrix} x_{p0v0} \\ x_{p0v1} \end{bmatrix} + (1-\lambda) \begin{bmatrix} x_{p1v0} \\ x_{p1v1} \end{bmatrix}\right)$$

$$= \lambda (x_{p0v0}{}^2 + x_{p0v1}{}^2) + (1-\lambda)(x_{p1v0}{}^2 + x_{p1v1}{}^2) - f\left(\begin{bmatrix} \lambda x_{p0v0} + (1-\lambda) x_{p1v0} \\ \lambda x_{p0v1} + (1-\lambda) x_{p1v1} \end{bmatrix}\right)$$

$$= \lambda (x_{p0v0}{}^2 + x_{p0v1}{}^2) + (1-\lambda)(x_{p1v0}{}^2 + x_{p1v1}{}^2) - (\lambda x_{p0v0} + (1-\lambda) x_{p1v0})^2 -$$

$$(\lambda x_{p0v1} + (1-\lambda) x_{p1v1})^2$$

$$= \lambda x_{p0v0}{}^2 + \lambda x_{p0v1}{}^2 + (1-\lambda) x_{p1v0}{}^2 + (1-\lambda) x_{p1v1}{}^2 - (\lambda x_{p0v0})^2 -$$

$$2\lambda x_{p0v0}(1-\lambda) x_{p1v0} - ((1-\lambda) x_{p1v0})^2 - (\lambda x_{p0v1})^2 -$$

$$2\lambda x_{p0v1}(1-\lambda) x_{p1v1} - ((1-\lambda) x_{p1v1})^2$$

$$= \lambda(1-\lambda)(x_{p0v0} - x_{p1v0})^2 + \lambda(1-\lambda)(x_{p0v1} - x_{p1v1})^2$$

因为 $\lambda > 0$、$1-\lambda > 0$、$(x_{p0v0} - x_{p1v0})^2 > 0$、$(x_{p0v1} - x_{p1v1})^2 > 0$，故

$$\lambda f(\boldsymbol{x}_{p0}) + (1-\lambda) f(\boldsymbol{x}_{p1}) - f(\lambda \boldsymbol{x}_{p0} + (1-\lambda) \boldsymbol{x}_{p1}) > 0$$

故可得 $f(\boldsymbol{x})$ 为凸函数。

学习点拨：$z = f(x_0, x_1) = x_0^2 + x_1^2$ 其实就是 $z = f(x, y) = x^2 + y^2$。

◎3.4 多元函数的泰勒公式

◎本节阅读如有困难，可选读。

泰勒公式同样适用于多元函数，只是情况会更为复杂一点。

3.4.1 初见多元函数的泰勒公式

如果是二元函数，在点 $[x_0, y_0, f(x_0, y_0)]$ 处的泰勒公式是：

$$f(x, y) = f(x_0, y_0) + \frac{\partial f}{\partial x}\bigg|_{x=x_0}(x - x_0) + \frac{\partial f}{\partial y}\bigg|_{y=y_0}(y - y_0) +$$

$$\frac{1}{2!}\frac{\partial^2 f}{\partial x^2}\bigg|_{\substack{x=x_0 \\ y=y_0}}(x - x_0)^2 +$$

$$\frac{1}{2!}\frac{\partial^2 f}{\partial x \partial y}\bigg|_{\substack{x=x_0 \\ y=y_0}}(x - x_0)(y - y_0) +$$

$$\frac{1}{2!}\frac{\partial^2 f}{\partial y \partial x}\bigg|_{\substack{x=x_0 \\ y=y_0}}(x - x_0)(y - y_0) +$$

$$\frac{1}{2!}\frac{\partial^2 f}{\partial y^2}\bigg|_{\substack{x=x_0 \\ y=y_0}}(y - y_0)^2 + \cdots + R_n(x, y)$$

$R_n(x, y)$ 表示 n 阶偏导多项式表达式。应用多元函数的泰勒公式，绝大多数情况下，我们像上面的公式一样，计算到二阶就足够了。这个公式如果用矩阵的形式来简化表达是：

$$f(\boldsymbol{x}) = f(\boldsymbol{x}_{p0}) + (\nabla f(\boldsymbol{x}_{p0}))^{\mathrm{T}}(\boldsymbol{x} - \boldsymbol{x}_{p0}) + \frac{1}{2!}(\boldsymbol{x} - \boldsymbol{x}_{p0})^{\mathrm{T}}\boldsymbol{H}(\boldsymbol{x}_{p0})(\boldsymbol{x} - \boldsymbol{x}_{p0})$$

$$+ \cdots + R_n(\boldsymbol{x}_{p0})$$

学习点拨：上面的公式可能和某些书上的表达不同，但含义是相同的。关键还是要理解其中各个符号表示的含义，特别是其中的向量、矩阵。

3.4.2　理解泰勒公式的矩阵形式

前述简化表达的公式同样适用于 n 元函数。该公式中，$\boldsymbol{x}$ 向量表示着多个未知量，即

$$\boldsymbol{x} = \begin{bmatrix} x_{\mathrm{w0}} \\ x_{\mathrm{w1}} \\ \vdots \\ x_{\mathrm{w}(n-1)} \end{bmatrix}, \boldsymbol{x}_{\mathrm{p0}} = \begin{bmatrix} x_{\mathrm{p0v0}} \\ x_{\mathrm{p0v1}} \\ \vdots \\ x_{\mathrm{p0v}(n-1)} \end{bmatrix}$$

因此 x_{w0} 实际上就代表着多元函数中的一元，其中的 w 是未知的拼音首字母。具体到向量 $\boldsymbol{x}_{\mathrm{p0}}$，就是空间中的一个点在各个维度上的坐标值，也就是空间中的一个点（不含 $f(\boldsymbol{x}_{\mathrm{p0}})$）。

因此，如果是二元函数则

$$\boldsymbol{x}_{\mathrm{p0}} = \begin{bmatrix} x_{\mathrm{p0v0}} \\ x_{\mathrm{p0v1}} \end{bmatrix}$$

∇ 表示梯度，即

$$\nabla f = \begin{bmatrix} \dfrac{\partial f}{\partial x_{\mathrm{w0}}} \\[2ex] \dfrac{\partial f}{\partial x_{\mathrm{w1}}} \\[1ex] \vdots \\[1ex] \dfrac{\partial f}{\partial x_{\mathrm{w}(n-1)}} \end{bmatrix}$$

则

$$\nabla f(\boldsymbol{x}_{\mathrm{p0}}) = \left. \begin{bmatrix} \dfrac{\partial f}{\partial x_{\mathrm{w0}}} \\[2mm] \dfrac{\partial f}{\partial x_{\mathrm{w1}}} \\[1mm] \vdots \\[2mm] \dfrac{\partial f}{\partial x_{\mathrm{w}(n-1)}} \end{bmatrix} \right|_{\boldsymbol{x}_{\mathrm{p0}}}$$

因此，如果是二元函数，则

$$\nabla f(\boldsymbol{x}_{\mathrm{p0}}) = \begin{bmatrix} \left. \dfrac{\partial f}{\partial x_{\mathrm{w0}}} \right|_{\boldsymbol{x}_{\mathrm{p0}}} \\[4mm] \left. \dfrac{\partial f}{\partial x_{\mathrm{w1}}} \right|_{\boldsymbol{x}_{\mathrm{p0}}} \end{bmatrix}$$

$\boldsymbol{H}(\boldsymbol{x}_{\mathrm{p0}})$ 就是 3.3.3 节中讲过的 Hessian 矩阵。如果是二元函数，则

$$\boldsymbol{H}(\boldsymbol{x}_{\mathrm{p0}}) = \begin{bmatrix} \left. \dfrac{\partial^2 f}{\partial x_{\mathrm{w0}}^2} \right|_{\boldsymbol{x}_{\mathrm{p0}}} & \left. \dfrac{\partial f}{\partial x_{\mathrm{w1}} \partial x_{\mathrm{w0}}} \right|_{\boldsymbol{x}_{\mathrm{p0}}} \\[4mm] \left. \dfrac{\partial f}{\partial x_{\mathrm{w0}} \partial x_{\mathrm{w1}}} \right|_{\boldsymbol{x}_{\mathrm{p0}}} & \left. \dfrac{\partial^2 f}{\partial x_{\mathrm{w1}}^2} \right|_{\boldsymbol{x}_{\mathrm{p0}}} \end{bmatrix}$$

为便于计算和分析，我们把 Hessian 矩阵简记为

$$\boldsymbol{H}(\boldsymbol{x}_{\mathrm{p0}}) = \begin{bmatrix} \dfrac{\partial^2 f}{\partial x_{\mathrm{w0}}^2} & \dfrac{\partial f}{\partial x_{\mathrm{w1}} \partial x_{\mathrm{w0}}} \\[4mm] \dfrac{\partial f}{\partial x_{\mathrm{w0}} \partial x_{\mathrm{w1}}} & \dfrac{\partial^2 f}{\partial x_{\mathrm{w1}}^2} \end{bmatrix}$$

据此，可知

$$(\nabla f(\boldsymbol{x}_{\mathrm{p0}}))^{\mathrm{T}}(\boldsymbol{x} - \boldsymbol{x}_{\mathrm{p0}}) = \begin{bmatrix} \left. \dfrac{\partial f}{\partial x_{\mathrm{w0}}} \right|_{\boldsymbol{x}_{\mathrm{p0}}} \\[4mm] \left. \dfrac{\partial f}{\partial x_{\mathrm{w1}}} \right|_{\boldsymbol{x}_{\mathrm{p0}}} \end{bmatrix}^{\mathrm{T}} \left(\begin{bmatrix} x_{\mathrm{w0}} \\[2mm] x_{\mathrm{w1}} \end{bmatrix} - \begin{bmatrix} x_{\mathrm{p0v0}} \\[2mm] x_{\mathrm{p0v1}} \end{bmatrix} \right)$$

$$= \left[\left.\frac{\partial f}{\partial x_{w0}}\right|_{\boldsymbol{x}_{p0}} \quad \left.\frac{\partial f}{\partial x_{w1}}\right|_{\boldsymbol{x}_{p0}}\right]\left[\begin{matrix} x_{w0} - x_{p0v0} \\ x_{w1} - x_{p0v1} \end{matrix}\right]$$

$$= \left.\frac{\partial f}{\partial x_{w0}}\right|_{\boldsymbol{x}_{p0}}(x_{w0} - x_{p0v0}) + \left.\frac{\partial f}{\partial x_{w1}}\right|_{\boldsymbol{x}_{p0}}(x_{w1} - x_{p0v1})$$

接下来再看泰勒公式中另一部分内容的计算：

$$(\boldsymbol{x} - \boldsymbol{x}_{p0})^{\mathrm{T}}\boldsymbol{H}(\boldsymbol{x}_{p0})(\boldsymbol{x} - \boldsymbol{x}_{p0})$$

$$= \left[x_{w0} - x_{p0v0} \quad x_{w1} - x_{p0v1}\right]\left[\begin{matrix} \left.\dfrac{\partial^2 f}{\partial x_{w0}^2}\right|_{\boldsymbol{x}_{p0}} & \left.\dfrac{\partial f}{\partial x_{w1}\partial x_{w0}}\right|_{\boldsymbol{x}_{p0}} \\ \left.\dfrac{\partial f}{\partial x_{w0}\partial x_{w1}}\right|_{\boldsymbol{x}_{p0}} & \left.\dfrac{\partial^2 f}{\partial x_{w1}^2}\right|_{\boldsymbol{x}_{p0}} \end{matrix}\right]\left[\begin{matrix} x_{w0} - x_{p0v0} \\ x_{w1} - x_{p0v1} \end{matrix}\right]$$

$$= \left[\begin{matrix} \left.\dfrac{\partial^2 f}{\partial x_{w0}^2}\right|_{\boldsymbol{x}_{p0}}(x_{w0} - x_{p0v0}) + \left.\dfrac{\partial f}{\partial x_{w1}\partial x_{w0}}\right|_{\boldsymbol{x}_{p0}}(x_{w1} - x_{p0v1}) \\ \left.\dfrac{\partial f}{\partial x_{w0}\partial x_{w1}}\right|_{\boldsymbol{x}_{p0}}(x_{w0} - x_{p0v0}) + \left.\dfrac{\partial^2 f}{\partial x_{w1}^2}\right|_{\boldsymbol{x}_{p0}}(x_{w1} - x_{p0v1}) \end{matrix}\right]^{\mathrm{T}}\left[\begin{matrix} x_{w0} - x_{p0v0} \\ x_{w1} - x_{p0v1} \end{matrix}\right]$$

$$= \left.\frac{\partial^2 f}{\partial x_{w0}^2}\right|_{\boldsymbol{x}_{p0}}(x_{w0} - x_{p0v0})^2 + \left.\frac{\partial f}{\partial x_{w0}\partial x_{w1}}\right|_{\boldsymbol{x}_{p0}}(x_{w1} - x_{p0v1})(x_{w0} - x_{p0v0}) +$$

$$\left.\frac{\partial f}{\partial x_{w1}\partial x_{w0}}\right|_{\boldsymbol{x}_{p0}}(x_{w0} - x_{p0v0})(x_{w1} - x_{p0v1}) + \left.\frac{\partial^2 f}{\partial x_{w1}^2}\right|_{\boldsymbol{x}_{p0}}(x_{w1} - x_{p0v1})^2$$

例 3-8：现有二元函数 $f(x,y) = \mathrm{e}^x \sin y$，请用泰勒公式在 $[0,0]$ 处展开。

解：

$$f(0,0) = 0$$

$$\left.\frac{\partial f}{\partial x}\right|_{\substack{x=0 \\ y=0}} = \mathrm{e}^x \sin y\,\big|_{\substack{x=0 \\ y=0}} = 0$$

$$\left.\frac{\partial f}{\partial y}\right|_{\substack{x=0 \\ y=0}} = \mathrm{e}^x \cos y\,\big|_{\substack{x=0 \\ y=0}} = 1$$

$$\left.\frac{\partial^2 f}{\partial x^2}\right|_{\substack{x=0 \\ y=0}} = \left.\frac{\partial}{\partial x}\left(\frac{\partial f}{\partial x}\right)\right|_{\substack{x=0 \\ y=0}} = \frac{\partial}{\partial x}(\mathrm{e}^x \sin y)\,\big|_{\substack{x=0 \\ y=0}} = \mathrm{e}^x \sin y\,\big|_{\substack{x=0 \\ y=0}} = 0$$

$$\frac{\partial^2 f}{\partial y^2}\bigg|_{\substack{x=0\\y=0}} = \frac{\partial}{\partial y}\left(\frac{\partial f}{\partial y}\right)\bigg|_{\substack{x=0\\y=0}} = \frac{\partial}{\partial y}(\mathrm{e}^x\cos y)\bigg|_{\substack{x=0\\y=0}} = -\mathrm{e}^x\sin y\bigg|_{\substack{x=0\\y=0}} = 0$$

$$\frac{\partial^2 f}{\partial x\partial y}\bigg|_{\substack{x=0\\y=0}} = \frac{\partial^2 f}{\partial y\partial x}\bigg|_{\substack{x=0\\y=0}} = \frac{\partial}{\partial x}\left(\frac{\partial f}{\partial y}\right)\bigg|_{\substack{x=0\\y=0}} = \frac{\partial}{\partial x}(\mathrm{e}^x\cos y)\bigg|_{\substack{x=0\\y=0}}$$

$$= \mathrm{e}^x\cos y\bigg|_{\substack{x=0\\y=0}} = 1$$

根据泰勒公式有

$$f(x,y) = f(0,0) + \begin{bmatrix} 0 \\ 1 \end{bmatrix}^{\mathrm{T}} \begin{bmatrix} x \\ y \end{bmatrix} + \frac{1}{2!} \begin{bmatrix} x \\ y \end{bmatrix}^{\mathrm{T}} \begin{bmatrix} 0 & 1 \\ 1 & 0 \end{bmatrix} \begin{bmatrix} x \\ y \end{bmatrix} + \cdots = y + xy + \cdots$$

3.5 用偏导数解决实际问题

本节举三个解决实际问题的例子。第一个为物理学领域的应用;第二个为优化计算的应用;第三个为近似计算的应用。

3.5.1 运用偏导数考察合力随平面位置的变化

假设有一个物体在平面上运动,它的位置可以用坐标$[x,y]$来描述。物体所受到的合力$F(x,y)$是位置的函数。已知它们之间的关系如下:

$$F(x,y) = 2x + 3y^2$$

先来求偏导数,可得

$$\frac{\partial F}{\partial x} = 2$$

这表明当坐标y固定的前提下,位置x每增加一个单位时,合力F会增加约两个单位。

$$\frac{\partial F}{\partial y} = 6y$$

这表明当坐标x固定的前提下,当y每增长一个单位,合力F会增加约$6y$个单位,如果y为10个单位,则合力F增加60个单位。

这些偏导数反映的是合力随某个方向上的自变量变化而产生的变化速度。本例对非均匀力场情况下分析物体的受力变化情况、运动速度、运动加速度有所借鉴作用。

3.5.2　运用梯度做优化计算

通过前面所学知识,我们已经知道函数在某点上的导数表示当前点的变化速度,在几何意义上是函数图形的切线斜率,代表着函数值变化最快的方向。顺着这个方向走,就能最快地找到极值,沿着正方向能找到极大值,沿着负方向能找到极小值。这个极值是函数的局部极值。

如果把导数用向量形式表达出来,就是带有方向的量(即向量),这个向量就是梯度。如果是一元函数,直接用导数求得梯度;如果是多元函数,需要用到偏导数来求得梯度。

本节我们要学习一种优化方法,叫梯度下降法。之所以叫梯度下降法,是因为 x 的值每迭代一次,求得的 y 值就会下降一点,就好像人在走下降的楼梯,一直往下走就能得到函数的极小值。那为什么要这么麻烦呢?为何不像前面所学的做法,令导数为0,再解方程不就求得了极值吗?实际工程远没这什么简单。一是因为要求极值的函数不一定能做出图像,而且解方程也没那么容易;二是需要有方法逐步逼近最优解。在优化计算中,求极值通常是要求优化函数的极小值,通过不断地迭代计算尽可能地使误差小一些。

怎么进行迭代下降?接下来会详细讲解。先来看一个一元函数的例子。

例 3-9:用梯度下降法分析如何求下列函数的极值

$$f(x) = x^2 - 3x + 4$$

可以求得

$$\frac{\mathrm{d}}{\mathrm{d}x}f(x) = \frac{\mathrm{d}}{\mathrm{d}x}(x^2 - 3x + 4) = 2x - 3$$

来看一个点会更为形象。以 $f(x)$ 上的点 $[6,22]$ 为考察点,如图 3-12 所示,可知:

$$\frac{\mathrm{d}}{\mathrm{d}x}f(x)\bigg|_{x=6}=2x-3\big|_{x=6}=9$$

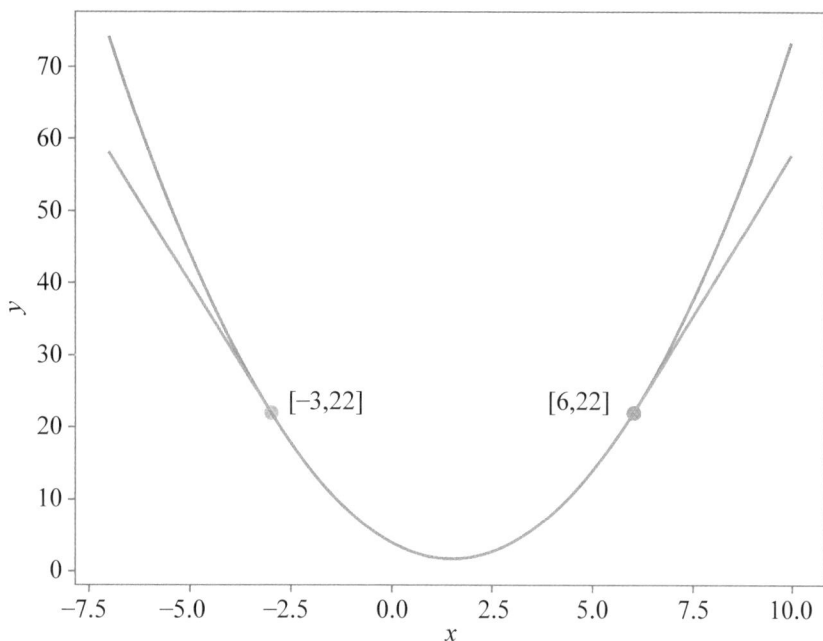

图 3-12　函数的梯度和切线

这说明沿着 $f(x)$，在点 $[6,22]$ 处切线的斜率为 9，函数的值往正向发展，x 的值每增加 1，y 的值就会增加约 9。如果要往负向发展，即 $-\dfrac{\mathrm{d}}{\mathrm{d}x}f(x)$，在点 $[6,22]$，x 的值每减少 1，y 的值就会减少约 9。当然这只针对当前 $[6,22]$ 这个点而言，需要我们再用"微观的角度、动态的观点"来看待，这个斜率代表的是变化率，而且是瞬时变化率。

再来看一个点。以 $f(x)$ 上的点 $[-3,22]$ 为考察点，如图 3-12 所示，可知：

$$\frac{\mathrm{d}}{\mathrm{d}x}f(x)\bigg|_{x=-3}=2x-3\big|_{x=-3}=-9$$

这说明沿着 $f(x)$，在点 $[-3,22]$ 切线的斜率为 -9，函数的值往负向发展。x 的值每增加 1，y 的值就会减少 9。沿着这个梯度方向就能找到极小值。这值的变化时正时负可怎么办呢？这里要理解清楚的是，斜率是指 x 值的变化引导着 y 值的变化，我们的目的是要使 y 值往变小的方向发展，从而找到极小值。那该怎么办呢？

结合对图 3-12 的观察，可以发现，根据右边的切线，x 值往梯度值反方向走，y 值就会跟着变小；根据左边的切线，x 值往梯度值反方向走（此时梯度值为负），y 值也会跟着变小。因此，只要把 x 值往梯度值反方向走，由 y 值就能找到极小值。理解这一点很重要。根据这个规律，我们就可以建立起梯度与 x 值变化的关系，从而控制 y 值的走向。关系如下：

$$x_{k+1} = x_k + \alpha \left(-\frac{\mathrm{d}}{\mathrm{d}x} f(x) \Big|_{x=x_k} \right) = x_k + \alpha \left(-f'(x) \big|_{x=x_k} \right) = x_k - \alpha \, f'(x) \big|_{x=x_k}$$

这就是梯度下降法的计算公式。无论迭代的起始点在哪里，我们都可以通过这个公式迭代变化 x 的值来控制 y 往极小值方向走，不断地通过迭代更新 x 的值来找到 y 的极小值。公式中的系数 α 称为学习率（有的书中称为步长），该值如果大一点，那么变化就会快一点；该值小一点就会变化慢一点。为什么叫学习率呢？这是人工智能领域机器学习课程里的名称，因为需要通过这个系数来控制变化的快慢，从而用已有的数据学习出模型的参数。

同理，如果要找到 y 的极大值，则使用如下的公式：

$$x_{k+1} = x_k + \alpha \, \frac{\mathrm{d}}{\mathrm{d}x} f(x) \Big|_{x=x_k} = x_k + \alpha \, f'(x) \big|_{x=x_k}$$

这里已经讨论了一元函数的情况，那如果是多元函数呢？多元函数稍显复杂一点，接下来一起讨论多元函数。

同一元函数类似，多元函数往其梯度的负方向（或者说反方向）走，就能通过迭代得到函数的极小值。对于二元函数 $z = f(x, y)$，迭代公式为

$$x_{k+1} = x_k - \alpha \, \frac{\partial z}{\partial x} \bigg|_{\substack{x=x_k \\ y=y_k}}$$

$$y_{k+1} = y_k - \alpha \, \frac{\partial z}{\partial y} \bigg|_{\substack{x=x_k \\ y=y_k}}$$

尽管是从 x，y 两个方向下迭代更新值，从而引导 z 值往极小值方向走，但 z 值下降的方向瞬时只有一个，即梯度的负方向（或者说反方向）。

下面来看一个二元函数的例子，会更为形象。

例 **3-10**：用梯度下降法求下列函数的极值

$$y = x_1^2 + 2x_1x_2 + 3x_2^2 + x_1 + 2x_2 - 3$$

解：

函数的图形及迭代找极小值的过程如图 3-13 所示。先求偏导数：

$$\frac{\partial y}{\partial x_1} = \frac{\partial}{\partial x_1}(x_1^2 + 2x_1x_2 + 3x_2^2 + x_1 + 2x_2 - 3) = 2x_1 + 2x_2 + 1$$

$$\frac{\partial y}{\partial x_2} = \frac{\partial}{\partial x_2}(x_1^2 + 2x_1x_2 + 3x_2^2 + x_1 + 2x_2 - 3) = 2x_1 + 6x_2 + 2$$

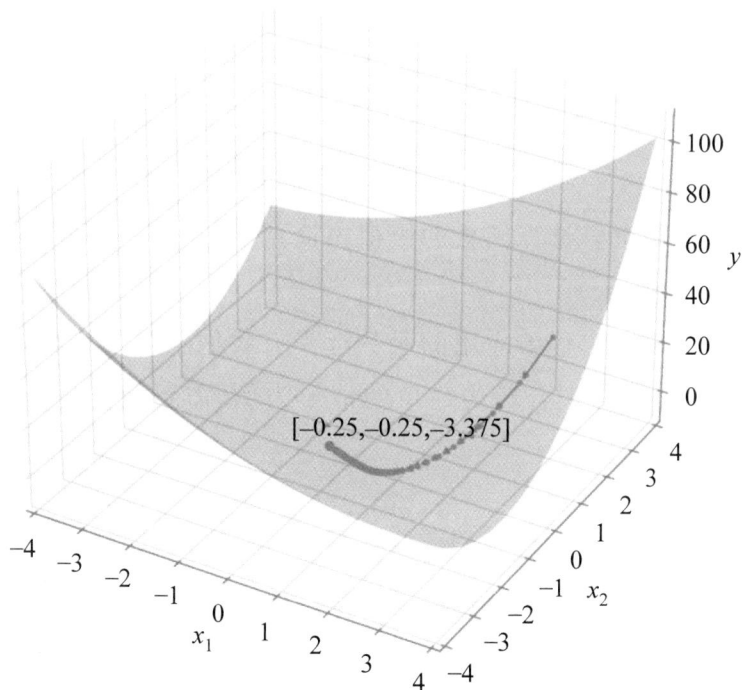

图 **3-13** 用梯度下降法求极小值

假定以曲面上的 $[3,2,37]$ 为出发点，得到此时的梯度为

$$\begin{bmatrix} \dfrac{\partial y}{\partial x_1}\Big|_{\substack{x_1=3\\x_2=2}} \\[2ex] \dfrac{\partial y}{\partial x_2}\Big|_{\substack{x_1=3\\x_2=2}} \end{bmatrix} = \begin{bmatrix} (2x_1+2x_2+1)\big|_{\substack{x_1=3\\x_2=2}} \\[1ex] (2x_1+6x_2+2)\big|_{\substack{x_1=3\\x_2=2}} \end{bmatrix} = \begin{bmatrix} 11 \\ 20 \end{bmatrix}$$

令 $\alpha=0.03$，则第一次迭代：

$$x_1 = 3 - 0.03 \times 11 = 2.67$$
$$x_2 = 2 - 0.03 \times 20 = 1.4$$

然后再得出新的梯度，再做 x_1、x_2 的值的迭代，以此类推。这里就不再重复计算了，迭代 200 次以后，得到的极小值点为

$$[x_1, x_2, y] = [-0.248, -0.251, -3.375]$$

实际上极小值点为 $[-0.250, -0.250, -3.375]$。这说明经过 100 轮迭代后，求得的极小值与真实的极小值已经非常接近了。

答疑解惑

学生问：老师，用求导计算函数的极值挺简单的，何必这么麻烦地使用梯度来迭代计算呢？

老师答：首先，现实工程中应用的函数远没有我们学习的函数这么简单。以机器学习中做线性拟合较为简单的情形为例，需要做优化计算的误差函数是：

$$J(\boldsymbol{\theta}) = \frac{1}{2m} \sum_{i=0}^{m-1} (\boldsymbol{D}_i^{\mathsf{T}} \boldsymbol{\theta} - y_i)^2$$

其中 m 表示样本数据的数量，$\boldsymbol{D}_i$ 表示第 i 个样本数据，函数一共有 $|\boldsymbol{\theta}|$ 个未知数要求解。显然，直接求解需要以 $|\boldsymbol{\theta}|$ 个一阶导数为 0 的方程构成方程组来求解。尽管可以用矩阵计算来快速求解，但如果矩阵计算量非常大呢？目前很多大数据处理的场合做矩阵计算时会用到数百万条样

本数据,要求解的参数也常达到上万个,甚至更多。因此,更好的办法还是迭代做最优解近似计算,控制每次计算的规模。

其次,我觉得这种迭代的计算思想需要我们认真学习。现实工程应用中经常使用到这种逐步逼近的思想来解决问题。

◎3.5.3　运用多元函数的泰勒公式做近似计算

◎本节阅读如有困难,可选读。

类似一元函数的泰勒公式,多元函数的泰勒公式同样可以用来做近似计算。下面用以下函数在点[0,0]处的近似计算作为示例。

$$f(x,y) = e^{x+y}$$

现要求计算点[0.1,0.2]处的函数值,显然用笔算计算 $e^{0.3}$ 还是比较麻烦的。尽管我们现在可以用计算机、计算器很快就计算出来,但是我想更多的是要学会这种近似逼近的方法,很多程序软件就是用这种逼近的思想形成算法解决问题的。

首先计算该函数的一阶偏导数:

$$\frac{\partial f}{\partial x} = e^{x+y}$$

$$\frac{\partial f}{\partial y} = e^{x+y}$$

再计算该函数的二阶偏导数:

$$\frac{\partial f}{\partial x \partial y} = \frac{\partial f}{\partial y \partial x} = e^{x+y}$$

$$\frac{\partial^2 f}{\partial x^2} = e^{x+y}$$

$$\frac{\partial^2 f}{\partial y^2} = e^{x+y}$$

明显,在点$[0,0]$处:

$$\frac{\partial f}{\partial x} = \frac{\partial f}{\partial y} = \frac{\partial f}{\partial x \partial y} = \frac{\partial f}{\partial y \partial x} = \frac{\partial^2 f}{\partial x^2} = \frac{\partial^2 f}{\partial y^2} = e^0 = 1$$

根据多元函数的泰勒公式有

$$f(0.1, 0.2) = f(\boldsymbol{x}_{p0}) + (\nabla f(\boldsymbol{x}_{p0}))^{\mathrm{T}}(\boldsymbol{x} - \boldsymbol{x}_{p0}) +$$

$$\frac{1}{2!}(\boldsymbol{x} - \boldsymbol{x}_{p0})^{\mathrm{T}} \boldsymbol{H}(\boldsymbol{x}_{p0})(\boldsymbol{x} - \boldsymbol{x}_{p0}) + \cdots + R_n(\boldsymbol{x}_{p0})$$

$$\approx f(0,0) + \frac{\partial f}{\partial x}\bigg|_{\substack{x=0 \\ y=0}}(0.1 - 0) + \frac{\partial f}{\partial y}\bigg|_{\substack{x=0 \\ y=0}}(0.2 - 0) +$$

$$\frac{1}{2!}\frac{\partial^2 f}{\partial x^2}\bigg|_{\substack{x=0 \\ y=0}}(0.1 - 0)^2 +$$

$$\frac{1}{2!}\frac{\partial^2 f}{\partial y^2}\bigg|_{\substack{x=0 \\ y=0}}(0.2 - 0)^2 + \frac{1}{2!}\frac{\partial f}{\partial x \partial y}\bigg|_{\substack{x=0 \\ y=0}}(0.1 - 0)(0.2 - 0) +$$

$$\frac{1}{2!}\frac{\partial f}{\partial x \partial y}\bigg|_{\substack{x=0 \\ y=0}}(0.1 - 0)(0.2 - 0)$$

$$\approx 1 + 0.1 + 0.2 + 0.005 + 0.02 + 0.01 + 0.01 \approx 1.345$$

精确计算下 $f(0.1, 0.2) \approx 1.349\,859$,可见近似计算的结果已经比较接近。工程应用中,有一些应用场景:在电路分析中涉及复杂的多元函数表示的电路参数时,常使用泰勒公式做近似计算来简化计算和分析;在流体力学中,对于复杂的流场函数,可以使用泰勒公式在特定点附近做近似计算,以迅速估计出一些关键参数的值。

3.6 小结

总结来看,其实偏导数与导数的定义是相通的,都是考察的因变量随一个自变量的变化速度。方向导数则看这个方向上的一个单位转化为多个自变量分别是多少个单位,再看分别引发了因变量多少个单位的变化,以此多个因变量的变化累加作为方向导数的计算结果。理解梯度最为关键的还是要理解其内涵,表面上是偏导数组成的向量,内涵是引发因变量变化最快的方向。

多元函数的凹凸性判定与第 2 章中讲的一元函数凹凸性有所不同。将一元函数、多元函数的判定方法统一起来就是"以下为准,向下凸就是凸函数,向上凸就是凹函数"。请大家记住这个口诀。如果要理解其内涵,那就是站在函数图形的某一点来看函数,凸函数无论从哪个方向来看都是往上爬,凹函数无论从哪个方向来看都是往下走。

多元函数的泰勒公式稍显复杂一点,需要我们学习一点线性代数中向量和矩阵的知识。一般情况下应用多元函数的泰勒公式掌握到二阶多项式就够了。即以下公式:

$$f(\boldsymbol{x}) \approx f(\boldsymbol{x}_{p0}) + (\nabla f(\boldsymbol{x}_{p0}))^{\mathrm{T}}(\boldsymbol{x} - \boldsymbol{x}_{p0}) + \frac{1}{2!}(\boldsymbol{x} - \boldsymbol{x}_{p0})^{\mathrm{T}} \boldsymbol{H}(\boldsymbol{x}_{p0})(\boldsymbol{x} - \boldsymbol{x}_{p0})$$

偏导数的应用远比本章给的三个案例更为丰富,凡是涉及多个自变量、需要根据函数考察因变量随自变量变化情况的场景都可以应用偏导数。

第 4 章　微分

知识树

微分的知识树如图 4-1 所示。

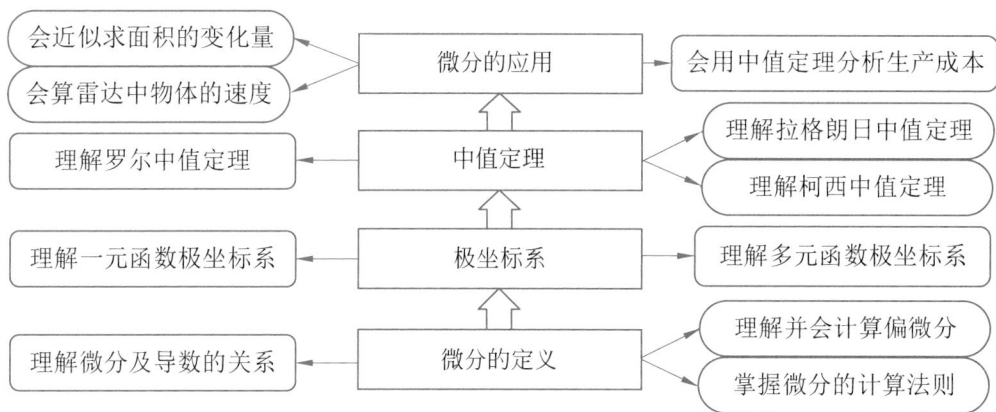

图 4-1　微分的知识树

应用场景：从微观角度理解矩形面积的增量和不规则图形的面积

说到底，学习微分就是要用微观的观点来看待求解的问题。$\mathrm{d}x$、$\mathrm{d}y$ 本质上就是指的非常微小的变化。从本质层面上理解了，应用场景就会非常多。来举个简单实用的例子。如图 4-2(a) 所示，现已知矩形长为 a、宽为 b，要如何计算面积的增量？

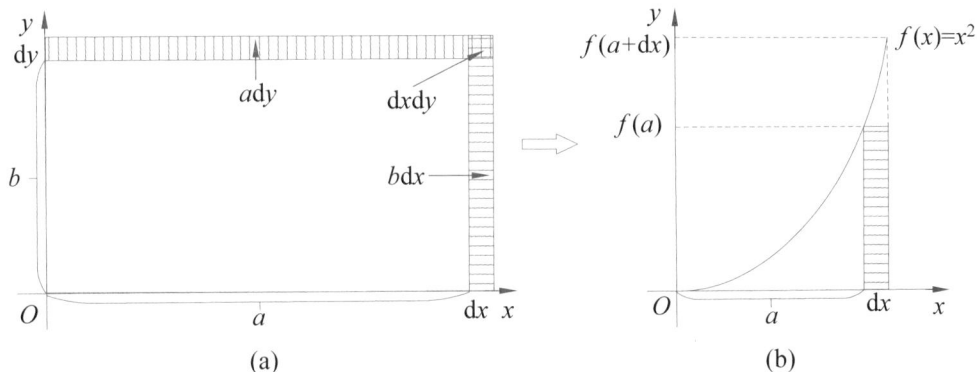

图 4-2　计算面积的增量

这看上去很简单，长和宽增加多少，计算增加后的矩形面积，再减去增加前的矩形面积，不就得到了面积增量？确实是如此，但在微积分领域我们应学会从微观的角度看待问题，这在后续章节学习积分时可以派上大用场。

如果宽不变，长增加 $\mathrm{d}x$，则面积就会增加 $b\mathrm{d}x$。同理，如果长不变，宽增加 $\mathrm{d}y$，则面积就会增加 $a\mathrm{d}y$。但是如果两者同时发生呢？那面积的增量就是 $b\mathrm{d}x+a\mathrm{d}y+\mathrm{d}x\mathrm{d}y$。因为 $\mathrm{d}x\mathrm{d}y$ 是比 $b\mathrm{d}x$、$a\mathrm{d}y$ 更为高阶的无穷小，所以在近似计算时通常忽略 $\mathrm{d}x\mathrm{d}y$，认为面积的增量约为 $b\mathrm{d}x+a\mathrm{d}y$。

有人认为计算面积的增量很简单，何必人为解说得更为复杂呢？想想看，矩形比较容易算，那如果是不规则图形呢？如图 4-2(b) 所示，对 $f(x)=x^2$ 在第一象限中的图形,如果增加 $\mathrm{d}x$,那函数与 x 轴围成的图形面积增加多少呢?我们可以近似地认为增加的量约为 $f(x)\mathrm{d}x$。当前 x 在点 a,增量约为 $f(a)\mathrm{d}x$。这实际上已经是学习积分原理的雏形了。那要求 x 在 $[0,a]$ 区间函数与 x 轴围成的图形面积,该怎么办?可以把 $[0,a]$ 区间划分为无限个 $\mathrm{d}x$,再累加面积,如下所示:

$$S = \sum_{i=0}^{a}(f(x_i)\mathrm{d}x) \Rightarrow S = \lim_{n\to\infty}\sum_{i=0}^{a}\left(f(x_i)\frac{a}{n}\right) \Rightarrow S = \lim_{n\to\infty}\sum_{i=0}^{n-1}\left(f(x_i)\frac{a}{n}\right)$$

尽管上面的式子到最后一个才最为严谨,但我认为这体现了从微观角度看待问题的一个变化过程。$\sum_{i=0}^{a}(f(x_i)\mathrm{d}x)$ 表示很多小矩形面积的累加;$\lim_{n\to\infty}\sum_{i=0}^{a}\left(f(x_i)\frac{a}{n}\right)$ 更为准确地表达了 $\mathrm{d}x$ 非常微小的内涵;$\lim_{n\to\infty}\sum_{i=0}^{n-1}\left(f(x_i)\frac{a}{n}\right)$ 又进一步准确地表达了划分成无限个小矩形的内涵。

微分在许多领域还有重要的应用。

(1)微分使我们打下更坚实的微观看待问题的基础。后续学习不定积分、定积分、多重积分都要用到这种微观的观点。这种观点一旦入脑入心,微积分这门学科的知识就能迎刃而解。

(2)微分同导数、积分的应用领域同样宽广。凡是用到导数、积分的场景下,都应用到了微分的知识,因为它们的底层其实都是微分这一微观看待问题的观点在起支撑作用。本章也会给出近似计算的例子供学习。

(3)扩展学习一些知识点需具有良好的微分知识基础。极坐标系、中值定理是微积分学科中的重要知识点,因为在学习到微分知识时再学习它们,能具有更好的基础,故在本章中解说。

问题先导:微分、导数、积分的知识是怎么相通的

(1)学生问:老师,图 4-2(a)计算面积增量时,明显上面还有一块接近三

角形的面积增量没有计算进去。

简要回答：是的。同样的道理，这块面积计算出来的会是一个比 $f(x)\mathrm{d}x$ 更为高阶的无穷小。就以三角形来近似计算，则这块面积会是 $\dfrac{1}{2}(f(a+\mathrm{d}x)-f(a))\mathrm{d}x=\dfrac{1}{2}\Delta y\mathrm{d}x$。故在近似计算时，可以将这块面积忽略。

（2）学生问：老师，微分与导数、积分的知识是怎么相通的？

简要回答：微分与导数知识相通的根本原因就在于 $f'(x)=\dfrac{\mathrm{d}y}{\mathrm{d}x}$ 这个式子，因此也可以写成 $\mathrm{d}y=f'(x)\mathrm{d}x$，本章后续还会有详细的讲解。微分与积分知识相通的根本原因就在于"先用微观的观点看待问题，再以积少成多进行累加的观点来求积分"，积分的知识在后续章节中还会学习。

（3）学生问：老师，有了直角坐标系为什么还要有极坐标系呢？

简要回答：一是用不同的办法来定位点。直角坐标系用横轴和纵轴的值来定位点，极坐标系用半径和角度来定位点。这两种方式都可以准确地定位点，故是两种不同的表述位置、函数关系的方式。二是有些场景下应用极坐标系可以更为形象、直观。例如，雷达定位时用极坐标系可以较明确地知道目标离自己的距离和角度。三是简化计算的需要。有涉及需要旋转，类似圆、球及其相关图形的讨论分析时，用极坐标系会更为简便。

4.1 用动态和微观的观点理解微分

学懂导数、偏导数，再学微分就简单多了。我认为这些知识是相通的，基本不需重新理解，动态和微观的观点仍然通用。

4.1.1 理解微分

前面的章节中我们已经学过，导数的表达式是：

$$f'(x) = y' = \frac{dy}{dx} = \lim_{\Delta x \to 0} \frac{\Delta y}{\Delta x} = \lim_{\Delta x \to 0} \frac{dy + o(x)}{\Delta x}$$

其中，$o(x)$ 表示一个比 dy 高阶的无穷小，大小为 $\Delta y - dy$。

导数之所以可以用 $\frac{dy}{dx}$ 表示，根本原因在于它确实是 dy 与 dx 的比值。dy 与 dx 就是微分，可以分别理解为 x 和 y 的非常微小的量。而 Δx 与 Δy 分别表示的是 x 与 y 的变化量。可见，微分 d 与 Δ 的内涵不同。但是，当 $\Delta x \to 0$ 时，可以认为 $\Delta x = dx$，这从图 4-3 也可以明显看出；从微观的角度来看，Δy 与 dy 显然长度不同，但是当 $\Delta x \to 0$ 时，由于 $\Delta y - dy = o(x)$，故可以认为 Δy 等同于 dy。

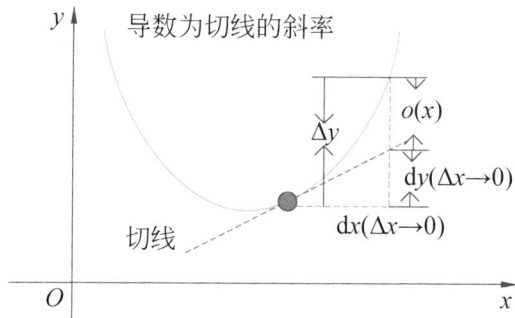

图 4-3　导数的含义示意图

那怎么计算微分呢？根据导数的表达式做变换，可知：

$$dy = f'(x)dx = y'dx = \lim_{\Delta x \to 0} \frac{\Delta y}{\Delta x}dx = \lim_{\Delta x \to 0} \frac{dy + o(x)}{\Delta x}dx$$

$$= \lim_{\Delta x \to 0} \frac{dy}{\Delta x}dx + \lim_{\Delta x \to 0} \frac{o(x)}{\Delta x}dx = \lim_{\Delta x \to 0}(dy + o(x))$$

学习点拨：注意在上述变换过程中，体验和感受 Δx 与 dx、Δy 与 dy 之间的细小差别及等同关系。建议结合图 4-3 来形象地理解。

4.1.2　掌握微分的计算法则

根据公式 $\mathrm{d}y = f'(x)\mathrm{d}x = y'\mathrm{d}x$，实际上如果会计算导数，微分的计算法则就显得容易理解和掌握了。非常简单的计算法则这里不再赘述，下面列举 5 个稍显复杂的计算法则：

$$\mathrm{d}(u+v) = \mathrm{d}u + \mathrm{d}v$$

$$\mathrm{d}(u-v) = \mathrm{d}u - \mathrm{d}v$$

$$\mathrm{d}(uv) = v\mathrm{d}u + u\mathrm{d}v$$

$$\mathrm{d}\,\frac{u}{v} = \frac{v\mathrm{d}u - u\mathrm{d}v}{v^2}(v \neq 0)$$

$$\mathrm{d}\left(\frac{1}{v}\right) = -\frac{1}{v^2}\mathrm{d}v\,(v \neq 0)$$

下面来证明稍显复杂一点的 $\mathrm{d}\,\dfrac{u}{v}$ 的计算公式。根据 $\mathrm{d}y = f'(x)\mathrm{d}x = y'\mathrm{d}x$ 有

$$\mathrm{d}\,\frac{u}{v} = \left(\frac{u}{v}\right)'\mathrm{d}x = \frac{u'v - uv'}{v^2}\mathrm{d}x = \frac{\dfrac{\mathrm{d}u}{\mathrm{d}x}v - u\dfrac{\mathrm{d}v}{\mathrm{d}x}}{v^2}\mathrm{d}x = \frac{v\mathrm{d}u - u\mathrm{d}v}{v^2}$$

例 4-1：求函数 $y = x^3\sin x$ 的微分。

解：

$$\mathrm{d}y = \mathrm{d}(x^3\sin x) = \mathrm{d}(x^3)\sin x + x^3\mathrm{d}(\sin x) = 3x^2\sin x\,\mathrm{d}x + x^3\cos x\,\mathrm{d}x$$

4.1.3　理解并计算偏微分和全微分

第 3 章我们学习过偏导数，那有没有偏微分的说法？在多元函数中自然也是有的。因变量偏微分就是偏导数与自变量微分的乘积。以 $f(x,y)$ 为例，$f(x,y)$ 对 x 的偏导数为 $\dfrac{\partial f}{\partial x}$，故其对 x 的偏微分记为

$$\mathrm{d}f_x = \frac{\partial f}{\partial x}\mathrm{d}x$$

同理，对 y 的偏微分记为

$$\mathrm{d}f_y = \frac{\partial f}{\partial y}\mathrm{d}y$$

全微分则可以记为

$$\mathrm{d}f = \mathrm{d}f_x + \mathrm{d}f_y = \frac{\partial f}{\partial x}\mathrm{d}x + \frac{\partial f}{\partial y}\mathrm{d}y$$

对于更多元的函数 $f(x_0,\cdots,x_{n-1})$，全微分为

$$\mathrm{d}f = \sum_{i=0}^{n-1}\mathrm{d}f_i = \sum_{i=0}^{n-1}\frac{\partial f}{\partial x_i}\mathrm{d}x_i$$

这些公式的表达看起来有点复杂，关键在于怎么理解其内涵，理解了内涵，根本就无须记忆公式。如果把 y 看成常量，$\frac{\partial f}{\partial x}$ 计算的是因变量随自变量 x 变化而产生的变化速度，自变量微分微小的变化 $\mathrm{d}x$ 引起因变量产生的变化就是因变量偏微分 $\mathrm{d}f_x$。因变量偏微分 $\mathrm{d}f_x$ 在数值上表示的是 x 变化 1 个单位，会引发因变量变化多少个单位。全微分 $\mathrm{d}f$ 在数值上表示的是所有自变量均变化 1 个单位，一共会引发因变量大致变化多少个单位。

例 4-2：求函数 $z = x^2 + 3xy + y^2$ 的全微分。

解：

$$\frac{\partial z}{\partial x} = 2x + 3y$$

$$\frac{\partial z}{\partial y} = 2y + 3x$$

$$\mathrm{d}z = \frac{\partial f}{\partial x}\mathrm{d}x + \frac{\partial f}{\partial y}\mathrm{d}y = (2x+3y)\mathrm{d}x + (2y+3x)\mathrm{d}y$$

4.2 极坐标系

在此之前,我们一直使用直角坐标系的图示来分析和解决问题。还有一种常用的坐标系就是极坐标系,它与直角坐标系可以相互转换,但表达函数的式子不同。

4.2.1 理解极坐标系

如图 4-4 所示,直角坐标系中的点 $[a,b]$ 放到极坐标系中会是什么情况呢?极坐标用变动的半径(称为极径)和 r 旋转的角度 θ 来表示一个点,这样也可以定位这个点的准确位置。如果把两个坐标系以原点为基点重合起来,可以发现完全可以按如下的公式互相转换:

$$\begin{cases} x = r\cos\theta \\ y = r\sin\theta \end{cases}$$

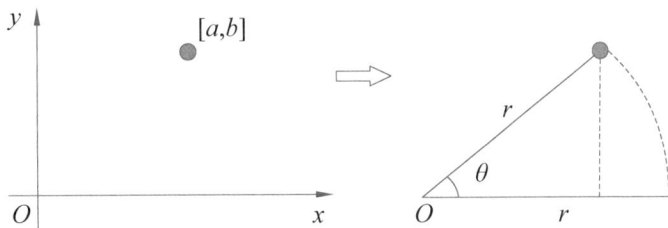

图 4-4 在不同的坐标系中表示同一个点

转换到极坐标系中后,由于自变量与因变量变成了 θ 与 r,因此导数、微分也需要跟着变化。例如,$\mathrm{d}r$ 表示极径的微小变化,$\mathrm{d}\theta$ 表示角度的微小变化。下面来看一个实例。

例 4-3:现有一个简单的直角坐标系下的函数 $y = x$,请转换为极坐标方程。

解：

先把转换公式代入，可得

$$r\sin\theta = r\cos\theta$$

两边约掉 r，就变成

$$\sin\theta = \cos\theta$$

这样，面临两个问题，一是函数里没有 r 了？这实属正常，直角坐标系里不少函数也没有 y，如，$x=3$ 就是一条平行于 y 轴的直线。二是根据 $\sin\theta = \cos\theta$，θ 的角度会是多少呢？应是 $\dfrac{\pi}{4} + n\pi$（n 为整数）。综上，极坐标系中的函数为

$$\theta = \frac{\pi}{4} + n\pi（n \text{ 为整数}）$$

可见，此时，r 可为任意数，但 $\theta = \dfrac{\pi}{4} + n\pi$（$n$ 为整数），这样可以在极坐标系中表示出直角坐标系中的 $y=x$ 这条直线。求导数，此时

$$\mathrm{d}\theta = \mathrm{d}\left(\frac{\pi}{4} + n\pi\right) = 0$$

而 $\dfrac{\mathrm{d}r}{\mathrm{d}\theta}$ 中由于 $\mathrm{d}\theta = 0$，故 $\dfrac{\mathrm{d}r}{\mathrm{d}\theta}$ 不存在。下面再来看一个例子。

例 4-4：直角坐标系下圆的方程为

$$x^2 + y^2 = R^2$$

请转换为极坐标方程。

解：

将转换公式代入，可得

$$r^2\sin^2\theta + r^2\cos^2\theta = R^2 \Rightarrow r^2(\sin^2\theta + \cos^2\theta) = R^2 \Rightarrow r = R$$

可见，此时 θ 可为任意数，但 r 固定为 R。求导数可发现，此时 $\mathrm{d}r = 0$，$\mathrm{d}\theta$ 不存在。学到这，能否举个自变量和因变量微分都存在的例子？如下所示。

例 4-5：请将以下直角坐标方程转换为极坐标方程并求 $\dfrac{\mathrm{d}r}{\mathrm{d}\theta}$。

$$x^{\frac{2}{3}} + y^{\frac{2}{3}} = 1$$

解：

此方程在直角坐标系中为一个隐函数，如果要求 $\dfrac{\mathrm{d}y}{\mathrm{d}x}$，可对方程两边求导，经过计算后可以得到一个由 x、y 共同组成的表达式来表示 $\dfrac{\mathrm{d}y}{\mathrm{d}x}$，仍然需要用 x 表示的 y 的表达式再代入 $\dfrac{\mathrm{d}y}{\mathrm{d}x}$ 的表达式中，这样会导致 $\dfrac{\mathrm{d}y}{\mathrm{d}x}$ 的表达式异常复杂。

如果使用极坐标系下的方程来求导就会简单很多。将 $x = r\cos\theta$、$y = r\sin\theta$ 代入方程式中，可得

$$(r\cos\theta)^{\frac{2}{3}} + (r\sin\theta)^{\frac{2}{3}} = 1 \Rightarrow r^{\frac{2}{3}}(\cos^{\frac{2}{3}}\theta + \sin^{\frac{2}{3}}\theta) = 1 \Rightarrow r^{\frac{2}{3}} = \frac{1}{\cos^{\frac{2}{3}}\theta + \sin^{\frac{2}{3}}\theta}$$

$$\Rightarrow r = \left(\frac{1}{\cos^{\frac{2}{3}}\theta + \sin^{\frac{2}{3}}\theta}\right)^{\frac{3}{2}}$$

再求导可得

$$\frac{\mathrm{d}r}{\mathrm{d}\theta} = \frac{3}{2}\sqrt{\frac{1}{\cos^{\frac{2}{3}}\theta + \sin^{\frac{2}{3}}\theta}}\left(-\frac{1}{(\cos^{\frac{2}{3}}\theta + \sin^{\frac{2}{3}}\theta)^2}\right)\left(-\frac{2}{3}\cos^{-\frac{1}{3}}\theta\sin\theta + \frac{2}{3}\sin^{-\frac{1}{3}}\theta\cos\theta\right)$$

$$= (\cos^{-\frac{1}{3}}\theta\sin\theta - \sin^{-\frac{1}{3}}\theta\cos\theta)\sqrt{\frac{1}{\cos^{\frac{2}{3}}\theta + \sin^{\frac{2}{3}}\theta}} \times \frac{1}{(\cos^{\frac{2}{3}}\theta + \sin^{\frac{2}{3}}\theta)^2}$$

$$= (\cos^{-\frac{1}{3}}\theta\sin\theta - \sin^{-\frac{1}{3}}\theta\cos\theta)(\cos^{\frac{2}{3}}\theta + \sin^{\frac{2}{3}}\theta)^{-\frac{5}{2}}$$

上述过程看上去有点复杂，实际上只要我们掌握了求导法则，还是比较简单的。

4.2.2 什么样的函数适用于使用极坐标系

首先，我们要明白使用极坐标系是为了什么。当然是为了简化计算、方

109

便应用。极坐标系中计算出来的 $\dfrac{\mathrm{d}r}{\mathrm{d}\theta}$ 表示的是 r 随 θ 的变化速度。其次，我们要明白什么样的情况下适合使用极坐标系。大致是以下三类函数适合：一是围绕圆点呈现出圆形特性、对称性的函数；二是涉及旋转角度的函数；三是具有由一个点向外呈发散性变化的函数，如点电荷产生的电场强度函数。下面继续来看个例子。

例 **4-6**：求心形曲线的 $\dfrac{\mathrm{d}r}{\mathrm{d}\theta}$。

解：

心形曲线的图形如图 4-5 所示，其极坐标方程是

$$r = a(1 - \cos\theta)$$

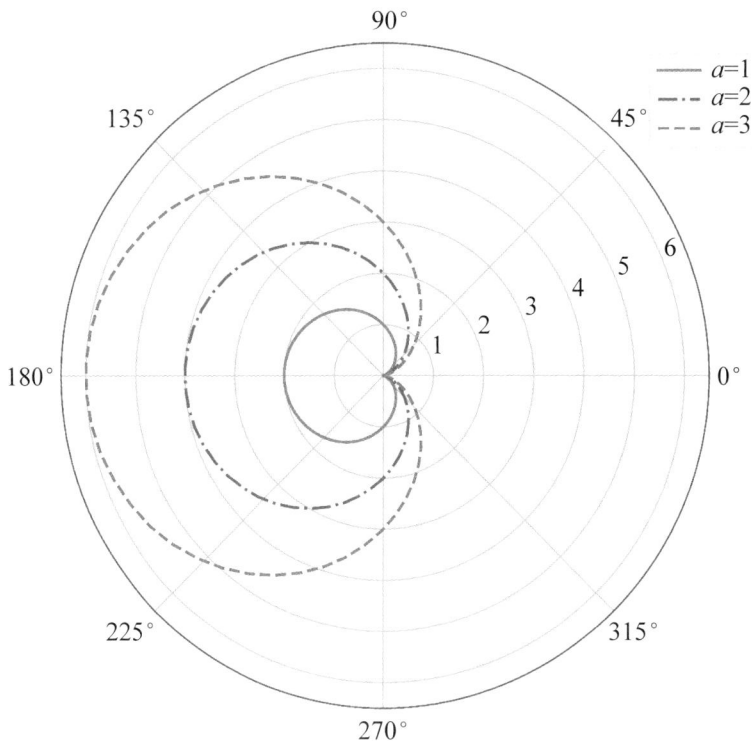

图 4-5　心形曲线的图形

可见,心形曲线用极坐标方程表示非常简单,但是用直角坐标系表示就比较复杂了,方程如下:

$$(x^2+y^2-ax)^2=a^2(x^2+y^2)$$

这个直角坐标系中的方程要计算一阶导数并不容易。但是用极坐标系中的方程计算一阶导数非常容易:

$$\frac{\mathrm{d}r}{\mathrm{d}\theta}=a\sin\theta$$

后续我们还会学习积分。用极坐标中的方程来求心形图形的面积将变得十分简便,但用直角坐标系中的方程来求就没那么简单了。并不是说直角坐标系中的这个方程有多么复杂,而是用 x 的表达式来表达 y 将显得比较复杂,要求得 $\frac{\mathrm{d}y}{\mathrm{d}x}$ 也将比较棘手。

4.2.3 理解多元函数的球坐标系

再来看 $z=f(x,y)$ 这个函数表示的点。如图 4-6 所示,在三维空间里,要确定一个点,需要用 r、θ、ϕ 这三个变量来结合。其中,r 为径向距离,θ 为 r 与 xOy 面的夹角,ϕ 为 r 在 xOy 面的投影与 x 轴正轴的夹角。这种表示方法我们称为球坐标系。注意,其中 r 的名称换了称呼。

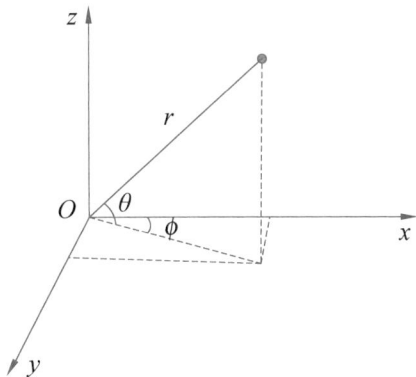

图 4-6 三维空间里的坐标

111

据此,我们可以得到以下的转换关系公式:

$$\begin{cases} z = r\sin\theta \\ x = r\cos\theta\cos\phi \\ y = r\cos\theta\sin\phi \end{cases}$$

❀

学习点拨: 其他书中选择的 θ、ϕ 角可能有所不同。我觉得重在理解这种设置"**一线两角**"来唯一确定空间中的一个点。

在直角坐标系中,如图 4-7 所示,圆球的方程是

$$x^2 + y^2 + z^2 = R^2$$

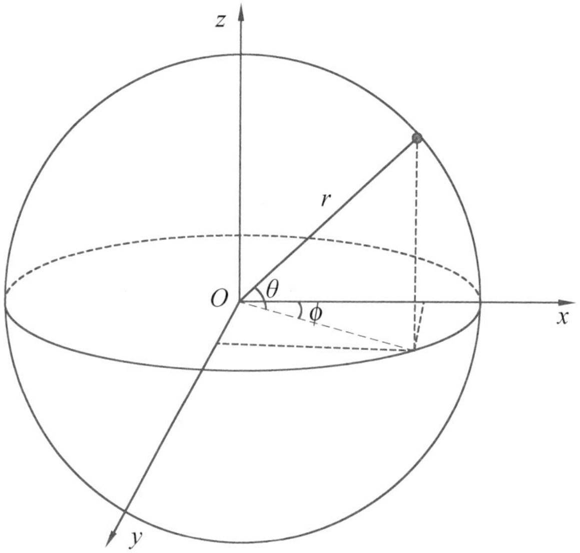

图 4-7　圆球体

一起来转换到球坐标系中,看如何转换。

$$(r\cos\theta\cos\phi)^2 + (r\cos\theta\sin\phi)^2 + (r\sin\theta)^2 = R^2$$

$$\Rightarrow (r\cos\theta)^2(\cos^2\phi + \sin^2\phi) + (r\sin\theta)^2 = R^2$$

$$\Rightarrow (r\cos\theta)^2 + (r\sin\theta)^2 = R^2 \Rightarrow r^2 = R^2 \Rightarrow r = R$$

可见,用球坐标系中的方程表示圆球体非常简单。圆球的通用方程会稍显复杂一点。假定球心为直角坐标系中的点$[a,b,c]$,则圆球的方程是

$$(x-a)^2+(y-b)^2+(z-c)^2=R^2$$

据此,我们将其转换到球坐标系中:

$$(r\cos\theta\cos\phi-a)^2+(r\cos\theta\sin\phi-b)^2+(r\sin\theta-c)^2=R^2$$

$$\Rightarrow(r\cos\theta)^2(\cos^2\phi+\sin^2\phi)+(r\sin\theta)^2-2ar\cos\theta\cos\phi-$$

$$2br\cos\theta\sin\phi-2cr\sin\theta+a^2+b^2+c^2=R^2$$

$$\Rightarrow r^2-2ar\cos\theta\cos\phi-2br\cos\theta\sin\phi-2cr\sin\theta+a^2+b^2+c^2=R^2$$

4.3 中值定理

在一元函数中,有 3 个重要的中值定理,分别是罗尔中值定理、拉格朗日中值定理、柯西中值定理。之所以取这样的名字,是以提出它们的数学家的名字命名的。值得注意的是,这 3 个中值定理在多元函数中并不适用。

4.3.1 理解罗尔中值定理

如果有一个函数,它在一个闭区间$[a,b]$上连续,在开区间(a,b)内可导,并且这个函数在区间的两端点处的值相等,也就是 $f(a)=f(b)$,那么在这个开区间 (a,b)内,一定存在至少一个点 c,使得这个函数在点 c 处的导数等于 0。

这个定理看上去复杂,但如果根据图形印象来理解会形象得多。如图 4-8 所示,看如下场景:我们开车从 A 地到 B 地,出发和到达时车的速度一样,如果道路是连续且平滑的,那么在途中某个地方,车上升和下降的速度(也就是导数)会是 0。

说得更通俗一点,起点、终点的函数值相同,则中间必有一点斜率为 0。因为不论图形是上凸还是下凸,总有一个极值点,极值点处的导数值为 0;极

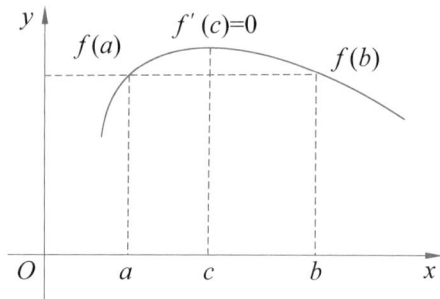

图 4-8　罗尔中值定理

端情况下,如果是一条平行于 x 轴的直线,那导数值为 0 的点就会有无穷多个。

4.3.2　理解拉格朗日中值定理

如果有一个函数,它在一个闭区间 $[a,b]$ 上连续,在开区间 (a,b) 内可导,那么在 (a,b) 区间内至少存在一个点 c,使得函数在这个点的导数乘以区间的长度 $(b-a)$ 等于函数在 b 处的值减去在 a 处的值,即

$$f'(c)(b-a)=f(b)-f(a)$$

或写成

$$f'(c)=\frac{f(b)-f(a)}{b-a}$$

换个形象的说法:我们开车走了一段距离,在这段时间内必然能得到平均速度。在这段时间里一定有某个时刻的瞬时速度等于平均速度。

4.3.3　理解柯西中值定理

如果有两个函数 $f(x)$ 和 $g(x)$,它们在闭区间 $[a,b]$ 上连续,在开区间 (a,b) 内可导,并且在开区间 (a,b) 内 $g'(x)$ 不等于 0,那么在这个区间内一定存在一个点 c,使得

$$\frac{f'(c)}{g'(c)}=\frac{f(b)-f(a)}{g(b)-g(a)}$$

简单来说,就好比两个不同的运动,在相同的时间段内,它们的变化比例在某个时刻是相等的。

> **学习点拨**:3 个中值虽然都好理解,但要区分和记忆有点棘手。老师教大家一种记忆方法:关键特征记忆法。罗尔中值定理的关键特征是两边函数值相等;拉格朗日中值定理的关键特征是首尾变化之比;柯西中值定理的关键特征是两个函数之比。因此,记忆口诀可以为"罗等拉变柯两比"。老师提供的记忆口诀仅供参考,同学们可根据自己的记忆习惯形成自己特有的口诀。

4.4 用微分解决实际问题

下面,以 3 个场景来试试用微分解决实际问题。

4.4.1 用微分近似求面积的变化量

现已知圆的面积计算公式为 $S=\pi r^2$。因此,$\frac{\mathrm{d}S}{\mathrm{d}r}=2\pi r$。这说明面积 S 随半径 r 的变化速度为 $2\pi r$。因此,半径变化 $\mathrm{d}r$,面积变化 $2\pi r\mathrm{d}r$,即 $\mathrm{d}S=2\pi r\mathrm{d}r$。当半径 r 的变化比较小时,可以直接用这个公式近似地求面积的变化量。

例 4-7:当半径 $r=5\mathrm{cm}$,半径增加量 $\mathrm{d}r=0.1\mathrm{cm}$ 时,求圆面积的变化量。

解:

简单、近似的做法是 $\mathrm{d}S=2\pi r\mathrm{d}r=2\pi\times5\times0.1=\pi(\mathrm{cm}^2)$。

精确的做法是 $\pi\times(5+0.1)^2-\pi\times5^2=1.01\pi(\mathrm{cm}^2)$。可见,两者计算的结果非常接近。

4.4.2　用极坐标系和微分计算雷达中物体的速度

雷达系统中普遍使用极坐标系。目标的位置通常用距离 r 和角度 θ 来表示。假设雷达检测到一个移动目标，其位置随时间的变化遵循极坐标方程 $r = f(\theta, t)$。

例如，目标的位置可以表示为 $r = 50 + 10t\sin\theta$，其中 t 是时间。

为了确定目标的速度和运动方向，我们需要对极坐标方程进行微分。方程对 t 求偏导为 $\dfrac{\partial r}{\partial t} = 10\sin\theta$。这表示的是目标的速度在径向（沿 r 方向）上的分量 v_r。

同时，角度 θ 也可能随时间变化。假设 $\theta = \omega t$（ω 为角速度），则可知 $\dfrac{\mathrm{d}\theta}{\mathrm{d}t} = \omega$。目标的速度在切向上的分量为

$$v_\theta = r\,\frac{\mathrm{d}\theta}{\mathrm{d}t} = (50 + 10t\sin\theta)\omega$$

答疑解惑

学生问：老师，目标的速度在切向上的分量为什么是 $r\dfrac{\mathrm{d}\theta}{\mathrm{d}t}$ 呢？

老师答：这来源于弧长的计算公式 $l = r\theta$。$\dfrac{\mathrm{d}\theta}{\mathrm{d}t}$ 计算出的是角度 θ 随时间的变化速度，并不是弧长随时间的变化速度。$\dfrac{\mathrm{d}\theta}{\mathrm{d}t}$ 表示的是时间变化一个单位，角度 θ 变化 $\dfrac{\mathrm{d}\theta}{\mathrm{d}t}$，因此，弧长变化约为 $r\,\mathrm{d}\theta$。

因此，速度为

$$v = \sqrt{v_r^2 + v_\theta^2} = \sqrt{\left(\frac{\partial r}{\partial t}\right)^2 + \left(r\,\frac{\mathrm{d}\theta}{\mathrm{d}t}\right)^2}$$

通过这些微分计算,雷达系统可以精确地确定目标的运动速度和方向,从而实现对目标的跟踪和监测。

例 4-8：当 $t=5\mathrm{s}$、$\theta=\dfrac{\pi}{4}$、$\omega=0.2\mathrm{rad/s}$ 时,计算雷达系统中物体的速度。

解：

可得

$$\frac{\partial r}{\partial t}=10\sin\theta=10\sin\frac{\pi}{4}=5\sqrt{2}$$

$$r\frac{\mathrm{d}\theta}{\mathrm{d}t}=(50+10t\sin\theta)\omega=\left(50+50\sin\frac{\pi}{4}\right)\times0.2=10\left(1+\frac{\sqrt{2}}{2}\right)$$

$$v=\sqrt{v_r^2+v_\theta^2}=\sqrt{\left(\frac{\partial r}{\partial t}\right)^2+\left(r\frac{\mathrm{d}\theta}{\mathrm{d}t}\right)^2}=10\sqrt{2+\sqrt{2}}$$

4.4.3 用中值定理分析企业的生产成本

现有一家工厂生产某种产品,假定已知生产数量 x 与成本 $C(x)$ 之间的关系为

$$C(x)=x^3-6x^2+15x+50$$

在生产周期内,当生产数量由 $x=1$ 变到 $x=5$,由于 $C(1)=60$,$C(5)=175$,$C(1)\neq C(5)$,不适用罗尔中值定理,但适用拉格朗日中值定理。此时,必存在一点 ξ,使得

$$C'(\xi)=\frac{C(5)-C(1)}{5-1}=28.75$$

从 $C(x)$ 的函数式子,可求得

$$C'(x)=3x^2-12x+15$$

根据 $3x^2-12x+15=28.75$ 可求得

$$x_1\approx4.930,x_2\approx-0.930$$

其中,x_1 处在区间 $(1,5)$,故 $\xi\approx4.930$,在此点为成本对生产数量的平均值。

4.5　小结

　　总结起来,微分与导数的关系就是 $\mathrm{d}y = f'(x)\mathrm{d}x$ 这个式子,偏微分与偏导数的关系就是 $\mathrm{d}f_x = \dfrac{\partial f}{\partial x}\mathrm{d}x$ 这个式子。微分的计算法则与导数的计算法则相通,会计算导数即可理解微分的定义。不必死记微分的计算法则,只需根据导数的计算法则变化即可。

　　一元函数与多元函数在极坐标系中的表示需要用到极径(即半径)和角度。一元函数用一个极径和一个角度来表示;二元函数用一个径向距离(即半径)和两个角度来表示;三元函数用一个径向距离和三个角度来表示;以此类推。因此,极坐标系适合表达有旋转,带圆形、圆球形的函数。

　　要理解三个中值定理,我推荐大家记住口诀"罗等拉变柯两比"。即罗尔中值定理的关键是要用到两个相等的值;拉格朗日中值定理的关键是首尾两个函数差与首尾两个自变量差之比;柯西中值定理的关键是两个函数之间进行比较。

第 5 章　不定积分

不定积分的知识树如图 5-1 所示。

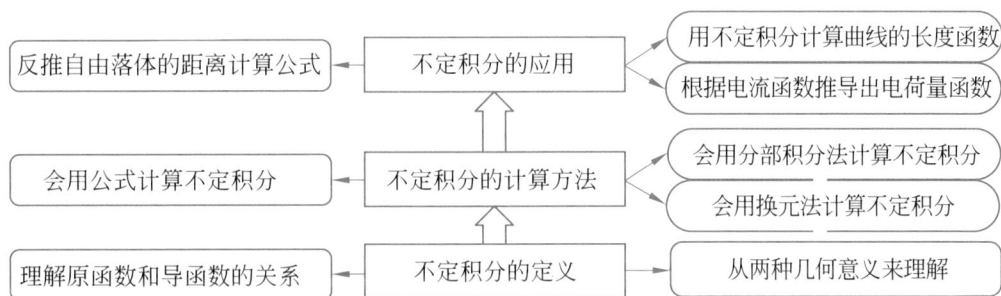

图 5-1　不定积分的知识树

应用场景：从注水速度函数反推出注水量函数

不定积分的应用场景很多，通常用来求原函数的通用表达式，而不是具体的数值。下面来举个例子。现有一名物业人员向小区的储水罐里注水。如图 5-2 所示，已知注水流速 $v(t)$ 只与时间 t 有关，且关系为 $v(t)=3t^2$（单位：m^3/min）。现要求注水量函数 $Q(t)$。

向储水罐
里注水

已知注水流速函数，
那注水量怎么
计算出来？

图 5-2　求出注水量函数

显然，根据此前所学的导数知识有

$$\frac{\mathrm{d}Q}{\mathrm{d}t}=v(t)=3t^2$$

可得

$$\mathrm{d}Q=3t^2\mathrm{d}t$$

那么，什么样的函数的导数会是 $3t^2$？回想起导数的求导法则，大致可以估摸出 (t^3+C) 的导数会是 $3t^2$，因此 $Q(t)=t^3+C$。这种已知导函数、反过来求函数 Q 的运算就是求不定积分。

不定积分在许多领域还有重要的应用。

（1）不定积分奠定学习定积分、多重积分的基础。从几何意义和互逆关系上来理解,不定积分反映的是无限个小块面积累加求总面积的"累加"观点。

（2）不定积分在很多领域有着应用。在物理学的运动分析中,已知加速度函数,通过不定积分可求得速度函数;再对速度函数求不定积分可得到位移函数。在电学领域,由电流函数进行不定积分可得到电荷量函数。本章后续也会给出这两个领域的应用例子。在结构力学领域,分析梁的弯曲问题时,不定积分可用于确定梁的挠度曲线。根据梁的受力情况得到弯矩方程后,通过积分可依次得到转角方程和挠度方程,从而评估梁的变形情况,为结构设计提供依据。

（3）应用不定积分可以从导函数反推出原函数。后续学习的定义将详细解说这一点。很多场景根据这一需要来求解,例如:已知切线方程求原函数,已知加速度函数求速度函数等。

问题先导:记住不定积分的公式有什么办法

（1）学生问:老师,怎么理解不定积分这种新的运算?从名称来看,"不定""积分"分别表示什么?

简要回答:理解不定积分这种运算的关键也在名称上的"不定"和"积分"这两个词。"不定"的内涵是指运算的结果为函数,且为一簇函数,所以定不下来具体是哪一个。"积分"的内涵是含有累加的意思,从微观的角度来看,积少成多而形成积分运算。大家先有个内涵上的了解,本章后续内容还会详细讲解,届时再来体验。

（2）学生问:老师,看样子又要记好多不定积分的计算公式,感觉记不住,有什么办法吗?

简要回答:适当的记忆还是有必要的。我更提倡大家采用如下的方法:
①用记忆口诀,看多了还可以形成自己的口诀。本章后续会提供一些作为参

考。②在理解中记忆。例如,本章中要记忆的积分公式可对应导数公式来记忆,会比死记硬背要容易得多。③在练习中巩固。一定要勤加练习。

（3）学生问：老师,不定积分与后续要学的定积分的区别是什么？

简要回答：提前理解下这些定义对学习有帮助。定积分自然有"确定"的内涵,也就是说运算的结果是确定的,可以计算出数值,通常定义域在一定的区间。

5.1　以导数为基础反向理解不定积分

求导运算与求不定积分的运算就是一对相对互逆的运算。为什么说是相对互逆呢？因为存在一个 C 项,这个项表明不定积分运算的结果不唯一。到底是怎么回事？下面就来揭晓。

5.1.1　理解原函数和不定积分的定义

如果函数 $F(x)$ 求导后的计算结果为函数 $f(x)$,即

$$F'(x) = \frac{\mathrm{d}F}{\mathrm{d}x} = f(x)$$

由此关系,我们称 $f(x)$ 是 $F(x)$ 的导函数,$F(x)$ 是 $f(x)$ 的原函数。由 $F(x)$ 到 $f(x)$ 是求导运算,那反过来呢？我们将反过来的运算称为求不定积分,也就是由 $f(x)$ 求原函数 $F(x)$ 的运算,运算符号用"$\int$"表示。

$$\frac{\mathrm{d}F}{\mathrm{d}x} = f(x) \Rightarrow \mathrm{d}F = f(x)\mathrm{d}x \Rightarrow \int \mathrm{d}F = \int f(x)\mathrm{d}x \Rightarrow F(x) = \int f(x)\mathrm{d}x + C$$

$$\Rightarrow \int f(x)\mathrm{d}x = F(x) + C$$

式中,C 表示常数项。$f(x)$ 也称为被积函数。

答疑解惑

　　学生问：老师，上面根据定义理解而形成的变化过程中，式子右边为什么多了个 C 呢？

　　老师答：这正是不定积分中"不定"名称的由来。因为常数的导数为 0，故有

$$\left(\int f(x)\mathrm{d}x + C\right)' = \left(\int f(x)\mathrm{d}x\right)'$$

　　可见，原函数不是固定的一个函数，后面需要加一个常数，表明这是一簇函数。这也就是说，由于 C 可以是任意一个数值，故 C 不能确实为固定的一个数值，这正是"不定"二字的内涵要义。

　　学生问：老师，上述在 $F(x) = \int f(x)\mathrm{d}x + C \Rightarrow \int f(x)\mathrm{d}x = F(x) + C$ 这一步的变化过程里，应当是 $\int f(x)\mathrm{d}x = F(x) - C$ 才对吧？

　　老师答：这样写也是可以的。因为 $F(x) + C$ 和 $F(x) - C$ 都表示的是一簇函数，只是我们习惯上用 $F(x) + C$ 来表达更为方便理解。

5.1.2　从几何上理解不定积分

　　既然原函数是一簇函数，在图形上怎么理解呢？来看图 5-3 的示例，表示的是

$$\int 2x\,\mathrm{d}x = x^2 + C$$

　　可知

$$F(x) = x^2 + C$$

$$f(x) = 2x$$

　　可见，$F(x)$ 的图像是其中一个函数的图像上下移动而得到一簇图像。

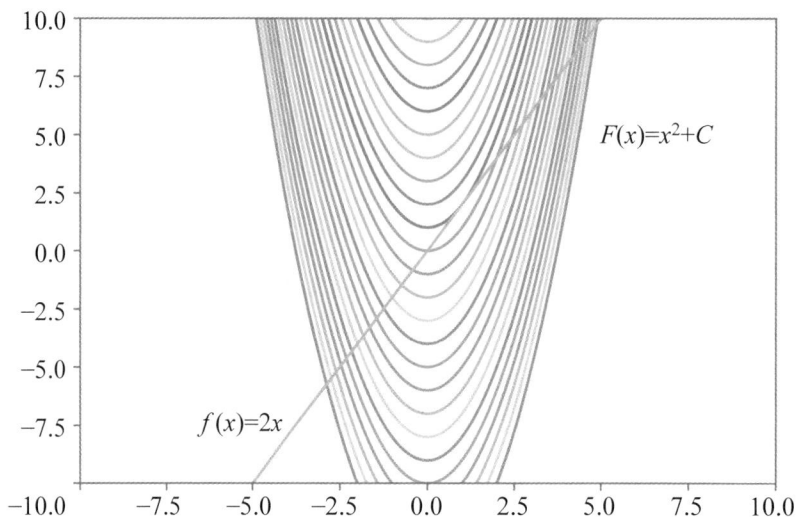

图 5-3　一簇原函数

　　另一种对不定积分几何意义的理解如图 5-4 所示。不定积分求的是 $f(x)$ 与 x 轴围成的图形面积的通用表达式(不定积分计算的结果函数)再加一个 C 项。为什么是通用表达式而不是一个固定的值?因为不定积分的计算结果里有个 C 项,没有办法确定为一个固定的值。那又为什么计算的是面积呢?

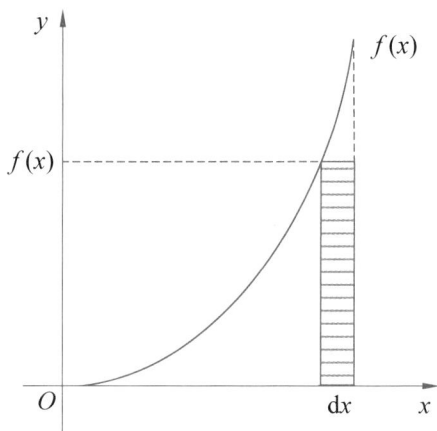

图 5-4　另一种对不定积分几何意义的理解

如图 5-4 所示,这就好比将 $f(x)$ 与 x 轴围成的图形划分成了无数个矩形, $f(x)\mathrm{d}x$ 就是一个小矩形的面积。积分就表示累加之意,无数个小矩形累加的值就是这个 $f(x)$ 与 x 轴围成的图形面积的通用表达式。只是我们应当注意到,面积可能无法计算出一个具体的值,因为会无限大。

$$S = \lim_{n \to \infty} \sum_{i=0}^{n} f(x_i) \Delta x = \sum_{i=0}^{\infty} f(x_i) \mathrm{d}x = \int f(x) \mathrm{d}x$$

5.1.3 从定义来看如何求不定积分

从定义来看,原函数 $F(x)$ 的导数为 $f(x)$,如果已知 $f(x)$,那我们就看什么样的函数的导数是 $f(x)$,即可求得 $F(x)$。下面来看两个例子。

第 1 个例子,求

$$\int 3x^3 \mathrm{d}x$$

谁的导数会是 $3x^3$ 呢? 通过观察可知

$$\left(\frac{3}{4}x^4\right)' = 3x^3$$

故可得

$$\int 3x^3 \mathrm{d}x = \int \mathrm{d}\left(\frac{3}{4}x^4\right) = \frac{3}{4}x^4 + C$$

第 2 个例子,求

$$\int \frac{1}{x} \mathrm{d}x$$

同样地,我们思考谁的导数会是 $\frac{1}{x}$ 呢? 回想起以前学过的求导法则,可知

$$(\ln x)' = \frac{1}{x}$$

因此,可快速地计算出

$$\int \frac{1}{x} \mathrm{d}x = \int \mathrm{d}(\ln x) = \ln x + C$$

当 $x < 0$ 时,则有 $-x > 0$。由于

$$(\ln(-x))' = -\frac{1}{x} \times (-1) = \frac{1}{x}$$

有

$$\int \frac{1}{x} \mathrm{d}x = \int \mathrm{d}(\ln|x|) = \ln|x| + C$$

❋ 学习点拨:要确保准确求出不定积分,有一个秘诀,那就是对不定积分的结果求导数,看结果是否与积分运算中的被积函数一致。

5.2 计算不定积分的方法

掌握计算不定积分的方法应遵循循序渐进的学习原则。首先,应在理解中适当记忆不定积分公式,建议结合导数来记忆。其次,应掌握分部积分法。最后,换元积分法是一项基本功,要学会使用。

5.2.1 对应导数记忆不定积分公式

根据前述学习的不定积分定义,可知对应求导法则来记忆不定积分公式是比较好的做法,这样既可巩固记忆求导法则,又可根据互逆关系掌握不定积分公式。这些对应关系如表 5-1 所示。

表 5-1　常用的求导法则与不定积分公式

序号	求 导 法 则	对应的积分公式	说　明
1	$x' = 1$	$\int \mathrm{d}x = x + C$	

序号	求 导 法 则	对应的积分公式	说　　明
2	$(ax)' = a$	$\int a\,\mathrm{d}x = ax + C$	
3	$(x^a)' = ax^{a-1}$	$\int ax^{a-1}\,\mathrm{d}x = x^a + C$	进一步推出公式：$\int x^a\,\mathrm{d}x = \dfrac{1}{a+1}x^{a+1} + C$ $a \neq -1$
4	$(\ln x)' = \dfrac{1}{x}$	$\int \dfrac{1}{x}\,\mathrm{d}x = \ln \mid x \mid + C$	
5	$a' = 0$	$\int 0\,\mathrm{d}x = C$	
6	$(\mathrm{e}^x)' = \mathrm{e}^x$	$\int \mathrm{e}^x\,\mathrm{d}x = \mathrm{e}^x + C$	
7	$(a^x)' = a^x \ln x$	$\int a^x \ln a\,\mathrm{d}x = a^x + C$	进一步推出公式：$\int a^x\,\mathrm{d}x = \dfrac{1}{\ln a}a^x + C$ $a \neq 1, a > 0$
8	$(\log_a x)' = \dfrac{1}{x\ln a}$	$\int \dfrac{1}{x\ln a}\,\mathrm{d}x = \log_a x + C$	
9	$(\sin x)' = \cos x$	$\int \cos x\,\mathrm{d}x = \sin x + C$	
10	$(\cos x)' = -\sin x$	$\int (-\sin x)\,\mathrm{d}x = \cos x + C$	进一步推出公式：$\int \sin x\,\mathrm{d}x = -\cos x + C$
11	$(\tan x)' = \sec^2 x = \dfrac{1}{\cos^2 x}$	$\int \sec^2 x\,\mathrm{d}x = \tan x + C$	
12	$(\cot x)' = -\csc^2 x$ $= -\dfrac{1}{\sin^2 x}$	$\int (-\csc^2 x)\,\mathrm{d}x$ $= \cot x + C$	进一步推出公式：$\int \csc^2 x\,\mathrm{d}x = -\cot x + C$
13	$(\sec x)' = \sec x \tan x$	$\int \sec x \tan x\,\mathrm{d}x = \sec x + C$	

序号	求 导 法 则	对应的积分公式	说　　明
14	$(\csc x)' = -\csc x \cot x$	$\int (-\csc x \cot x) dx = \\ \csc x + C$	进一步推出公式: $\int \csc x \cot x\, dx \\ = -\csc x + C$

说明: 1. a 是常数。

2. e 是常数,其值为一个近似于 2.718 281 83 的数。

3. $\ln x$ 表示以 e 为底的对数。

答疑解惑

学生问:老师,表 5-1 中有这么多的公式,我记不住啊,有什么办法吗?

老师答:前述已经讲过一种好办法,那就是结合导数的运算法则来理解和记忆。始终记住一个原则,不定积分公式右边的导数是左边积分中的被积函数。如果怕做错了,就再验算一下。如表 5-1 中的公式 10:

$$\int \sin x\, dx = -\cos x + C$$

验算时,显然有

$$(-\cos x + C)' = \sin x$$

5.2.2　从乘法、除法至深入学习分部积分法

针对 $\int f(x)g(x)dx$ 和 $\int \dfrac{f(x)}{g(x)}dx$ 这样的计算形式,有没有计算不定积分的公式呢?遗憾的是,还真没有。可见,计算积分与计算导数有很大的不同,不是我们想使用什么运算法则,就能有公式相对应,而是应充分运用积分计算的一些方法来解决问题。

那什么是分部积分法呢?公式是:

$$\int f(x)\mathrm{d}(g(x)) = f(x)g(x) - \int g(x)\mathrm{d}(f(x))$$

因把积分计算 $\int f(x)\mathrm{d}(g(x))$ 分成了 $f(x)$、$g(x)$ 两个部分,故称为分部积分法。要用这个公式,首先要记住这个公式,再来看该公式是怎么推导出来的,看什么情况下适用于该公式,最后来动手做实例。记忆口诀为"先凑后乘减"(即"先凑微分,结果为相乘减交换位置后的积分")。

下面来推导这个公式。如果对推导公式不感兴趣,可以略过下面的推导过程。

根据微分的计算法则 $\mathrm{d}(uv) = v\mathrm{d}u + u\mathrm{d}v$,转用 $f(x)$、$g(x)$ 表达,即

$$\mathrm{d}(f(x)g(x)) = f(x)\mathrm{d}(g(x)) + g(x)\mathrm{d}(f(x))$$

等式左右两边移动多项式,可得

$$f(x)\mathrm{d}(g(x)) = \mathrm{d}(f(x)g(x)) - g(x)\mathrm{d}(f(x))$$

等式两边同时做不定积分运算,可得

$$\int f(x)\mathrm{d}(g(x)) = \int \mathrm{d}(f(x)g(x)) - \int g(x)\mathrm{d}(f(x))$$

$$\Rightarrow \int f(x)\mathrm{d}(g(x)) = f(x)g(x) - \int g(x)\mathrm{d}(f(x))$$

❀

　　学习点拨:上述公式看上去复杂,其实只要理解了,再加上有记忆口诀,我相信并不难。还有一点需要注意的是

$$\int f(x)\mathrm{d}(g(x))$$

如果把 $g(x)$ 放到被积函数中,那就是:

$$\int f(x)g'(x)\mathrm{d}x$$

请注意把握这一点内涵要义。

以下的场景可尝试使用分部积分法:

（1）被积函数是两个不同类型函数的乘积，如 $x\sin x$、$x\mathrm{e}^x$、$x\ln x$ 等。

（2）当通过多次求导可以使其中一部分函数变得简单，而另一部分函数的积分相对容易求解时。

（3）当被积函数无法通过常规的积分方法（如换元法）直接求出积分时，可以尝试使用分部积分法。

使用分部积分法的关键在于正确地选择 $f(x)$ 和 $\mathrm{d}(g(x))$。通常选择作为 $g'(x)$ 的顺序是"反、对、幂、指、三"，即反三角函数、对数函数、幂函数、指数函数、三角函数。

下面补充学习反三角函数的导数、不定积分计算公式，如表 5-2 所示。

表 5-2　反三角函数的导数和不定积分

序号	求 导 法 则	对应的积分公式	说　　明
1	$(\arcsin x)' = \dfrac{1}{\sqrt{1-x^2}}$	$\displaystyle\int \dfrac{1}{\sqrt{1-x^2}}\mathrm{d}x = \arcsin x + C$	
2	$(\arccos x)' = -\dfrac{1}{\sqrt{1-x^2}}$	$\displaystyle\int \left(-\dfrac{1}{\sqrt{1-x^2}}\right)\mathrm{d}x = \arccos x + C$	进一步推出公式：$\displaystyle\int \dfrac{1}{\sqrt{1-x^2}}\mathrm{d}x$ $= -\arccos x + C$ $= \arcsin x + C$
3	$(\arctan x)' = \dfrac{1}{1+x^2}$	$\displaystyle\int \dfrac{1}{1+x^2}\mathrm{d}x = \arctan x + C$	
4	$(\operatorname{arccot} x)' = -\dfrac{1}{1+x^2}$	$\displaystyle\int \left(-\dfrac{1}{1+x^2}\right)\mathrm{d}x = \operatorname{arccot} x + C$	进一步推出公式：$\displaystyle\int \dfrac{1}{1+x^2}\mathrm{d}x$ $= -\operatorname{arccot} x + C$ $= \arctan x + C$

再来看一些求不定积分的实例。我们先来做个简单的实例，再做些复杂的实例。

例 5-1：求 $\displaystyle\int x\mathrm{e}^x\,\mathrm{d}x$。

解：

$$\int x\,\mathrm{e}^x\,\mathrm{d}x = \int x\,\mathrm{d}(\mathrm{e}^x) = x\,\mathrm{e}^x - \int \mathrm{e}^x\,\mathrm{d}x = x\,\mathrm{e}^x - \mathrm{e}^x + C$$

例 5-2：求 $\int \arcsin x\,\mathrm{d}x$ 。

解：

$$\int \arcsin x\,\mathrm{d}x = x\arcsin x - \int x\,\mathrm{d}(\arcsin x) = x\arcsin x - \int \frac{x}{\sqrt{1-x^2}}\mathrm{d}x$$

令 $1-x^2 = t$ ，则

$$\mathrm{d}t = \mathrm{d}(1-x^2) = -2x\,\mathrm{d}x \Rightarrow x\,\mathrm{d}x = -\frac{1}{2}\mathrm{d}t$$

代入 $\int \frac{x}{\sqrt{1-x^2}}\mathrm{d}x$ ，可得

$$\int \frac{x}{\sqrt{1-x^2}}\mathrm{d}x = -\frac{1}{2}\int \frac{1}{\sqrt{t}}\mathrm{d}t = -\frac{1}{2}\int t^{-\frac{1}{2}}\mathrm{d}t = -\frac{1}{2}\times 2t^{\frac{1}{2}} + C = -t^{\frac{1}{2}}$$

$$= -\sqrt{1-x^2} + C$$

故可得

$$\int \arcsin x\,\mathrm{d}x = x\arcsin x - \int \frac{x}{\sqrt{1-x^2}}\mathrm{d}x = x\arcsin x + \sqrt{1-x^2} + C$$

例 5-3：计算 $\int x\arcsin x\,\mathrm{d}x$ 。

解：

直接运用分部积分法，可得

$$\int x\arcsin x\,\mathrm{d}x = \frac{1}{2}\int \arcsin x\,\mathrm{d}x^2 = \frac{1}{2}x^2\arcsin x - \frac{1}{2}\int x^2\,\mathrm{d}(\arcsin x)$$

$$= \frac{1}{2}x^2\arcsin x - \frac{1}{2}\int \frac{x^2}{\sqrt{1-x^2}}\mathrm{d}x$$

考虑到 $\sqrt{1-x^2}$ ，必有 $1-x^2>0$ ，即 $x^2<1$ 。可设 $x=\sin t$ ，则 $t=\arcsin x$ 。

进而可得

$$\sqrt{1-x^2}=\sqrt{1-\sin^2 t}=\cos t$$

$$\mathrm{d}x=\mathrm{d}(\sin t)=\cos t\,\mathrm{d}t$$

代入 $\int \dfrac{x^2}{\sqrt{1-x^2}}\mathrm{d}x$ 计算，可得

$$\int \frac{x^2}{\sqrt{1-x^2}}\mathrm{d}x=\int \frac{\sin^2 t}{\cos t}\cos t\,\mathrm{d}t=\int \sin^2 t\,\mathrm{d}t$$

三角函数中有公式 $\sin^2 t=\dfrac{1-\cos 2t}{2}$，可用于降低函数中多项式元素的幂次。可得

$$\int \frac{x^2}{\sqrt{1-x^2}}\mathrm{d}x=\int \sin^2 t\,\mathrm{d}t=\int \frac{1-\cos 2t}{2}\mathrm{d}t=\frac{1}{2}\int \mathrm{d}t-\frac{1}{2}\int \cos 2t\,\mathrm{d}t$$

$$=\frac{1}{2}t-\frac{1}{4}\int \cos 2t\,\mathrm{d}(2t)=\frac{1}{2}t-\frac{1}{8}\sin 2t+C$$

$$=\frac{1}{2}t-\frac{1}{4}\times 2\sin t\cos t+C=\frac{1}{2}\arcsin x-\frac{1}{2}x\sqrt{1-x^2}+C$$

进而，可得

$$\int x\arcsin x\,\mathrm{d}x=\frac{1}{2}x^2\arcsin x-\frac{1}{2}\int \frac{x^2}{\sqrt{1-x^2}}\mathrm{d}x$$

$$=\frac{1}{2}x^2\arcsin x-\frac{1}{4}\arcsin x+\frac{1}{4}x\sqrt{1-x^2}+C$$

5.2.3　学习一些简单的计算法则

加减法、数乘等不定积分中的一些简单计算法则，在前述计算中已经用到过。下面列出供学习：

$$\int(f(x)+g(x))\mathrm{d}x=\int f(x)\mathrm{d}x+\int g(x)\mathrm{d}x$$

$$\int(f(x)-g(x))\mathrm{d}x=\int f(x)\mathrm{d}x-\int g(x)\mathrm{d}x$$

$$\int af(x)\mathrm{d}x = a\int f(x)\mathrm{d}x$$

5.2.4 学会使用换元积分法

前面学习分部积分法时,已经用到过换元积分法。使用换元积分法要把握的关键在于换元后可以简化,要么换元后可以套用已有的不定积分公式,要么可以把不定积分变得相对简化一些。下面来一起做两个实例。

例 5-4:求不定积分

$$\int \frac{x}{\sqrt{x-3}}\mathrm{d}x$$

解:

从式子来看,分母比较复杂,于是干脆设 $t=\sqrt{x-3}$,则可得

$x = t^2 + 3 \Rightarrow \mathrm{d}x = 2t\,\mathrm{d}t$

$$\int \frac{x}{\sqrt{x-3}}\mathrm{d}x = \int \frac{t^2+3}{t}2t\,\mathrm{d}t = 2\int (t^2+3)\mathrm{d}t = 2\int t^2\mathrm{d}t + 6\int \mathrm{d}t$$

$$= \frac{2}{3}t^3 + 6t + C = \frac{2}{3}(x-3)^{\frac{3}{2}} + 6(x-3)^{\frac{1}{2}} + C$$

再来看一个稍显复杂一些的例子。

例 5-5:求不定积分

$$\int \frac{1}{\sqrt{x}+\sqrt[3]{x^2}}\mathrm{d}x$$

解:

该公式看上去处理起来比较棘手,关键是换元要换得巧妙。式子中既有平方根运算、又有立方根运算,为了去掉比较烦人的根号运算,可以设 $t=\sqrt[6]{x}$,则可得

$$x = t^6$$
$$\mathrm{d}x = \mathrm{d}t^6 = 6t^5\mathrm{d}t$$

故有

$$\int \frac{1}{\sqrt{x} + \sqrt[3]{x^2}} dx = \int \frac{6t^5}{t^3 + t^4} dt = 6\int \frac{t^2}{1+t} dt = 6\int \frac{1+t^2-1}{1+t} dt$$

$$= 6\int \frac{1}{1+t} dt + 6\int \frac{t^2-1}{1+t} dt$$

$$= 6\int \frac{1}{1+t} d(1+t) + 6\int \frac{(t+1)(t-1)}{1+t} dt$$

$$= 6\ln|1+t| + 6\int (t-1) dt$$

$$= 6\ln|1+t| + 6\int t\, dt - 6\int dt$$

$$= 6\ln|1+t| + 3t^2 - 6t + C$$

$$= 6\ln|1+x^{\frac{1}{6}}| + 3x^{\frac{1}{3}} - 6x^{\frac{1}{6}} + C$$

5.3 用不定积分解决实际问题

用不定积分可以解决很多实际问题,使用场景最多的情形还是由导函数反推出原函数,本节的"反推自由落体的距离计算公式""根据电流函数推导出电荷量函数"这两个例子都属于这种情形。此外,不定积分还可以用来根据曲线的函数来求曲线的长度函数。

5.3.1 反推自由落体的距离计算公式

现经过一系列的实验数据发现,自由落体运动物体的速度只和一个变量时间 t 有关,它们之间的关系是:

$$v = gt$$

距离对时间的导数为速度,故

$$\frac{dS}{dt} = v = gt \Rightarrow dS = gt\, dt \Rightarrow \int dS = \int gt\, dt \Rightarrow S = \frac{1}{2} g \int dt^2$$

$$\Rightarrow S = \frac{1}{2}gt^2 + C$$

公式中的 C 实际上可以理解为一个初始距离。如果去掉 C 项,公式就是:

$$S = \frac{1}{2}gt^2$$

5.3.2 用不定积分计算曲线的长度函数

假定已知 $f(x)$,有没有办法用导数、积分知识来得到计算曲线长度的公式呢?如图 5-5 所示。我们可以用三角形的斜边来近似代替曲线的小段圆弧。从微观的角度来看,根据三角形的勾股定理,有

$$(\mathrm{d}l)^2 = (\mathrm{d}x)^2 + (\mathrm{d}y)^2 \Rightarrow \mathrm{d}l = \sqrt{(\mathrm{d}x)^2 + (\mathrm{d}y)^2} \Rightarrow \mathrm{d}l = \sqrt{\frac{(\mathrm{d}x)^2}{(\mathrm{d}x)^2} + \frac{(\mathrm{d}y)^2}{(\mathrm{d}x)^2}}\,\mathrm{d}x$$

$$\Rightarrow \mathrm{d}l = \sqrt{1 + (f'(x))^2}\,\mathrm{d}x \Rightarrow \int \mathrm{d}l = \int \sqrt{1 + (f'(x))^2}\,\mathrm{d}x$$

$$\Rightarrow l = \int \sqrt{1 + (f'(x))^2}\,\mathrm{d}x$$

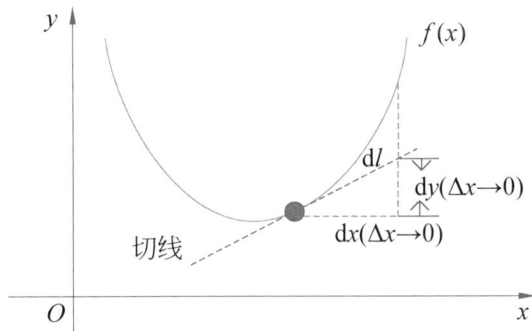

图 5-5 计算曲线的长度函数

例 5-6:求 $f(x) = x^{\frac{3}{2}}$ 的曲线长度表达式。

解:

由 $f(x)=x^{\frac{3}{2}}$ 可得

$$l=\int \sqrt{1+(f'(x))^2}\,\mathrm{d}x=\int \sqrt{1+\left(\frac{3}{2}x^{\frac{1}{2}}\right)^2}\,\mathrm{d}x=\int \sqrt{1+\frac{9}{4}x}\,\mathrm{d}x$$

令 $\sqrt{1+\dfrac{9}{4}x}=t$，则

$$\sqrt{1+\frac{9}{4}x}=t \Rightarrow x=\frac{4}{9}t^2-\frac{4}{9} \Rightarrow \mathrm{d}x=\frac{8}{9}t\,\mathrm{d}t$$

$$l=\int \sqrt{1+\frac{9}{4}x}\,\mathrm{d}x=\frac{8}{9}\int t^2\,\mathrm{d}t=\frac{8}{27}t^3+C=\frac{8}{27}\left(1+\frac{9}{4}x\right)^{\frac{3}{2}}+C$$

5.3.3　根据电流函数推导出电荷量函数

现已知电流随时间变化的函数 $i(t)=2t+1$，现要求电荷量函数。

根据电流的定义，通过某一截面的电荷量是 $q(t)$、电流是 $i(t)$ 的不定积分：

$$q(t)=\int i(t)\,\mathrm{d}t=\int (2t+1)\,\mathrm{d}t=t^2+t+C$$

5.4　小结

总结起来，不定积分要从"不定""微观""累加"这三点内涵要义来理解它的定义及应用，再来适当记忆和练习不定积分的计算方法就可以学得更为通透。

不定积分的计算方法主要就是三种——套公式、分部积分法、换元法，使用的顺序也通常按这个先后顺序。即套公式计算不出，就用分部积分法；分部积分法仍计算不出，就用换元法。公式要结合导数来适当记忆。分部积分法请回顾口诀"先凑后乘减"，以及"反、对、幂、指、三"。换元法可尝试使用分母整体换元、根号整体换元、根号内换元、三角函数关系换元等方法。

第6章 定积分

定积分的知识树如图 6-1 所示。

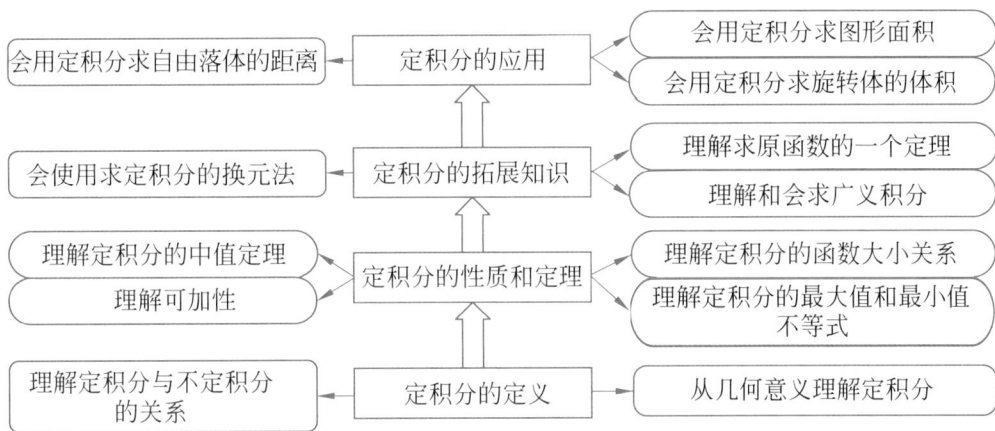

图 6-1　定积分的知识树

应用场景：计算水坝迎水面的压力

我国的三峡大坝威武雄壮,惊叹之余,想不想知道水坝设计中的一些微积分应用知识? 水坝的设计确实有不少讲究。通常,水坝的迎水面要陡一些,背水面要缓一些。原因有三:其一,水坝的切面就像是一个梯形,这样底座更稳。其二,水坝被设计成斜坡。因为水的压力垂直于坝面,可引导压力斜向产生作用,所以迎水面的斜向设计可以减少一些水平面的压力。其三,背水面设计成更缓的斜坡。有利于稳固坝基,与周围地势地形结合更好,且更方便检修人员在背面作业。

工程上经常需要计算迎水面的压力,以便选择坝体的材料、设计水坝警戒的水位等。那怎么计算迎水面的压力呢?

如图 6-2 所示。设迎水面与水面的夹角为 θ,迎水面与垂直线的夹角为 α。则有

$$\sin\theta = \cos\left(\frac{\pi}{2} - \theta\right)$$

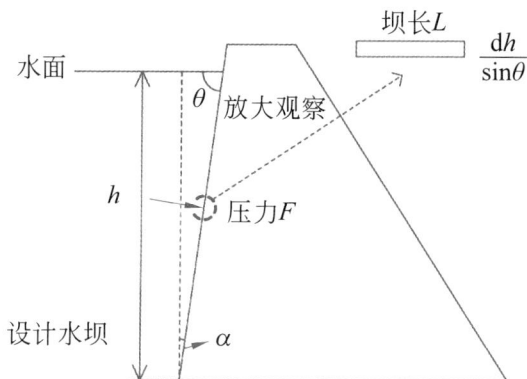

图 6-2　水坝的设计思路

因为在不同的高度时,水的压强不同,导致压力也会不同,所以考虑以 h

作为微分。则迎水面斜坡长 m 的微分为

$$\mathrm{d}m = \frac{\mathrm{d}h}{\cos\alpha} = \frac{\mathrm{d}h}{\cos\left(\frac{\pi}{2} - \theta\right)} = \frac{\mathrm{d}h}{\sin\theta}$$

迎水面的宽 L 是固定的值。从微观视角来看，迎水面的面积微分是

$$\mathrm{d}S = L \cdot \mathrm{d}m = L\,\frac{\mathrm{d}h}{\sin\theta}$$

从物理学的力学知识可知，压强与面积的乘积为压力。可得

$$\mathrm{d}F = \rho g h \cdot \mathrm{d}S = \frac{\rho g L}{\sin\theta} h\,\mathrm{d}h$$

式中，ρ 为水的密度，g 为重力常数。再做不定积分，可求得压力 F 的通用表达式：

$$F = \int \mathrm{d}F = \int \frac{\rho g L}{\sin\theta} h\,\mathrm{d}h = \frac{\rho g L}{2\sin\theta} h^2 + C$$

如果要计算水深 $h\,\mathrm{m}$ 时的大坝压力就要用到定积分知识了。实质上就是用上述的不定积分式子做某高度区间条件下的定积分计算。

◎以下计算过程阅读如有困难，可选读。可以在学习过后续知识后再回头阅读。

先给出定积分计算的结果，本章后续还会讲解定积分具体是怎么计算的。假定要计算水深 $a \sim b\,\mathrm{m}$ 迎水面的压力，则

$$F = \frac{\rho g L}{\sin\theta} \int_a^b h\,\mathrm{d}h = \frac{\rho g L}{2\sin\theta} h^2 \bigg|_a^b = \frac{\rho g L}{2\sin\theta}(b^2 - a^2)$$

例如，水的密度为 $\rho = 1000\mathrm{kg/m^3}$，常数 $g = 9.8\mathrm{m/s^2}$，水坝长 $L = 100\mathrm{m}$，水深 $h = 10\mathrm{m}$，夹角 $\theta = \dfrac{\pi}{3}$。则水对水坝的压力为

$$F = \frac{1000 \times 9.8 \times 100}{2\sin\dfrac{\pi}{3}} \times 10^2 \approx 572\ 453.33\mathrm{N}$$

分解到水平方向的压力为

$$F_x = F\sin\theta = 572\,453.33\sin\frac{\pi}{3} = 490\,000\text{N}$$

◎选读内容结束。

不定积分在许多领域还有重要的应用。

（1）定积分是后续学习多重积分的基础。对积分区域求多重积分时，需要做多次定积分计算。

（2）定积分在工程实践、科学计算中都有广泛运用。定积分在几何上可用于求曲面的面积、旋转体的体积。在物理学领域，定积分可用于求变力所做的功，求液体对其中挡板的压力（如前述的水坝压力计算示例）。

（3）定积分在不定积分的基础上为各种应用计算出具体的值。不定积分计算出来的是函数，有了定积分就可以在求不定积分的基础上进一步求出具体的值。例如，用不定积分在已知加速度函数时可求速度函数，有了定积分就可以计算出某个时间段里速度共计增加了多少。

问题先导：计算定积分有什么诀窍

（1）学生问：老师，从前述水坝压力计算的示例来看，迎水面越缓，θ 角越小（不超过 90°），$\sin\theta$ 也越小，则计算出来的压力就会越大，是这样吗？

简要回答：确实是这样的。所以，迎水面不宜太缓。

（2）学生问：老师，学会计算定积分有什么诀窍吗？

简要回答：有的。我认为有三点需要把握。一是要打好不定积分的基础。否则计算不出不定积分函数，也就无法计算定积分。二是要掌握和熟练运用牛顿-莱布尼茨公式。三是带着几何意义来理解和计算应用。

（3）学生问：老师，既然定积分有这么多应用，我们可以反向推导出一些与导数互逆的计算公式。能否讲解一个例子？

简要回答：好的。本章后续提供了用定积分求自由落体运动下降距离的例子。

6.1　以不定积分为基础理解定积分

定积分与不定积分从名称上来看只有一字之差,从定义上来理解确实也具有相通性。下面就来讲一讲。

6.1.1　一字之差道出本质

从这一字之差来理解,定积分就是把不定积分"定下来"。怎么个定法?这并不是说把不定积分结果函数的 C 确定为一个值,而是说定积分有一个确定的定义域区间。根据这个定义域区间,可以利用不定积分的计算结果函数,将定积分计算为一个确切的数值作为结果。

定积分的记法如下所示:

$$\int_a^b f(x)\mathrm{d}x = (F(x)+C)\Big|_a^b = F(x)\Big|_a^b = F(b)-F(a)$$

其中, $a<b$, $F(x)$ 是 $f(x)$ 的原函数, $f(x)$ 在 $[a,b]$ 上连续。这就是著名的牛顿-莱布尼茨公式,该名称的由来就是为了纪念这两位为微积分做出突出贡献的数学家。积分符号的下标 a 和上标 b 表示的是定义域 $[a,b]$ 。对于定积分来说,使用 $F(x)+C$ 或 $F(x)$ 是同样的计算结果,因为

$$(F(b)+C)-(F(a)+C)=F(b)-F(a)$$

下面计算一个实例加深理解。

例 6-1:计算 $\int_1^3 x^2\mathrm{d}x$ 。

解:

$$\int_1^3 x^2\mathrm{d}x = \frac{1}{3}x^3\Big|_1^3 = \frac{1}{3}\times 3^3 - \frac{1}{3}\times 1^3 = 9 - \frac{1}{3} = 8\frac{2}{3}$$

可见,计算的方法就是:先求不定积分,再用定义域的上下限代入原函数进行计算,以两者之差作为定积分的结果。

6.1.2　从几何意义上理解定积分

会算定积分,不等于理解定积分。要理解透彻定积分,还得从几何意义上来分析。

如图 6-3 所示,$f(x)\mathrm{d}x$ 就是一个宽为 $\mathrm{d}x$、高为 $f(x)$ 的小矩形的面积。在定义域 $[a,b]$,无限个这样的小矩形面积累加,结果就是 $y=f(x)$、$x=a$、$x=b$ 三者围成的曲边梯形的面积。

$$S = \lim_{n \to \infty} \sum_{i=0}^{n} f(x_i) \Delta x_i \bigg|_a^b = \sum_{i=0}^{\infty} f(x_i)\mathrm{d}x \bigg|_a^b = \int_a^b f(x)\mathrm{d}x$$

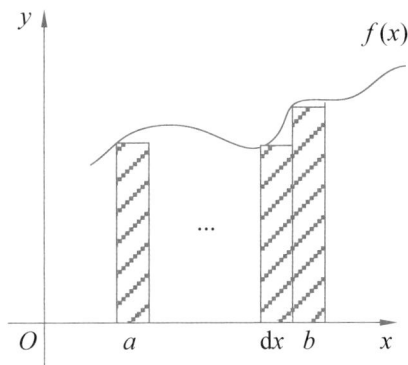

图 6-3　定积分的几何意义

答疑解惑

学生问:老师,图 6-3 中,总觉得每个小矩形上面还有一小块面积没算进总面积,是否不妥?

老师答:为你的观察力和主动思考问题点赞。没有什么不妥。首先,从微观的观点来看,没算进去的小块面积与矩形面积相比是更为高阶的无穷小,这在第 4 章的开篇就讲解过。其次,从累加的观点来看,由于 $\mathrm{d}x$ 非常微小,曲边梯形被划分成了无穷个矩形。因此,曲边梯形的面积就是定积分的计算结果。

学生问：老师，结合图 5-4 和图 6-3 来看，图 5-4 是一个斜边为曲线的三角形，两者围成的图形似乎不同，计算方法相同吗？

老师答：计算方法相同。图 5-4 只是图形正好特殊一点而已，$f(x)$ 的图形经过原点。如果要计算图 5-4 所示函数的定积分 $\int_a^b f(x)\mathrm{d}x$，同样可以使用上述讲解的定积分计算方法。

6.1.3　注意区分计算面积和计算定积分

需要注意的是，定积分计算出来的结果可能是负值。面积计算出来不可能有负值。因此，需要我们根据被积函数的图形进行判断。有人说，还需要看图形才能计算吗？这多麻烦。想象一下，如果连图形都不清楚就求面积，这未免分析和求解过于草率了吧？如果图形有一部分在 x 轴上方，有一部分在 x 轴下方，我们要是对图形不做分析判断，那在直接求解定积分时，部分面积值的正负部分可能会抵消掉，导致计算结果错误。

例 6-2：在定义域 $[-2,4]$，求函数 $f(x)=x^2-4$ 与 x 轴、$x=-2$、$x=4$ 围成的图形的面积。

解：

如图 6-4 所示，可见有一部分图形位于 x 轴上方，有一部分图形位于 x 轴下方。如果直接用定积分求解：

$$\int_{-2}^4 (x^2-4)\mathrm{d}x = \left(\frac{1}{3}x^3-4x\right)\Bigg|_{-2}^4 = \frac{64}{3}-16+\frac{8}{3}-8 = \frac{72}{3}-24 = 0$$

面积变成了 0？显然，定积分的计算并没有错，但 x 轴上方的面积和 x 轴下方的面积正好相互抵消，所以计算结果为 0。那该怎么计算面积呢？应该分成 x 轴上方和 x 轴下方两个部分来计算面积，即

$$\left|\int_2^4 (x^2-4)\mathrm{d}x\right| + \left|\int_{-2}^2 (x^2-4)\mathrm{d}x\right| = \left|\left(\frac{1}{3}x^3-4x\right)\Bigg|_2^4\right| + \left|\left(\frac{1}{3}x^3-4x\right)\Bigg|_{-2}^2\right|$$

$$= \left| \frac{64}{3} - 16 - \frac{8}{3} + 8 \right| + \left| \frac{8}{3} - 8 + \frac{8}{3} - 8 \right| = \frac{32}{3} + \frac{32}{3} = \frac{64}{3}$$

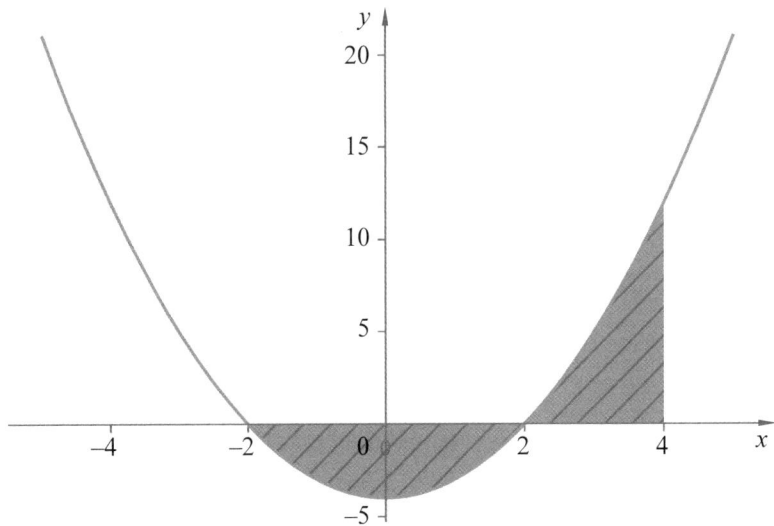

图 6-4　函数 $f(x) = x^2 - 4$ 与 x 轴、$x = -2$、$x = 4$ 围成的图形

答疑解惑

学生问：老师，为什么 $\int_{-2}^{2} (x^2 - 4)\mathrm{d}x$ 计算出来会是一个负值呢？说好的计算出来不是一个面积吗？面积哪里有负值的。

老师答：初学时确实有不少人会有这种困惑。来看定义中 $\lim\limits_{n \to \infty} \sum\limits_{i=0}^{n} f(x_i)\Delta x \Big|_a^b$ 这个式子。显然从图形来看，在区间 $(-2, 2)$ 中，$f(x_i)$ 的值为负数，故 $f(x_i)\Delta x$ 也会是负数，再做累加结果自然还是负数。要求这部分图形的面积，将定积分计算的结果取绝对值即可，即 $\left| \int_{-2}^{2} (x^2 - 4)\mathrm{d}x \right|$。也可以将被积函数取绝对值，即 $\int_{-2}^{2} |x^2 - 4| \, \mathrm{d}x$。

6.2 定积分的基本性质和一个定理

求不定积分最简单的做法就是先求出不定积分,再用 $F(b)-F(a)$ 来计算出结果。因此,下面主要讲述求定积分与求不定积分不一样的地方。

6.2.1 理解定积分的可加性

如果 $f(x)$ 在 $[a,b]$ 上连续,把 $[a,b]$ 分成 $[a,c]$、$[c,b]$ 两段,则

$$\int_a^b f(x)\mathrm{d}x = \int_a^c f(x)\mathrm{d}x + \int_c^b f(x)\mathrm{d}x$$

这个公式应该很好理解,就好比把一块面积切分成两块面积,这两块面积之和仍和原来的一块面积相等。

6.2.2 上下限变反导致定积分结果符号也变反

如果 $f(x)$ 在 $[a,b]$ 上连续,则

$$\int_a^b f(x)\mathrm{d}x = -\int_b^a f(x)\mathrm{d}x$$

从定积分的本质上来理解,$\lim\limits_{n\to\infty}\sum\limits_{i=0}^{n} f(x_i)\Delta x_i \Big|_a^b$ 变成了 $\lim\limits_{n\to\infty}\sum\limits_{i=0}^{n} f(x_i)\Delta x_i \Big|_b^a$,由于每个 $f(x_i)\Delta x_i$ 中的 $f(x_i)$ 不变,但 Δx_i 变了符号(由正变负或由负变正),故定积分结果的符号也变反了(结果为 0 时,虽符号不变,但仍适用上述公式)。

6.2.3 两函数的大小关系在定积分后仍然相同

如果 $f(x)$ 和 $g(x)$ 在 $[a,b]$ 上总满足条件 $f(x)\leqslant g(x)$,则有

$$\int_a^b f(x)\mathrm{d}x \leqslant \int_a^b g(x)\mathrm{d}x$$

从定积分的本质上来理解，$\lim\limits_{n\to\infty}\sum\limits_{i=0}^{n}(f(x_i)\Delta x_i)\Big|_a^b$ 和 $\lim\limits_{n\to\infty}\sum\limits_{i=0}^{n}(g(x_i)\Delta x_i)\Big|_a^b$，两者的 Δx_i 相同，且每个 $f(x_i)\leqslant g(x_i)$，自然累加的结果也会有

$$\lim_{n\to\infty}\sum_{i=0}^{n}(f(x_i)\Delta x)\Big|_a^b\leqslant\lim_{n\to\infty}\sum_{i=0}^{n}(g(x_i)\Delta x)\Big|_a^b$$

同理，如果 $f(x)$ 和 $g(x)$ 在 $[a,b]$ 上总满足条件 $f(x)\geqslant g(x)$，则有

$$\int_a^b f(x)\mathrm{d}x\geqslant\int_a^b g(x)\mathrm{d}x$$

6.2.4 理解关于最大值与最小值的不等式性质

如果 $f(x)$ 在 $[a,b]$ 上的最大值为 M、最小值为 m，则

$$m(b-a)\leqslant\int_a^b f(x)\mathrm{d}x\leqslant M(b-a)$$

结合图 6-5，考虑 $\lim\limits_{n\to\infty}\sum\limits_{i=0}^{n}(f(x_i)\Delta x_i)\Big|_a^b$，显然 $\lim\limits_{n\to\infty}\sum\limits_{i=0}^{n}\Delta x_i=b-a$，故有

上述不等式。从图 6-5 来看，$\lim\limits_{n\to\infty}\sum\limits_{i=0}^{n}(f(x_i)\Delta x_i)\Big|_a^b$ 求得的曲边梯形面积肯定比以 $b-a$ 为长、以 m 为高的矩形面积要大；也肯定比以 $b-a$ 为长、以 M 为高的矩形面积要小。

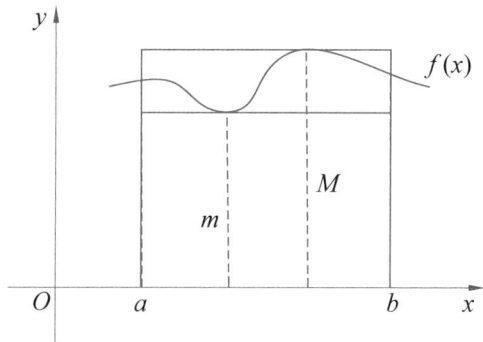

图 6-5 关于最大值与最小值的不等式性质

答疑解惑

学生问：老师，如果 $f(x)$ 有一部分在 x 轴下方，那这个不等式还成立吗？

老师答：成立。此时，$\int_a^b f(x)\mathrm{d}x \leqslant M(b-a)$ 显然成立，这个应该好理解。

m 自然也会是负数，算出来的 $m(b-a)$ 会更小，所以 $m(b-a) \leqslant \int_a^b f(x)\mathrm{d}x$ 也成立。

第6章

定积分

6.2.5 理解定积分的中值定理

如果 $f(x)$ 在 $[a,b]$ 上连续，则在区间 $[a,b]$ 必然存在一点 ξ：

$$\int_a^b f(x)\mathrm{d}x = f(\xi)(b-a)$$

实际上根据 6.2.4 节中"关于最大值与最小值的不等式性质"的讨论，结合图 6-5 来观察，曲边梯形的面积必然位于 $m(b-a)$ 和 $M(b-a)$ 之间，将不等式同时除以 $b-a$，可得

$$m \leqslant \frac{1}{b-a}\int_a^b f(x)\mathrm{d}x \leqslant M$$

可见，在区间 $[a,b]$ 必然存在一点 ξ 使

$$f(\xi) = \frac{1}{b-a}\int_a^b f(x)\mathrm{d}x$$

$\dfrac{1}{b-a}\int_a^b f(x)\mathrm{d}x$ 也称为 $f(x)$ 在区间 $[a,b]$ 的平均值。

6.2.6 做计算练习加深理解

例 6-3：求 $\int_1^5 x^2 \mathrm{d}x$。

解：

$$\int_1^5 x^2 \mathrm{d}x = \frac{1}{3}x^3 \bigg|_1^5 = \frac{1}{3}(125-1) = \frac{124}{3}$$

例 6-4：求 $\int_1^5 |3-x| \mathrm{d}x$。

解：

$|3-x|$ 中由于存在绝对值符号，可先变成分段函数：

$$|3-x| = \begin{cases} 3-x, & x \leqslant 3 \\ x-3, & x > 3 \end{cases}$$

由定积分的可加性，可得

$$\int_1^5 |3-x| \mathrm{d}x = \int_1^3 (3-x)\mathrm{d}x + \int_3^5 (x-3)\mathrm{d}x$$

$$= 3\int_1^3 \mathrm{d}x - \int_1^3 x\,\mathrm{d}x + \int_3^5 x\,\mathrm{d}x - 3\int_3^5 \mathrm{d}x$$

$$= 3x \bigg|_1^3 - \frac{1}{2}x^2 \bigg|_1^3 + \frac{1}{2}x^2 \bigg|_3^5 - 3x \bigg|_3^5 = 6-4+8-6 = 4$$

6.3 定积分的一些拓展知识

接下来要学习的定理和换元法都是用来计算定积分的基础和方法，并且还将学习广义积分。

6.3.1 理解求原函数的一个定理

理解了上节所述 5 个定积分的性质，结合已经打下的不定积分知识基础，再来理解定积分接下来的这个定理就会容易得多。

如果 $f(x)$ 在 $[a,b]$ 上连续，则

$$F(x) = \int_a^x f(t)\mathrm{d}t$$

为 $f(x)$ 的原函数,其中 $a \leqslant x \leqslant b$。

看上去很多人可能一下还没理解这个上限为何是 x。这表明上限不是一个固定的值,而是一个在区间 $[a,b]$ 的变量,表明 $\int_a^x f(t)\mathrm{d}t$ 是一个函数。下面来证明这个定理。

答疑解惑

学生问:$\int_a^x f(t)\mathrm{d}t$ 怎么又出现一个变量 t 了?一直不都是在使用变量 x 吗?如果是这样,应该写成 $\int_a^x f(x)\mathrm{d}x$ 才对啊!

老师答:$\int_a^x f(t)\mathrm{d}t$ 和 $\int_a^x f(x)\mathrm{d}x$ 并不相同。$\int_a^x f(t)\mathrm{d}t$ 中的 x 是积分上限的变量,通常在求出用 t 表达的不定积分函数后,再将上限代入其中进行计算。而 $\int_a^x f(x)\mathrm{d}x$ 的写法存在问题,因为积分变量不能与积分上限或下限的变量名相同,否则就混淆不清。

◎ 以下证明过程阅读如有困难,可选读。

要证明 $F(x) = \int_a^x f(t)\mathrm{d}t$ 是 $f(x)$ 的原函数,其实就是要证明:

$$F'(x) = \left(\int_a^x f(t)\mathrm{d}t \right)' = f(x)$$

给一个增量 Δx,则

$$F(x + \Delta x) = \int_a^{x+\Delta x} f(t)\mathrm{d}t = \int_a^x f(t)\mathrm{d}t + \int_x^{x+\Delta x} f(t)\mathrm{d}t$$

$$= F(x) + \int_x^{x+\Delta x} f(t)\mathrm{d}t$$

$$\Delta F = F(x + \Delta x) - F(x) = \int_x^{x+\Delta x} f(t)\mathrm{d}t$$

由上一节中讲解的定积分中值定理,可知在 $[x,x+\Delta x]$ 之间必存在一点 ξ 使

$$f(\xi)((x+\Delta x)-x)=f(\xi)\Delta x=\int_x^{x+\Delta x}f(t)\mathrm{d}t=\Delta F$$

可得

$$f(\xi)\Delta x=\Delta F\Rightarrow\frac{\Delta F}{\Delta x}=f(\xi)$$

由于 $\Delta x\to 0$,故 $\xi\to x$,可得

$$\lim_{\Delta x\to 0}\frac{\Delta F}{\Delta x}=\lim_{\xi\to x}f(\xi)=f(x)=F'(x)$$

由此,得证。

6.3.2　学会使用换元法求定积分

定积分的换元法有两种做法,第一种做法是先用不定积分求出函数的通用表达式,再用牛顿-莱布尼茨公式求出定积分。第二种方法是直接换元,但要注意同步也要相应改变定积分的上限和下限。这说起来倒也不难。我们没有必要去记忆换元法的那一堆公式,不如根据前述理解,直接上手来做练习。

例 6-5:求 $\int_0^4\dfrac{1}{1+\sqrt{x}}\mathrm{d}x$。

解:

令 $t=\sqrt{x}$,则 $x=t^2\Rightarrow\mathrm{d}x=2t\,\mathrm{d}t$,可得

$$\int\frac{1}{1+\sqrt{x}}\mathrm{d}x=\int\frac{1}{1+t}2t\,\mathrm{d}t=\int\frac{2(1+t)-2}{1+t}\mathrm{d}t$$

$$=2\int\mathrm{d}t-2\int\frac{1}{1+t}\mathrm{d}t=2\int\mathrm{d}t-2\int\frac{1}{1+t}\mathrm{d}(1+t)$$

当 x 的定义域为 $[0,4]$ 时,对应的 t 的定义域为 $[0,2]$,故有

$$\int_0^4 \frac{1}{1+\sqrt{x}}\mathrm{d}x = 2\int_0^2 \mathrm{d}t - 2\int_0^2 \frac{1}{1+t}\mathrm{d}(1+t) = (2t - 2\ln(1+t))\big|_0^2$$

$$= 4 - 2\ln3 - 2\ln1 = 4 - 2\ln3$$

6.3.3　理解广义积分

　　定积分的定义域有上界和下界,如果其中有一个为∞,则表明是无限区间;如果被积函数值存在∞的情况,表明为无界函数。这两种情况下的定积分统称为广义积分。

　　广义积分能求得结果? 也就是说广义积分所代表的图形面积可以求得为一个数值? 有可能。接下来就先看看如何标记,再来看计算实例。

　　如果 $f(x)$ 在 $[a,+\infty)$ 上连续,则广义积分记为

$$\int_a^{+\infty} f(x)\mathrm{d}x = \lim_{b\to+\infty}\int_a^b f(x)\mathrm{d}x$$

　　如果该广义积分可计算出值,称该广义积分存在或收敛,否则称该广义积分不存在或发散。类似地,关于无限区间的广义积分还有

$$\int_{-\infty}^b f(x)\mathrm{d}x = \lim_{a\to-\infty}\int_a^b f(x)\mathrm{d}x$$

$$\int_{-\infty}^{+\infty} f(x)\mathrm{d}x = \int_c^{+\infty} f(x)\mathrm{d}x + \int_{-\infty}^c f(x)\mathrm{d}x$$

　　如果 $f(x)$ 在 $(a,b]$ 上连续,当 $x\to a^+$ 时, $f(x)\to\infty$,则广义积分记为

$$\int_a^b f(x)\mathrm{d}x = \lim_{\varepsilon\to0}\int_{a+\varepsilon}^b f(x)\mathrm{d}x\,(\varepsilon>0)$$

　　如果该广义积分可计算出值,称该广义积分存在或收敛,否则称该广义积分不存在或发散。类似地,关于无界函数的广义积分还有

$$\int_a^b f(x)\mathrm{d}x = \lim_{\varepsilon\to0}\int_a^{b-\varepsilon} f(x)\mathrm{d}x\,(\varepsilon>0)$$

$$\int_a^b f(x)\mathrm{d}x = \lim_{\varepsilon_1\to0}\int_a^{c-\varepsilon_1} f(x)\mathrm{d}x + \lim_{\varepsilon_2\to0}\int_{c-\varepsilon_2}^b f(x)\mathrm{d}x\,(\varepsilon_1>0,\varepsilon_2>0)$$

例 **6-6**：求 $\displaystyle\int_0^{+\infty} x\,\mathrm{e}^{-x}\,\mathrm{d}x$。

解：

该公式对应的图形如图 6-6 所示。显然，随着 x 向 $+\infty$ 变化，$x\,\mathrm{e}^{-x}$ 越来接趋近于 0。根据广义积分定义，可知

$$\int_0^{+\infty} x\,\mathrm{e}^{-x}\,\mathrm{d}x = \lim_{b\to+\infty}\int_0^b x\,\mathrm{e}^{-x}\,\mathrm{d}x$$

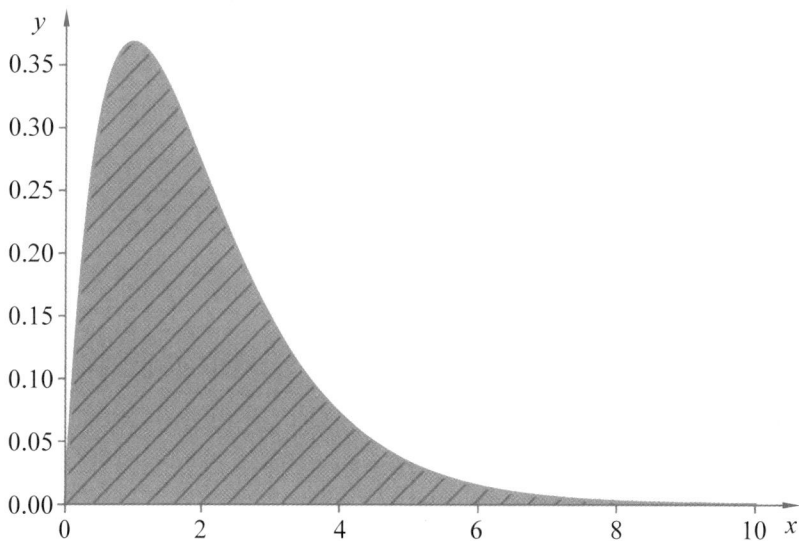

图 **6-6** $\displaystyle\int_0^{+\infty} x\,\mathrm{e}^{-x}\,\mathrm{d}x$ 的图形

先计算不定积分：

$$\int x\,\mathrm{e}^{-x}\,\mathrm{d}x = -\int x\,\mathrm{d}(\mathrm{e}^{-x}) = -x\,\mathrm{e}^{-x} + \int \mathrm{e}^{-x}\,\mathrm{d}x = -x\,\mathrm{e}^{-x} - \mathrm{e}^{-x} + C$$

再计算广义积分：

$$\int_0^{+\infty} x\,\mathrm{e}^{-x}\,\mathrm{d}x = \lim_{b\to+\infty}\int_0^b x\,\mathrm{e}^{-x}\,\mathrm{d}x = \lim_{b\to+\infty}\left(-x\,\mathrm{e}^{-x} - \mathrm{e}^{-x}\right)\Big|_0^b$$

$$= \lim_{b\to+\infty}\left((-b\,\mathrm{e}^{-b} - \mathrm{e}^{-b}) - (-0\times\mathrm{e}^{-0} - \mathrm{e}^{-0})\right) = 1$$

例 **6-7**：求 $\displaystyle\int_0^1 \ln x\,\mathrm{d}x$。

解：

该公式对应的图形如图 6-7 所示。显然，当 $x \to 0^+$ 时，$f(x) \to -\infty$。根据广义积分的定义,可知：

$$\int_0^1 \ln x \, \mathrm{d}x = \lim_{\varepsilon \to 0} \int_{0+\varepsilon}^1 \ln x \, \mathrm{d}x$$

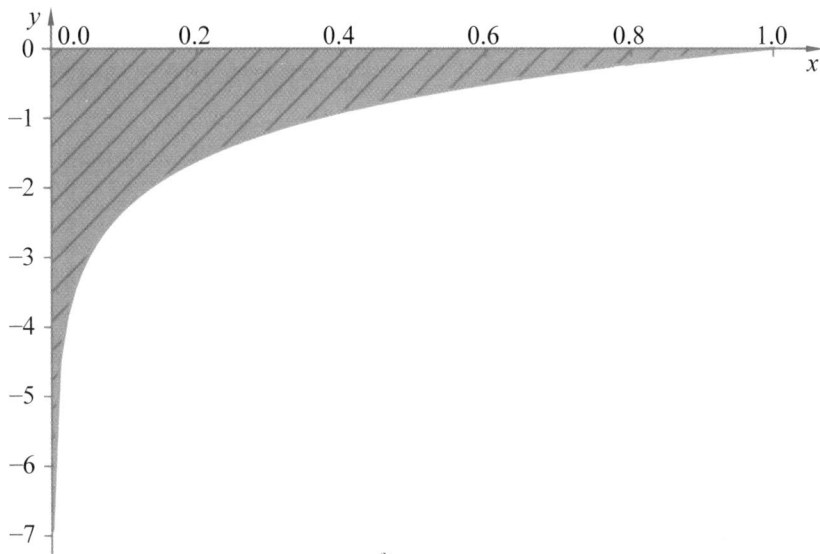

图 6-7　$\int_0^1 \ln x \, \mathrm{d}x$ 的图形

先计算不定积分：

$$\int \ln x \, \mathrm{d}x = x\ln x - \int x \, \mathrm{d}(\ln x) = x\ln x - \int \mathrm{d}x = x\ln x - x + C$$

再计算广义积分：

$$\int_0^1 \ln x \, \mathrm{d}x = \lim_{\varepsilon \to 0} \int_{0+\varepsilon}^1 \ln x \, \mathrm{d}x = \lim_{\varepsilon \to 0} (x\ln x - x)\big|_{0+\varepsilon}^1$$

$$= 1 \times \ln 1 - 1 - \lim_{\varepsilon \to 0}((0+\varepsilon)\ln(0+\varepsilon) - (0+\varepsilon))$$

$$= -1 - \lim_{\varepsilon \to 0}(\varepsilon\ln\varepsilon - \varepsilon) = -1 - \lim_{\varepsilon \to 0}(\varepsilon\ln\varepsilon) = -1 - \lim_{\varepsilon \to 0}\frac{\ln\varepsilon}{\dfrac{1}{\varepsilon}}$$

$$= -1 - \lim_{\varepsilon \to 0} \frac{\dfrac{1}{\varepsilon}}{-\dfrac{1}{\varepsilon^2}} (运用洛必达法则)$$

$$= -1 + \lim_{\varepsilon \to 0} \varepsilon = -1 + 0 = -1$$

6.4 用定积分解决实际问题

本节我们学习用定积分来解决 3 个实际问题,分别是计算图形的面积、计算旋转体的体积和求自由落体运动的下降距离。

6.4.1 用定积分计算图形的面积

早在讲定积分的定义时,我们就用几何意义理解过定积分,并做过一些面积计算的练习。某些函数的部分图形可能出现在 x 轴下方,在 x 轴下方的图形面积值计算出来会是负值,就会对冲掉部分面积,导致计算结果不对。因此,要准确地计算面积,应该使用以下公式:

$$S = \int_a^b \mid f(x) \mid \mathrm{d}x$$

如果是两条函数($f(x)$ 和 $g(x)$)曲线所夹的图形面积,则

$$S = \int_a^b \mid f(x) - g(x) \mid \mathrm{d}x$$

例 6-8:求 $y^2 = 2x$ 与 $y = x - 4$ 所围成的图形的面积。

解:

该图形如图 6-8 所示。用这两个等式建立一个联立方程组,可解得交点为 $[2, -2]$、$[8, 4]$。我们主要用两种方法计算面积。

第一种方法:将该图形看成两个部分。第一个部分的被积函数为 $\sqrt{2x} - (-\sqrt{2x})$,定义域为 $[0, 2]$,表示在这个定义域由 $y = \sqrt{2x}$、$y = -\sqrt{2x}$、$x = 2$、

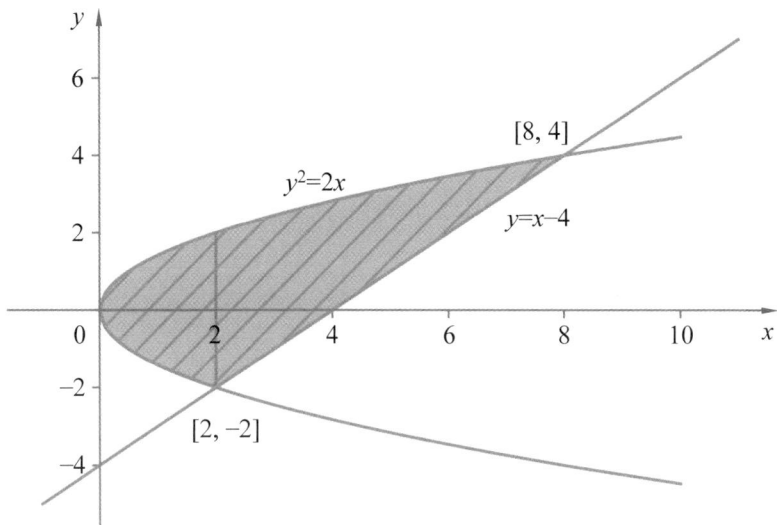

图 6-8　$y^2=2x$ 与 $y=x-4$ 所围成的图形

$x=0$ 围成的图形面积;第二个部分的被积函数为 $\sqrt{2x}-(x-4)$,定义域为 $[2,8]$,表示在这个定义域由 $y=\sqrt{2x}$、$y=x-4$、$x=2$、$x=8$ 围成的图形面积。

❋ 学习点拨:两个函数夹成图形时,无论是在定义域的哪一点,处于图形上方的函数值总是大于或等于图形下方的函数值,形成被积函数时,绝对值可以去掉,因为两者相减的值总是大于或等于 0。例如,在区间 $[0,2]$,$y=\sqrt{2x}$ 的图形总是位于 $y=-\sqrt{2x}$ 的图形上方,故形成的被积函数为 $\sqrt{2x}-(-\sqrt{2x})$。

$$S=\int_0^2 2\sqrt{2x}\,\mathrm{d}x+\int_2^8(\sqrt{2x}-x+4)\,\mathrm{d}x$$

先求出不定积分:

$$\int 2\sqrt{2x}\,\mathrm{d}x=\int\sqrt{2x}\,\mathrm{d}(2x)=\frac{2}{3}(2x)^{\frac{3}{2}}+C=\frac{4}{3}\sqrt{2}\,x^{\frac{3}{2}}+C$$

$$\int (\sqrt{2x} - x + 4)\mathrm{d}x = \frac{1}{2}\int \sqrt{2x}\,\mathrm{d}(2x) - \int x\,\mathrm{d}x + 4\int \mathrm{d}x$$

$$= \frac{1}{3}(2x)^{\frac{3}{2}} - \frac{1}{2}x^2 + 4x + C$$

$$= \frac{2}{3}\sqrt{2}\,x^{\frac{3}{2}} - \frac{1}{2}x^2 + 4x + C$$

进一步求出定积分：

$$S = \int_0^2 2\sqrt{2x}\,\mathrm{d}x + \int_2^8 (\sqrt{2x} - x + 4)\mathrm{d}x$$

$$= \frac{4}{3}\sqrt{2}\,x^{\frac{3}{2}}\,\Big|_0^2 + \left(\frac{2}{3}\sqrt{2}\,x^{\frac{3}{2}} - \frac{1}{2}x^2 + 4x\right)\Big|_2^8$$

$$= \frac{16}{3} + \frac{64}{3} - 32 + 32 - \frac{8}{3} + 2 - 8 = 18$$

第二种方法：将该图形看成一个部分。把图形左转 $90°$ 来观察，可以发现要求面积的图形是在 y 的区间 $[-2,4]$，由 $x = y + 4$、$x = \frac{1}{2}y^2$、$y = -2$、$y = 4$ 围成的。

$$S = \int_{-2}^4 \left(y + 4 - \frac{1}{2}y^2\right)\mathrm{d}y = \left(\frac{1}{2}y^2 + 4y - \frac{1}{6}y^3\right)\Big|_{-2}^4$$

$$= 8 + 16 - \frac{32}{3} - 2 + 8 - \frac{4}{3} = 18$$

可见，两种方法异曲同工，但明显第二种方法要简单得多。

6.4.2 用定积分计算旋转体的体积

如图 6-9 所示，在定义域 $[a, b]$，如何求 $f(x)$ 围绕 x 轴旋转形成的旋转体的体积呢？

首先，$f(x)$ 上的一个点 x_i 围绕 x 轴旋转会形成一个圆，这个圆的面积为

$$S = \pi f^2(x_i)$$

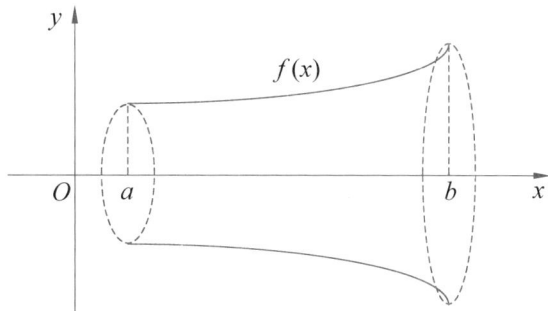

图 6-9 $f(x)$ 围绕 x 轴旋转形成的旋转体

底面积与高的乘积可得到体积。因此,如果在 x 轴上变化 $\mathrm{d}x$,则这个小旋转体的体积就会近似于

$$V_i = S\,\mathrm{d}x = \pi f^2(x_i)\,\mathrm{d}x$$

再做累加,即可得到整个旋转体的体积:

$$V = \lim_{n\to\infty}\sum_{i=1}^{n}(S_i\,\mathrm{d}x) = \lim_{n\to\infty}\sum_{i=1}^{n}(\pi f^2(x_i)\,\mathrm{d}x) = \int_a^b \pi f^2(x)\,\mathrm{d}x, \quad \mathrm{d}x = \frac{b-a}{n}$$

同理,如果要求围绕 y 轴旋转形成的旋转体的体积,计算方法如下:

$$V = \int_a^b \pi f^2(y)\,\mathrm{d}y$$

注意,此时的积分区间为 y 值的区间。说千道万不如做个实例,下面就来看个实例。

例 6-9:求椭圆 $\dfrac{x^2}{a^2} + \dfrac{y^2}{b^2} = 1$ 绕 x 轴和 y 轴形成的旋转体的体积。

解:

先来求绕 x 轴形成的旋转体的体积。图 6-10 画出了一个 $a=10$、$b=5$ 的椭圆示例。

实际上这个旋转体的体积会是多少呢?从图 6-10 来观察,阴影部分旋转形成的旋转体体积的两倍就是椭圆旋转形成的旋转体体积。阴影部分曲线的公式是

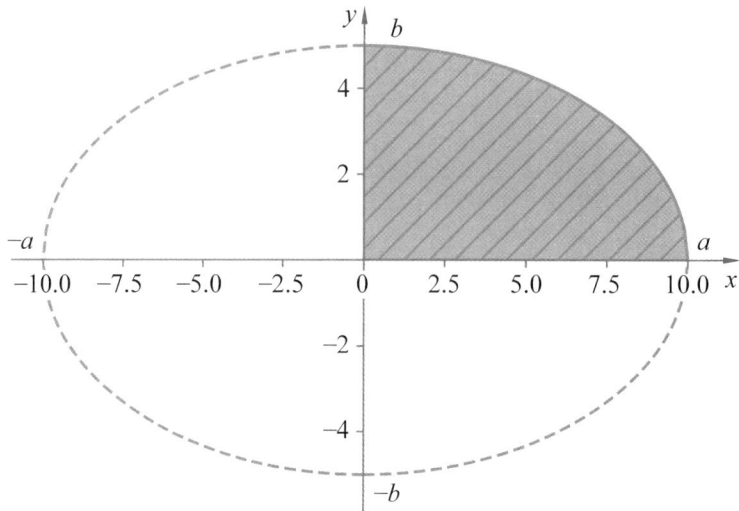

图 6-10　椭圆示例

$$y = \frac{b}{a}\sqrt{a^2 - x^2}$$

因此

$$V_x = 2\int_0^a \pi\left(\frac{b}{a}\sqrt{a^2 - x^2}\right)^2 \mathrm{d}x = 2\pi\frac{b^2}{a^2}\int_0^a (a^2 - x^2)\,\mathrm{d}x$$

$$= 2\pi\frac{b^2}{a^2}\left(a^2 x - \frac{1}{3}x^3\right)\bigg|_0^a$$

$$= 2\pi\frac{b^2}{a^2}\left(a^3 - \frac{1}{3}a^3\right) = \frac{4}{3}\pi a b^2$$

根据图 6-10 中的例子，将 $a = 10$、$b = 5$ 代入，可得

$$V_x = \frac{1\,000}{3}\pi$$

再来求绕 y 轴形成的旋转体的体积。阴影部分曲线的公式是

$$x = \frac{a}{b}\sqrt{b^2 - y^2}$$

因此

$$V_y = 2 \int_0^b \pi \left(\frac{a}{b} \sqrt{b^2 - y^2} \right)^2 \mathrm{d}y = 2\pi \frac{a^2}{b^2} \int_0^b (b^2 - y^2) \mathrm{d}y$$

$$= 2\pi \frac{a^2}{b^2} \left(b^2 y - \frac{1}{3} y^3 \right) \Big|_0^b$$

$$= 2\pi \frac{a^2}{b^2} \left(b^3 - \frac{1}{3} b^3 \right) = \frac{4}{3} \pi b a^2$$

根据图 6-10 中的例子，将 $a = 10$、$b = 5$ 代入，可得

$$V_y = \frac{2\,000}{3} \pi$$

可见，V_x 与 V_y 并不相同。当 $a = b$ 时，会是一个圆球体，此时 $V_x = V_y$。

6.4.3　用定积分求自由落体运动下降的距离

我们已知匀速运动时，速度乘以时间等于距离。但自由落体运动不是匀速运动。假定初速度为 v_0，则某个时刻 t_i 的瞬时速度为

$$v_i = v_0 + gt$$

因此

$$\mathrm{d}S = (v_0 + gt)\mathrm{d}t$$

则物体从时刻 t_i 至时刻 t_j 下降的距离为

$$S = \int_{t_i}^{t_j} (v_0 + gt)\mathrm{d}t = \left(v_0 t + \frac{1}{2} g t^2 \right) \Big|_{t_i}^{t_j}$$

如果时间段是 $0 \sim 10\mathrm{s}$，则

$$S = \left(v_0 t + \frac{1}{2} g t^2 \right) \Big|_0^{10} = 10 v_0 + 50g$$

如果时间段是 $5 \sim 10\mathrm{s}$，则

$$S = \left(v_0 t + \frac{1}{2} g t^2 \right) \Big|_5^{10} = 5 v_0 + 37.5g$$

是不是现在再看初中时学习的自由落体运动公式感觉一点都不神秘了？有了微积分知识，我们用动态、微观、累加的观点来看待问题，完全可以自己

尝试推导各个学科中的一些公式。

6.5 小结

通过本章的学习,我们学会了如何计算定积分。计算定积分最简单的方法就是先计算出不定积分,再用牛顿-莱布尼茨公式计算出定积分。定积分的几何意义就在于计算出曲边梯形的面积。

不定积分的性质和计算法则在定积分中绝大多数能适用,但有少量区别。例如,使用换元法时,定积分应同步更换积分上下限。定积分还有一些自己的性质,例如,上下限变反会导致定积分结果符号变号,两函数的大小关系在定积分后仍然成立。我们还应当拓展自己的思维,理解和计算广义积分。

第7章 多重积分

知识树

多重积分的知识树如图 7-1 所示。

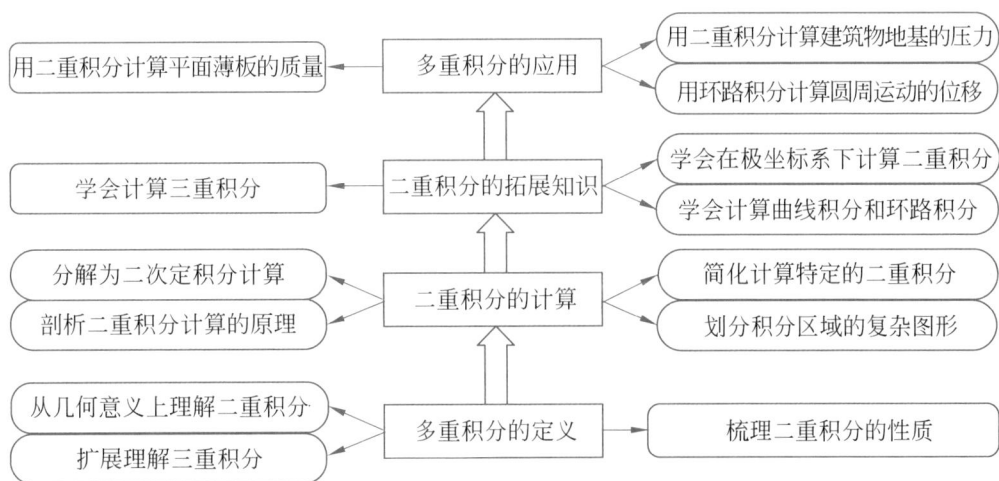

图 7-1 多重积分的知识树

应用场景：计算不规则物体的面积和体积

多重积分最为简单的应用场景就是计算不规则物体的面积和体积。如图 7-2(a) 所示的不规则物体，如果要计算其面积，则微元为 $\mathrm{d}x\,\mathrm{d}y$，面积计算的公式为二重积分：

$$S = \iint\limits_{D} \mathrm{d}x\,\mathrm{d}y$$

类似地，如图 7-2(b) 所示的不规则物体，如果要计算其体积，则微元为 $\mathrm{d}x\,\mathrm{d}y\,\mathrm{d}z$，体积计算的公式为三重积分：

$$V = \iiint\limits_{D} \mathrm{d}x\,\mathrm{d}y\,\mathrm{d}z$$

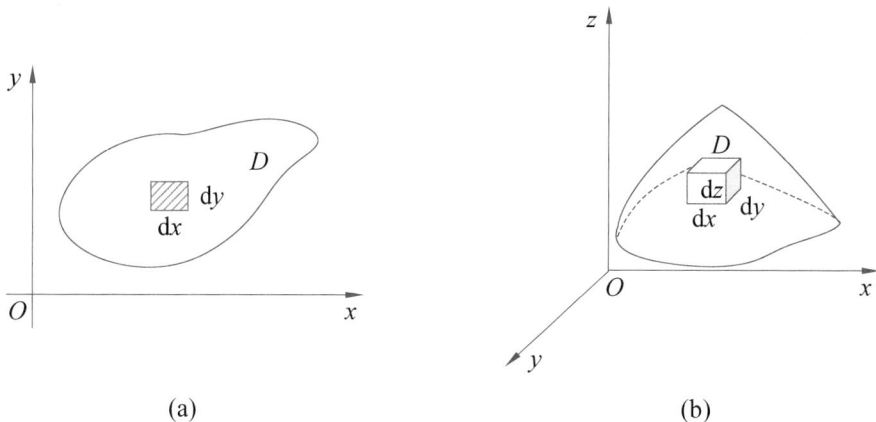

(a)   (b)

图 7-2　计算不规则物体的面积和体积

多重积分在许多领域有着应用。

（1）在几何数学有不少应用场景。主要应用于求不规则物体的面积、表面积、体积。在三维以上空间中也能应用于求多维体的面积和体积。

（2）多重积分在物理学、工程学有着大量应用。例如，在物理学领域，多重积分可用于计算不均匀密度物体的质量，可用于计算电场、磁场中的物理量。在工程学领域,多重积分可用于计算物体的重心、转动惯量等,可用于在流体力学中计算流体的流量、压力分布等。

(3) 理解多重积分的内涵后可有更大的应用空间。如果深刻地理解了多重积分的内涵要义,特别是其中微元划分、累加求和等思维,就可以解决更多领域的应用问题。本章的内容就旨在讲透多重积分的内涵。

问题先导:二重积分计算的到底是面积还是体积

(1) 学生问:老师,图 7-2 所示的图形不规则,微元却是规则的,计算出来的结果会准确吗?

简要回答:会准确。第一,我们要从微观的角度来看待问题。微元可以近似用规则物体来表达,但是要注意积分区域的下限和上限的设置。这是一个比较关键的问题,本章后续会讲解怎么设置(后续有诀窍分享)。第二,我们要从累加的角度来看待问题。无限个微元累加后就是积分。

(2) 学生问:老师,看图 7-2,二重积分和三重积分挺简单的,是吗?

简要问答:图 7-2 只是一个简单的示例,但要学会计算二重积分和三重积分并不简单,后续会讲解详细的计算方法。如果要将其应用到工程实践,还要掌握工程应用知识。

(3) 学生问:老师,我已经看了后续的内容。后续讲的二重积分的几何意义怎么与图 7-2 解说的不一样呢?后续明明讲二重积分求的是体积,图 7-2(a)却说二重积分求的是面积。

简要问答:为你点赞,读到后续章节了,还能回过头来思考问题。两种说法都没有错。看看图 7-3,如果曲顶柱体的高度恒为 1,那其实就是一个底为积分区域 D、高度为 1 的柱体,按 7.1 节所述的计算方法做二重积分,计算出来的结果从数值上与图 7-2(a)所示的二重积分 $\iint\limits_{D} \mathrm{d}x\mathrm{d}y$ 计算出来的结果相同。

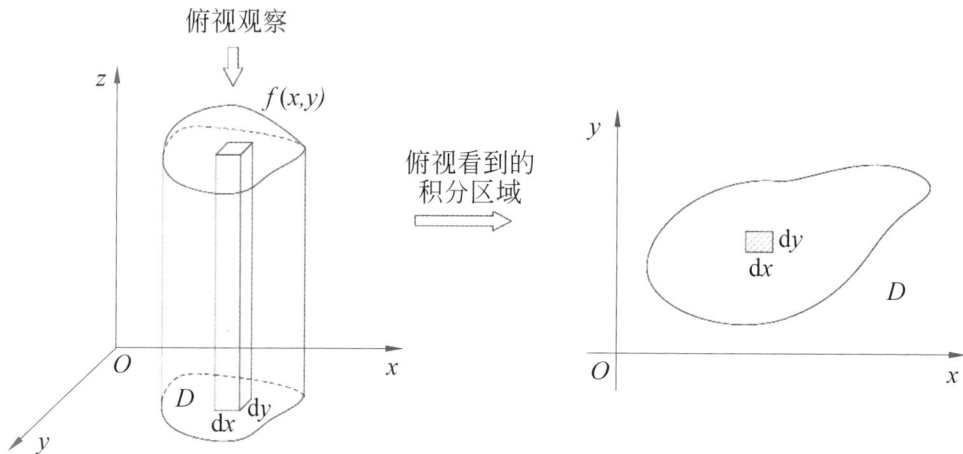

图 7-3　二重积分的图示

7.1　再次用微观和累加的观点理解二重积分

相对来说,直接从几何意义来理解二重积分会更为形象直观。下面我们就从这一步开始,再逐步深入学习多重积分。

7.1.1　通过几何意义理解二重积分

$z = f(x, y)$ 在有界闭区间 D 连续,且 $f(x, y) \geqslant 0$、$x, y \in D$,则从几何意义上理解,如图 7-3 所示,$f(x, y)$ 的二重积分就是以 $f(x, y)$ 为顶,以 D 为底,平行于 z 轴的曲顶柱体体积。

这个二重积分标记为

$$V = \iint\limits_{D} f(x, y) \mathrm{d}D = \iint\limits_{D} f(x, y) \mathrm{d}x \, \mathrm{d}y$$

从微观的观点来看,对照图 7-3 观察,D 可看成由无限个微小的长方形组成,即 $\mathrm{d}D = \mathrm{d}x \mathrm{d}y$。这个微小的长方体高度为 $f(x, y)$。再将 $f(x, y) \mathrm{d}x \mathrm{d}y$ 累加就可得到曲顶柱体体积。所以,二重积分实质上计算的是

$$\iint\limits_{D} f(x,y)\mathrm{d}x\mathrm{d}y = \sum (f(x,y)\mathrm{d}x\mathrm{d}y)$$

✿ **学习点拨**：同定积分一样，如果不局限 $f(x,y) \geqslant 0$，$f(x,y)$ 可能存在负值，则算出来的二重积分有可能会正负相抵掉一部分体积。

7.1.2 理解二重积分的性质

二重积分与定积分的许多性质类似。下面简单罗列类似的性质，不再详述。

$$\iint\limits_{D} kf(x,y)\mathrm{d}x\mathrm{d}y = k\iint\limits_{D} f(x,y)\mathrm{d}x\mathrm{d}y (k \text{ 为常数})$$

$$\iint\limits_{D} (f(x,y) + g(x,y))\mathrm{d}x\mathrm{d}y = \iint\limits_{D} f(x,y)\mathrm{d}x\mathrm{d}y + \iint\limits_{D} g(x,y)\mathrm{d}x\mathrm{d}y$$

$$\iint\limits_{D} (f(x,y) - g(x,y))\mathrm{d}x\mathrm{d}y = \iint\limits_{D} f(x,y)\mathrm{d}x\mathrm{d}y - \iint\limits_{D} g(x,y)\mathrm{d}x\mathrm{d}y$$

如果积分区域 D 可分成多个区域，如分成 D_1、D_2 两个部分，则有

$$\iint\limits_{D} f(x,y)\mathrm{d}x\mathrm{d}y = \iint\limits_{D_1} f(x,y)\mathrm{d}x\mathrm{d}y + \iint\limits_{D_2} f(x,y)\mathrm{d}x\mathrm{d}y$$

对照图 7-3，想想也能理解，这就相当于曲顶柱体被拆分成了两个部分。

如果在积分区域 D 总有 $f(x,y) \geqslant g(x,y)$，则

$$\iint\limits_{D} f(x,y)\mathrm{d}x\mathrm{d}y \geqslant \iint\limits_{D} g(x,y)\mathrm{d}x\mathrm{d}y$$

同样，如果在积分区域 D 总有 $f(x,y) \leqslant g(x,y)$，则

$$\iint\limits_{D} f(x,y)\mathrm{d}x\mathrm{d}y \leqslant \iint\limits_{D} g(x,y)\mathrm{d}x\mathrm{d}y$$

在积分区域 D，$f(x,y)$ 的最大值为 M，最小值为 m，S 是 D 的面积，则

$$MS \geqslant \iint\limits_{D} f(x,y)\mathrm{d}x\mathrm{d}y \geqslant mS$$

类似地,还有二重积分的中值定理,在积分区域 D 内至少存在一点 $[\xi,\eta]$,有

$$\iint\limits_{D} f(x,y)\mathrm{d}x\,\mathrm{d}y = f(\xi,\eta)S$$

❀ 学习点拨:这些性质其实到了三重积分、四重积分之中仍然类似。我们应当结合几何意义来理解其内涵,而没必要死记。也切莫被一堆符号吓到,只要理解了,学习起来其实并不难。还有一点,三重积分还能做积分区域的图示,但四重及以上的积分中,将不能再做图示了,需要我们充分发挥想象力。

7.1.3　理解更高重的积分

三重积分有 3 个自变量,此时已不能像图 7-3 那样表达,因为没有办法表示出四维的空间,但是还能表达积分区域。此时,我们可以用 x_1,x_2,x_3 来表示 3 个自变量。三重积分可标记为

$$\iiint\limits_{D} f(x_1,x_2,x_3)\mathrm{d}D = \iiint\limits_{D} f(x_1,x_2,x_3)\mathrm{d}x_1\,\mathrm{d}x_2\,\mathrm{d}x_3$$

积分区域 D 可看成一个三维体。四重积分的积分区域将会是一个四维体。以此类推,n 重积分就有 n 个自变量,积分区域就是一个超 n 维体。

7.2　二重积分的计算

本节将先讲实例,再讲理论,这样可以让大家理解得更为深刻。

7.2.1　先学会计算二重积分

我们来直接看一个实例的计算过程,边做实例边来讲解计算的思路及过程。

例 7-1:请计算以下二重积分:

$$\iint\limits_{D} x^2 y \,\mathrm{d}x \,\mathrm{d}y$$

积分区域 D 为 $x=0$、$y=0$、$x^2+y^2=1$ 围成的第一象限内的图形,如图 7-4 所示。

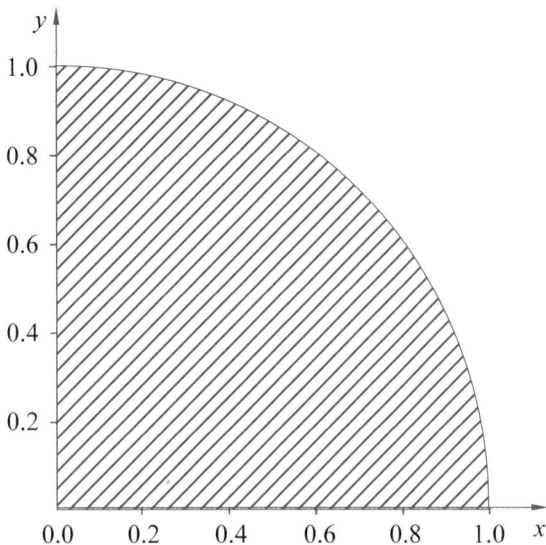

图 7-4 $\iint\limits_{D} x^2 y \,\mathrm{d}x \,\mathrm{d}y$ 的积分区域图示

解:

怎么在计算二重积分时在定积分的上下限中表示这个积分区域是我们首先要解决的问题。

通常,求二重积分的办法是转化为求两次定积分,先把其中一个自变量看成常量,面向另一个自变量求出定积分;再面向此前看成常量的自变量求定积分。例如,对本例,就有两种思路来求二重积分。第一种思路,先把 y 看成常量,对 x 求定积分;求完后,应已消除自变量 x;再对 y 求定积分。第二种思路,先把 x 看成常量,对 y 求定积分;求完后,应已消除自变量 y;再对 x 求定积分。两种思路均可行。我们先选择第一种思路来试求二重积分。

按第一种思路,先对 x 求定积分,这就得确定积分的上下限。从图 7-4 来看,显然 x 的区间为 $[0,1]$。但是如果将对 x 求定积分的区间为 $[0,1]$,就必须在下一步对 y 求定积分时,把区间设为 $[0,\sqrt{1-x^2}]$。那二重积分的计算就转化为

$$\iint\limits_D x^2 y \,\mathrm{d}x\,\mathrm{d}y = \int_0^{\sqrt{1-x^2}} \mathrm{d}y \int_0^1 x^2 y \,\mathrm{d}x$$

这样行吗?从右到左计算定积分时,先计算 $\int_0^1 x^2 y \,\mathrm{d}x$,计算完成后就已经去掉了自变量 x。再到对 y 求定积分时,上限仍含变量 x,计算结果仍然有变量没有消除。显然这样行不通。

因此,请记住一个设置定积分上下限的重要原则"先对谁求定积分,就把表示谁的函数先放到定积分的上下限中;把纯数量表示的上下限放给最后一个定积分"。按这个原则,二重积分的计算可转化为

$$\iint\limits_D x^2 y \,\mathrm{d}x\,\mathrm{d}y = \int_0^1 \mathrm{d}y \int_0^{\sqrt{1-y^2}} x^2 y \,\mathrm{d}x$$

先把 y 看成常量,求不定积分:

$$\int x^2 y \,\mathrm{d}x = y \int x^2 \,\mathrm{d}x = \frac{1}{3} x^3 y + C$$

再求定积分:

$$\int_0^{\sqrt{1-y^2}} x^2 y \,\mathrm{d}x = \frac{1}{3} x^3 y \bigg|_0^{\sqrt{1-y^2}} = \frac{1}{3} (1-y^2)^{\frac{3}{2}} y$$

继续求二重积分:

$$\iint\limits_D x^2 y \,\mathrm{d}x\,\mathrm{d}y = \int_0^1 \mathrm{d}y \int_0^{\sqrt{1-y^2}} x^2 y \,\mathrm{d}x = \int_0^1 \frac{1}{3} (1-y^2)^{\frac{3}{2}} y \,\mathrm{d}y$$

$$= -\frac{1}{6} \int_0^1 (1-y^2)^{\frac{3}{2}} \,\mathrm{d}(1-y^2)$$

设 $1-y^2=t$,则定积分上下限分别变成了 0 和 1。可得

$$\iint\limits_{D} x^2 y \,\mathrm{d}x \,\mathrm{d}y = -\frac{1}{6} \int_0^1 (1-y^2)^{\frac{3}{2}} \,\mathrm{d}(1-y^2)$$

$$= -\frac{1}{6} \int_1^0 t^{\frac{3}{2}} \,\mathrm{d}t = \frac{1}{6} \int_0^1 t^{\frac{3}{2}} \,\mathrm{d}t = \frac{1}{15} t^{\frac{5}{2}} \bigg|_0^1$$

$$= \frac{1}{15}$$

我们再试试用第二种思路。先对 y 求定积分,再对 x 求定积分。

$$\iint\limits_{D} x^2 y \,\mathrm{d}x \,\mathrm{d}y = \int_0^1 \mathrm{d}x \int_0^{\sqrt{1-x^2}} x^2 y \,\mathrm{d}y = \int_0^1 \frac{1}{2} x^2 y^2 \bigg|_0^{\sqrt{1-x^2}} \,\mathrm{d}x$$

$$= \frac{1}{2} \int_0^1 x^2 (1-x^2) \,\mathrm{d}x$$

$$= \frac{1}{2} \int_0^1 x^2 \,\mathrm{d}x - \frac{1}{2} \int_0^1 x^4 \,\mathrm{d}x = \frac{1}{6} x^3 \bigg|_0^1 - \frac{1}{10} x^5 \bigg|_0^1$$

$$= \frac{1}{6} - \frac{1}{10} = \frac{1}{15}$$

可见,两种计算思路结果相同。另外还可明显看出,按第二种思路计算要简单得多。这也给我们一点启示:先把二次定积分的式子按两种思路都列出来,然后判断出按哪种思路计算更为简便,我们就选择哪种思路来做计算。

7.2.2 理解为什么可以这么计算

从几何意义上来理解为这么计算会更为透彻。根据前述的计算方法,先计算对于某个自变量的定积分。如图 7-5 所示,如果先把 x 看成常量,则先求的定积分 $\left(\text{如} \displaystyle\int_0^{\sqrt{1-x^2}} x^2 y \,\mathrm{d}y \right)$ 就是一个竖截面的面积。当然,结果会是一个以 x 作为变量的函数。计算二重积分最为关键的就是要理解这一步。

第二次求定积分便会以 x 的值作为上下限。因为上次求的是竖截面的

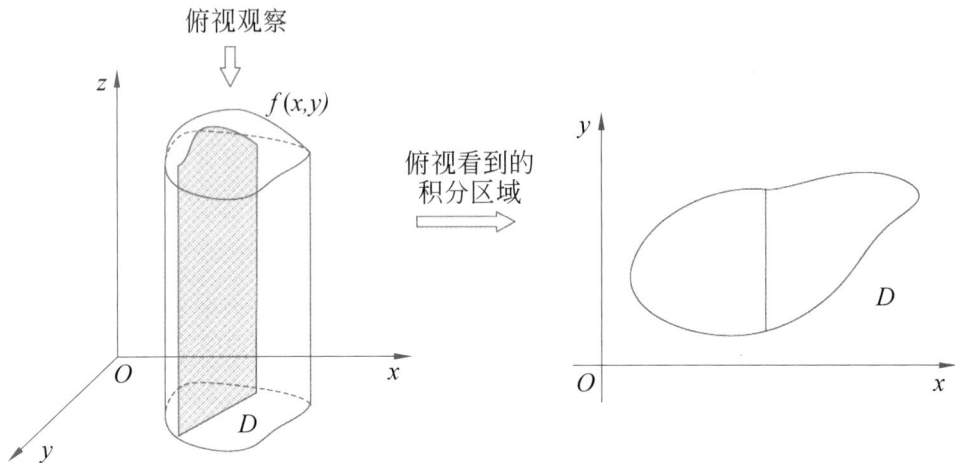

俯视观察

$f(x,y)$

俯视看到的
积分区域

D

图 7-5　二重积分的计算过程

面积,这次再乘以 $\mathrm{d}x$,所以最终求出的是曲顶柱体的体积。

综上,如果积分区域是 $x=a$、$x=b$、$y=f(x)$、$y=g(x)$ 围成的区域(其中,$a\leqslant x\leqslant b$、$f(x)\leqslant y\leqslant g(x)$),则二重积分的计算方法为

$$\iint\limits_{D}f(x,y)\mathrm{d}x\,\mathrm{d}y=\int_{a}^{b}\mathrm{d}x\int_{f(x)}^{g(x)}f(x,y)\mathrm{d}y$$

同理,如果积分区域是 $y=a$、$y=b$、$x=f(y)$、$x=g(y)$ 围成的区域(其中,$a\leqslant y\leqslant b$、$f(y)\leqslant x\leqslant g(y)$),则二重积分的计算方法为

$$\iint\limits_{D}f(x,y)\mathrm{d}x\,\mathrm{d}y=\int_{a}^{b}\mathrm{d}y\int_{f(y)}^{g(y)}f(x,y)\mathrm{d}x$$

7.2.3　如何计算积分区域为矩形时的二重积分

假定积分区域为矩形,且这个区域是 $x=a$、$x=b$、$y=c$、$y=d$ 围成的区域(其中,$a\leqslant x\leqslant b$、$c\leqslant y\leqslant d$)。根据前文所述,这样的二重积分的计算方法为

$$\iint\limits_{D}f(x,y)\mathrm{d}x\,\mathrm{d}y=\int_{a}^{b}\mathrm{d}x\int_{c}^{d}f(x,y)\mathrm{d}y=\int_{c}^{d}\mathrm{d}y\int_{a}^{b}f(x,y)\mathrm{d}x$$

考虑到先计算的二重积分(从右至左计算)上下限没有变量,因此也可以记为

$$\iint\limits_{D} f(x,y)\mathrm{d}x\,\mathrm{d}y = \int_a^b \int_c^d f(x,y)\mathrm{d}y\,\mathrm{d}x = \int_c^d \int_a^b f(x,y)\mathrm{d}x\,\mathrm{d}y$$

请注意此时的优先级从积分符号来看仍是从右至左,以 $\int_a^b \int_c^d f(x,y)\mathrm{d}y\,\mathrm{d}x$ 的计算优先级为例,此时应先计算 $\int_c^d f(x,y)\mathrm{d}y$。下面来做练习巩固。

例 7-2:请计算以下二重积分。

$$\iint\limits_{D} \mathrm{e}^{x+y}\mathrm{d}x\,\mathrm{d}y$$

积分区域 D 为 $x=0$、$x=1$、$y=0$、$y=1$ 围成的第一象限内的图形。

解:

显然,积分区域 D 的形状为一个矩形,可得

$$\iint\limits_{D} \mathrm{e}^{x+y}\mathrm{d}x\,\mathrm{d}y = \int_0^1 \mathrm{d}y \int_0^1 \mathrm{e}^{x+y}\mathrm{d}x$$

先计算右边的二重积分:

$$\int_0^1 \mathrm{e}^{x+y}\mathrm{d}x = \int_0^1 \mathrm{e}^{x+y}\mathrm{d}(x+y) = \mathrm{e}^{x+y}\mid_0^1 = \mathrm{e}^{y+1} - \mathrm{e}^y$$

再计算左边的二重积分:

$$\int_0^1 (\mathrm{e}^{y+1} - \mathrm{e}^y)\mathrm{d}y = \int_0^1 \mathrm{e}^{y+1}\mathrm{d}y - \int_0^1 \mathrm{e}^y\mathrm{d}y = \mathrm{e}^{y+1}\mid_0^1 - \mathrm{e}^y\mid_0^1 = \mathrm{e}^2 - \mathrm{e}^1 - \mathrm{e}^1 + \mathrm{e}^0$$

$$= \mathrm{e}^2 - 2\mathrm{e} + 1 = (\mathrm{e} - 1)^2$$

上面的计算例子感觉明显比积分区域不规则的情形要简单一些,但仍然有点复杂吧?估计很多人在计算第一步的积分时生怕常量、变量看错了,因为平时我们总习惯把 x、y 看成变量。教大家一种虽然有点笨、但肯定不容易出错的办法:把常量用常量符号来代替,算完了再置换回去。

以上面的例子来继续练习。在计算第一个定积分时,把要看成常量的变

量 y 用 C 来代替，则计算 $\int_0^1 \mathrm{e}^{x+y}\mathrm{d}x$ 变为

$$\int_0^1 \mathrm{e}^{x+C}\mathrm{d}x = \int_0^1 \mathrm{e}^{x+C}\mathrm{d}(x+C) = \mathrm{e}^{x+C}\big|_0^1 = \mathrm{e}^{C+1} - \mathrm{e}^C$$

再把 y 置换回来，可得 $\mathrm{e}^{C+1} - \mathrm{e}^C$ 的置换结果为

$$\mathrm{e}^{y+1} - \mathrm{e}^y$$

在积分区域为矩形时，被积函数如果可以分解为两个函数的乘积 $f(x,y) = f(x)f(y)$，且这两个函数均只有一个自变量，那可以采取以下的方式简化计算：

$$\iint\limits_D f(x,y)\mathrm{d}x\mathrm{d}y = \int_a^b f(x)\mathrm{d}x \int_c^d f(y)\mathrm{d}y$$

为什么可以这样简化呢？原因说起来也简单，看计算过程就知道了。此时：

$$\iint\limits_D f(x,y)\mathrm{d}x\mathrm{d}y = \int_c^d \mathrm{d}y \int_a^b f(x,y)\mathrm{d}x = \int_c^d \mathrm{d}y \int_a^b f(x)f(y)\mathrm{d}x$$

按这个计算思路，应先计算 $\int_a^b f(x)f(y)\mathrm{d}x$。此时把 y 看成常量，故 $f(y)$ 的计算结果也会是常量，常量作为被积函数里的因子可以提取到积分符号之外，即

$$\int_a^b f(x)f(y)\mathrm{d}x = f(y)\int_a^b f(y)\mathrm{d}x$$

同理有

$$\iint\limits_D f(x,y)\mathrm{d}x\mathrm{d}y = \int_a^b \mathrm{d}x \int_c^d f(x,y)\mathrm{d}y$$

$$= \int_a^b \mathrm{d}x \int_c^d f(x)f(y)\mathrm{d}y = \int_a^b f(x)\mathrm{d}x \int_c^d f(y)\mathrm{d}y$$

例 7-3：用简化的计算方法计算 $\iint\limits_D \mathrm{e}^{x+y}\mathrm{d}x\mathrm{d}y$。积分区域 D 为 $x=0$、$x=1$、$y=0$、$y=1$ 围成的第一象限内的图形。

解：

显然

$$e^{x+y} = e^x \times e^y$$

故有

$$\iint\limits_{D} e^{x+y} \mathrm{d}x \mathrm{d}y = \int_0^1 e^x \mathrm{d}x \int_0^1 e^y \mathrm{d}y = (e-1)^2$$

显然，这种计算方法简便得多。

7.2.4　学会对复杂的积分区域做划分

积分区域有时会比较复杂。比较典型的情形就是积分区域 D 与坐标轴的平行线交点多于两个。来看如图 7-6 所示的示意图。

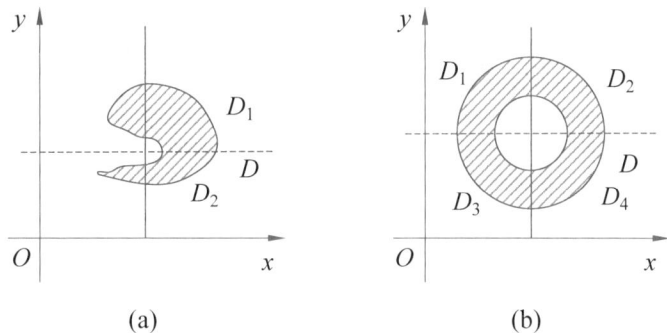

图 7-6　复杂一些的积分区域

图 7-6(a) 和图 7-6(b) 都出现了交点多于两个的情况。如果不做区域划分，在做二重积分计算时，会导致计算有误。如图 7-6(a) 和图 7-6(b) 所示，如果先对 x 做定积分，无法确定定积分的上下限。这时需要对积分区域进行划分，划分的原则是可以准确地确定每次定积分的上下限。

图 7-6(a) 所示的积分区域 D 可以据图中的虚线划分为 D_1 和 D_2，则

$$\iint\limits_{D} f(x,y)\mathrm{d}x\mathrm{d}y = \iint\limits_{D_1} f(x,y)\mathrm{d}x\mathrm{d}y + \iint\limits_{D_2} f(x,y)\mathrm{d}x\mathrm{d}y$$

同理，图 7-6(b) 所示的积分区域 D 可以据图中的虚线和实线划分为 4 个积分区域，则

$$\iint\limits_{D} f(x,y)\,\mathrm{d}x\,\mathrm{d}y = \sum_{i=1}^{4} \iint\limits_{D_i} f(x,y)\,\mathrm{d}x\,\mathrm{d}y$$

◎7.3　二重积分的拓展知识

◎本节阅读如有困难，可选读。

本节我想让大家拓展学习一些更为复杂的知识，即学会如何在极坐标系下计算二重积分、学会计算曲线积分和环路积分、学会计算三重积分。

7.3.1　学会在极坐标系下计算二重积分

如图 7-7 所示，极坐标下的积分区域 D 中，从微观的角度看，$\mathrm{d}D$ 是两个扇形围成的图形。

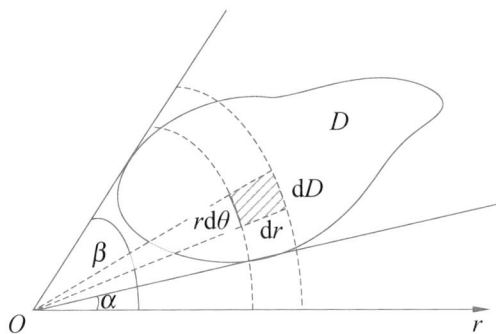

图 7-7　极坐标系下的积分区域

$\mathrm{d}D$ 的面积应用如下的公式计算：

$$\mathrm{d}D = \frac{1}{2}(r+\mathrm{d}r)^2\,\mathrm{d}\theta - \frac{1}{2}r^2\,\mathrm{d}\theta = r\,\mathrm{d}r\,\mathrm{d}\theta + \frac{1}{2}(\mathrm{d}r)^2\,\mathrm{d}\theta$$

由于 $\dfrac{1}{2}(\mathrm{d}r)^2\mathrm{d}\theta$ 是比 $r\mathrm{d}r\mathrm{d}\theta$ 更为高阶的无穷小,可忽略不计,即

$$\mathrm{d}D \approx r\mathrm{d}r\mathrm{d}\theta$$

根据我们已知的极坐标知识有

$$f(x,y) = f(r\cos\theta, r\sin\theta)$$

因此,二重积分可转化为

$$\iint\limits_{D} f(x,y)\mathrm{d}x\mathrm{d}y = \iint\limits_{D} f(r\cos\theta, r\sin\theta)r\mathrm{d}r\mathrm{d}\theta$$

$$= \int_{\alpha}^{\beta}\mathrm{d}\theta \int_{r_1(\theta)}^{r_2(\theta)} f(r\cos\theta, r\sin\theta)r\mathrm{d}r$$

其中,极径 r 与积分区域的两个交点连成的扇形线把积分区域分成了两个部分,恒有 $r_1(\theta) \leqslant r \leqslant r_2(\theta)$。从极点向 r 方向看,$r_1(\theta)$、$r_2(\theta)$ 分别是积分区域下半部分和上半部分。

下面我们来做个练习,这样理解得更为深刻。

例 7-4:计算二重积分 $\iint\limits_{D}\sqrt{x^2+y^2}\,\mathrm{d}x\mathrm{d}y$。其中,积分区域 D 是圆 $x^2 + y^2 = 2y$ 围成的区域。

解:

积分区域如图 7-8(a)所示。

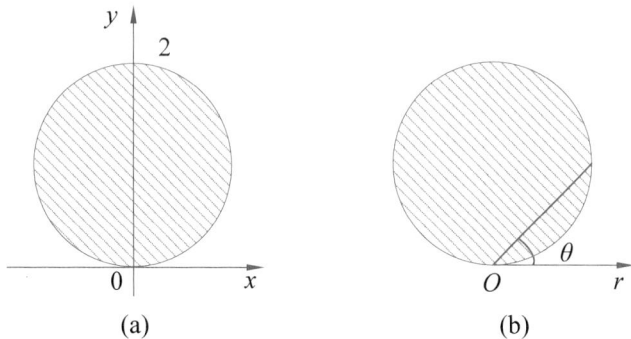

(a)　　　　　　　(b)

图 7-8　二重积分 $\iint\limits_{D}\sqrt{x^2+y^2}\,\mathrm{d}x\mathrm{d}y$ 的积分区域

要在直角坐标系下解这道题还是比较棘手的。因为对 y 求不定积分 $\int\sqrt{x^2+y^2}\,\mathrm{d}y$（把 x 看成常量）或 $\int\sqrt{x^2+y^2}\,\mathrm{d}x$（把 y 看成常量）均不容易。如果转化到极坐标系中将会十分简单。

如图 7-8(b)所示。将 $x=r\cos\theta$、$y=r\sin\theta$ 代入，可得积分区域的方程为

$$(r\cos\theta)^2+(r\sin\theta)^2=2r\sin\theta\Rightarrow r=2\sin\theta$$

代入二重积分，可得

$$\iint\limits_{D}\sqrt{x^2+y^2}\,\mathrm{d}x\,\mathrm{d}y=\iint\limits_{D}\sqrt{(r\cos\theta)^2+(r\sin\theta)^2}\,r\,\mathrm{d}r\,\mathrm{d}\theta=\iint\limits_{D}r^2\,\mathrm{d}r\,\mathrm{d}\theta$$

据图 7-8(b)，θ 的变化区间是 $[0,\pi]$，对 r 先做定积分，则区间为 $[0,2\sin\theta]$。因此

$$\iint\limits_{D}r^2\,\mathrm{d}r\,\mathrm{d}\theta=\int_0^\pi\mathrm{d}\theta\int_0^{2\sin\theta}r^2\,\mathrm{d}r=\int_0^\pi\frac{1}{3}r^3\bigg|_0^{2\sin\theta}\mathrm{d}\theta=\frac{8}{3}\int_0^\pi\sin^3\theta\,\mathrm{d}\theta$$

$$=-\frac{8}{3}\int_0^\pi\sin^2\theta\,\mathrm{d}(\cos\theta)=-\frac{8}{3}\int_0^\pi(1-\cos^2\theta)\,\mathrm{d}(\cos\theta)=\frac{32}{9}$$

7.3.2　学会计算曲线积分和环路积分

前面我们学习过如何沿积分区域做二重积分运算。那如果是沿着一条曲线做积分呢？这就是所谓的曲线积分。曲线积分有两种，第一种是对弧长的曲线积分；第二种是对坐标的曲线积分。

对弧长的曲线积分记为

$$\int_L f(x,y)\,\mathrm{d}l$$

对坐标的曲线积分记为

$$\int_L f(x,y)\,\mathrm{d}x+\int_L g(x,y)\,\mathrm{d}y$$

估计有很多人没看明白。不着急，接下来一一进行详细解说。先来看对弧长的曲线积分怎么计算。

把 L 分成 n 段,若 $n \to \infty$,则各小段弧的弧长记为 $\mathrm{d}l$。假定第 i 段记为 $\mathrm{d}l_i$,此时如果把 $\mathrm{d}l_i$ 看成一个点,则 $f(x,y)$ 对应的值为 $f_i(x,y)$。可得

$$\int_L f(x,y)\mathrm{d}l = \lim_{n\to\infty} \sum_{i=1}^n (f_i(x,y)\mathrm{d}l_i)$$

对弧长的曲线积分如图 7-9 所示。

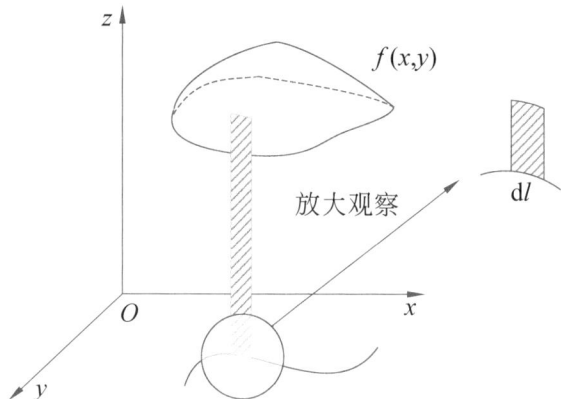

图 7-9　对弧长的曲线积分

$\mathrm{d}l$ 是一段曲线,它的长度该怎么计算呢?根据泰勒公式,可以近似地认为 $\mathrm{d}l$ 的长度为 $\mathrm{d}x$、$\mathrm{d}y$ 所组成的直角三角形的斜边边长。根据勾股定理,$\mathrm{d}l$ 的长度约为

$$\mathrm{d}l \approx \sqrt{(\mathrm{d}x)^2 + (\mathrm{d}y)^2}$$

答疑解惑

学生问:为什么可以近似地认为 $\mathrm{d}l$ 的长度为 $\mathrm{d}x$、$\mathrm{d}y$ 所组成的直角三角形的斜边边长(见图 7-10)?

老师答:其实在 5.3.2 小节中我们已经做过类似的应用,下面详细证明。

　　现有曲线 $y(x)$ 上的两点 $P(x,y)$ 和 $Q(x+\Delta x, y+\Delta y)$,根据两点距离的公式有

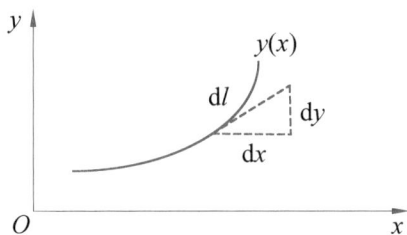

图 7-10 $\mathrm{d}l \approx \sqrt{(\mathrm{d}x)^2 + (\mathrm{d}y)^2}$ 的原理图

$$|PQ| = \sqrt{(\Delta x)^2 + (\Delta y)^2}$$

当 $\Delta x \to 0$ 时，$|PQ|$ 的长度趋近于弧长 $\mathrm{d}l$，即

$$\mathrm{d}l = \lim_{\Delta x \to 0} \sqrt{(\Delta x)^2 + (\Delta y)^2}$$

此时，根据泰勒公式，Δy 的值约为

$$\Delta y \approx \frac{\mathrm{d}y}{\mathrm{d}x} \Delta x$$

故有

$$\mathrm{d}l = \lim_{\Delta x \to 0} \sqrt{(\Delta x)^2 + (\Delta y)^2} \approx \lim_{\Delta x \to 0} \sqrt{(\Delta x)^2 + \left(\frac{\mathrm{d}y}{\mathrm{d}x} \Delta x\right)^2}$$

$$\approx \lim_{\Delta x \to 0} \left(\sqrt{1 + \left(\frac{\mathrm{d}y}{\mathrm{d}x}\right)^2} \ |\Delta x| \right) \approx \lim_{\Delta x \to 0} \left(\sqrt{1 + (y')^2} \, \Delta x \right)$$

$$\approx \sqrt{1 + (y')^2} \, \mathrm{d}x$$

如果把 $\mathrm{d}x$ 放到根号里，即

$$\mathrm{d}l \approx \sqrt{(\mathrm{d}x)^2 + (\mathrm{d}y)^2}$$

由此，对弧长的曲线积分式子中，可将 $\mathrm{d}l$ 转化为 $\mathrm{d}x$：

$$\int_L f(x, y) \mathrm{d}l = \int_L f(x, y) \sqrt{1 + (y')^2} \, \mathrm{d}x$$

$$= \int_L f(x, y) \sqrt{(\mathrm{d}x)^2 + (\mathrm{d}y)^2}$$

在这种转换中,本应同步变更积分的上下限。但是,由于 L 是一条曲线,它变化的角度可能超过 $90°$,要转化算出直角坐标系下 x 的区间并不容易。为简化计算,通常我们使用参数方程来做计算。设

$$\begin{cases} x=x(t) \\ y=y(t) \end{cases}, \quad \alpha < t < \beta$$

则有 $\dfrac{\mathrm{d}x}{\mathrm{d}t}=x'(t) \Rightarrow \mathrm{d}x=x'(t)\mathrm{d}t$、$\dfrac{\mathrm{d}y}{\mathrm{d}t}=y'(t) \Rightarrow \mathrm{d}y=y'(t)\mathrm{d}t$。故可将对弧长的曲线积分进一步转化为

$$\begin{aligned} \int_L f(x,y)\mathrm{d}l &= \int_L f(x,y)\sqrt{(\mathrm{d}x)^2+(\mathrm{d}y)^2} \\ &= \int_\alpha^\beta f(x(t),y(t))\sqrt{(x'(t)\mathrm{d}t)^2+(y'(t)\mathrm{d}t)^2} \\ &= \int_\alpha^\beta f(x(t),y(t))\sqrt{(x'(t))^2+(y'(t))^2}\,\mathrm{d}t \end{aligned}$$

这就是对弧长的曲线积分的计算公式。

答疑解惑

学生问:老师,看图 7-9,我还有一个疑惑。阴影部分图形的面积不就是 $\lim\limits_{n\to\infty}\sum\limits_{i=1}^n (f_i(x,y)\mathrm{d}l_i)$ 吗?

老师答:不对。粗一看,$\mathrm{d}l_i$ 是宽,$f_i(x,y)$ 是高,可以用矩形的面积公式 $f_i(x,y)\mathrm{d}l_i$ 作为阴影部分的微元。实际上这样计算是不合理的,因为 $\mathrm{d}l_i$ 是一段微小的曲线线段,而不是一段微小的直线线段。

下面来做个练习巩固。

例 7-5:求函数 $f(x,y)=x+y$ 在曲线 $y=\sqrt{1-x^2}$ 上从点 $[-1,0]$ 到点 $[1,0]$ 这段弧长的曲线积分。

解：

$y=\sqrt{1-x^2}$ 的图形如图 7-11 所示。

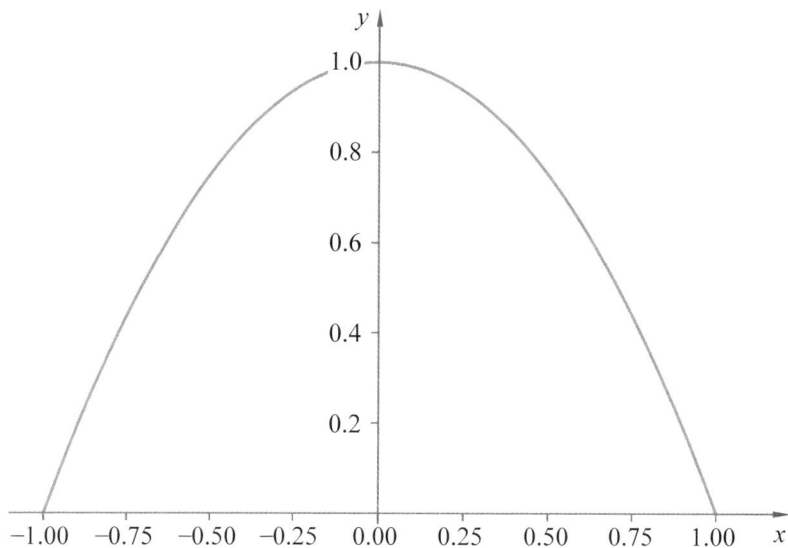

图 7-11　$y=\sqrt{1-x^2}$ 的图形

设 $x=\sin t$，可得

$$y=\sqrt{1-x^2}=\cos t$$

从图 7-11 中也可见，从点 $[-1,0]$ 到点 $[1,0]$，角度从 0 到 π。

$$\int_L f(x,y)\mathrm{d}l=\int_\alpha^\beta f(x(t),y(t))\sqrt{(x'(t))^2+(y'(t))^2}\,\mathrm{d}t$$

$$=\int_0^\pi f(\sin t,\cos t)\sqrt{((\sin t)')^2+((\cos t)')^2}\,\mathrm{d}t$$

$$=\int_0^\pi (\sin t+\cos t)\sqrt{(\cos t)^2+(-\sin t)^2}\,\mathrm{d}t$$

$$=\int_0^\pi (\sin t+\cos t)\,\mathrm{d}t$$

$$=(\cos t-\sin t)\Big|_0^\pi=1-0-1+0=0$$

下面继续学习如何计算对坐标的曲线积分。看图 7-10，$\mathrm{d}x$ 可近似看成 $\mathrm{d}l$ 在 x 方向上的分量，$\mathrm{d}y$ 可近似看成 l 在 y 方向上的分量。由前述分析可知，$\mathrm{d}x = x'(t)\mathrm{d}t$、$\mathrm{d}y = y'(t)\mathrm{d}t$。故对坐标的曲线积分可转化为

$$\int_L f(x,y)\mathrm{d}x + \int_L g(x,y)\mathrm{d}y = \int_\alpha^\beta f(x(t),y(t))x'(t)\mathrm{d}t +$$

$$\int_\alpha^\beta g(x(t),y(t))y'(t)\mathrm{d}t$$

例 7-6：已知 $f(x,y)=2x-y$，$g(x,y)=x+2y$，L 为经过点 $[0,0]$、点 $[1,1]$、点 $[2,0]$ 的折线，请计算对坐标的曲线积分。

解：

显然，从点 $[0,0]$ 到点 $[1,1]$ 的直线方程为 $y=x$，故设

$$\begin{cases} x=t \\ y=t \end{cases}$$

此时 t 的区间为 $[0,1]$。设点 $[0,0]$ 到点 $[1,1]$ 的线段为 L_1，则

$$\int_{L_1} f(x,y)\mathrm{d}x + \int_{L_1} g(x,y)\mathrm{d}y = \int_0^1 (2t-t)\mathrm{d}t + \int_0^1 (t+2t)\mathrm{d}t$$

$$= 4\int_0^1 t\,\mathrm{d}t = 2t^2 \big|_0^1 = 2$$

从点 $[1,1]$ 到点 $[2,0]$ 的直线方程为 $y=-x+2$，故设

$$\begin{cases} x=t \\ y=-t+2 \end{cases}$$

此时 t 的区间为 $[1,2]$。设点 $[1,1]$ 到点 $[2,0]$ 的线段为 L_2，则

$$\int_{L_2} f(x,y)\mathrm{d}x + \int_{L_2} g(x,y)\mathrm{d}y = \int_1^2 (2t+t-2)\mathrm{d}t - \int_1^2 (t-2t+4)\mathrm{d}t$$

$$= 2\int_1^2 (2t-3)\mathrm{d}t = 2(t^2-3t)\big|_1^2$$

$$= 8-12+4 = 0$$

进一步，可得

$$\int_L f(x,y)\mathrm{d}x + \int_L g(x,y)\mathrm{d}y = \int_{L_1} f(x,y)\mathrm{d}x + \int_{L_1} g(x,y)\mathrm{d}y +$$

$$\int_{L_2} f(x,y)\mathrm{d}x + \int_{L_2} g(x,y)\mathrm{d}y$$

$$= 2 + 0 = 2$$

在对坐标的曲线积分中,如果 L 形成了闭环,则称为环路积分,标记为

$$\int_L f(x,y)\mathrm{d}x + \int_L g(x,y)\mathrm{d}y = \oint_L f(x,y)\mathrm{d}x + \oint_L g(x,y)\mathrm{d}y$$

$$= \oint_L (f(x,y)\mathrm{d}x + g(x,y)\mathrm{d}y)$$

例 7-7：计算 $\oint_L ((2x-y)\mathrm{d}x + (x+2y)\mathrm{d}y)$。其中,$L$ 是圆 $x^2 + y^2 = 1$,逆时针方向。

解：

由于 L 是圆 $x^2 + y^2 = 1$,故设 $x = \sin t$,$y = \cos t$,则 $\mathrm{d}x = \cos t\,\mathrm{d}t$,$\mathrm{d}y = -\sin t\,\mathrm{d}t$。

$$\oint_L ((2x-y)\mathrm{d}x + (x+2y)\mathrm{d}y)$$

$$= \oint_L ((2\sin t - \cos t)\cos t - (\sin t + 2\cos t)\sin t)\mathrm{d}t = \oint_L \mathrm{d}t$$

$$= \int_0^{2\pi} \mathrm{d}t = 2\pi$$

7.3.3 学会计算三重积分

学习到现在,相信大家对多重积分的计算已经有了一定的认识。比较关键的是看积分区域及其围成的图形的微元怎么表示。

三重积分中,被积函数 $f(x,y,z)$ 有 3 个自变量,再加上因变量共有 4 个变量,故被积函数 $f(x,y,z)$ 的图形得在四维空间中才能表示,导致我们已经不能画出被积函数 $f(x,y,z)$ 的图形。但是我们可以画出积分区域的图

形。那该怎么计算呢？

同样记住这条计算的原则："先对谁求定积分，就把表示谁的函数先放到定积的上下限中；把纯数量表示的上下限放给最后一个定积分。"计算过程中如果采用直角坐标系有困难，就尝试切换到球坐标系计算。下面做实例来体验一下。

例 7-8：被积函数为 $f(x,y,z)=x^2+y^2+z^2$，积分区域 V 为 $x=0$、$y=0$、$z=0$ 与 $x+y+z=1$ 围成的四面体。请计算三重积分：

$$\iiint\limits_V (x^2+y^2+z^2)\mathrm{d}v$$

解：

四面体如图 7-12(a) 所示。图中画出了三条虚线和面 $x+y+z=1$。四面体由斜面 $x+y+z=1$ 和 xOz、xOy、yOz 围成。在考虑三重积分的计算顺序时，先用其中一个自变量 x 以 0 和 $1-y-z$ 为定积分的下限、上限计算定积分，再以 0 和 $1-x$ 为定积分的下限、上限计算第二个定积分，最后以 0 和 1 为定积分的下限、上限计算第三个定积分。

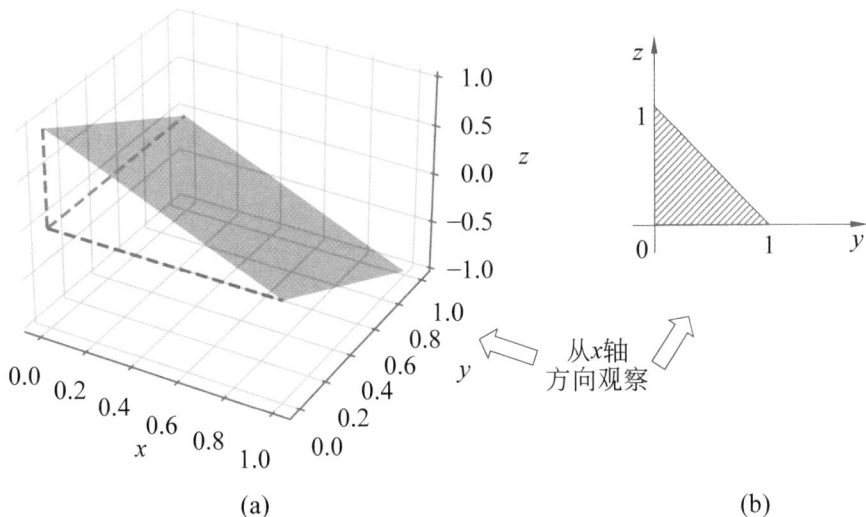

图 7-12 四面体的图形

答疑解惑

学生问：老师，第一次定积分和最后一次定积分的下限、上限设置能看懂，为什么第二次定积分的下限、上限是 0 和 $1-x$ 呢？

老师答：第一次定积分计算把 y、z 看成常量，故计算完成后可消除变量 x。计算第二次定积分时，我们从 x 轴方向来观察四面体，这就好比是不再理会变量 x，可得到如图 7-12(b)的投影，此时 y 的下限为 0，那 y 的上限为什么不是 1 呢？考虑到计算最后一次定积分要采用明确的数值作为下限、上限才能计算出确切的数值结果，因此应把最后一次定积分计算中的变量表达式作为积分上限。从图 7-12 的图形来看，y 和 z 的关系为 $y+z=1$，故第二次定积分计算的上限为 $1-z$。

由此，三重积分可转化为三次计算定积分：

$$\iiint\limits_{V}(x^2+y^2+z^2)\mathrm{d}v=\int_0^1\mathrm{d}z\int_0^{1-z}\mathrm{d}y\int_0^{1-y-z}(x^2+y^2+z^2)\mathrm{d}x$$

(1) 计算第一个定积分。

此时，把 y、z 看成常量，计算过程如下：

$$\int_0^{1-y-z}(x^2+y^2+z^2)\mathrm{d}x=\left(\frac{1}{3}x^3+(y^2+z^2)x\right)\Big|_0^{1-y-z}$$

$$=\frac{1}{3}(1-y-z)^3+(y^2+z^2)(1-y-z)$$

(2) 计算第二个定积分。

$$\int_0^{1-z}\left(\frac{1}{3}(1-y-z)^3+(y^2+z^2)(1-y-z)\right)\mathrm{d}y$$

$$=\int_0^{1-z}\left(\frac{1}{3}(1-y-z)^3\right)\mathrm{d}y+\int_0^{1-z}((y^2+z^2)(1-y-z))\mathrm{d}y$$

先计算 $\int_0^{1-z}\left(\frac{1}{3}(1-y-z)^3\right)\mathrm{d}y$，此时把 z 看成常量。设 $1-y-z=t$，

则 $y = 1 - z - t$，可得

$$\mathrm{d}y = \mathrm{d}(1 - z - t) = -\mathrm{d}t$$

因此

$$\int \frac{1}{3}(1 - y - z)^3 \mathrm{d}y = -\frac{1}{3}\int t^3 \mathrm{d}t = -\frac{1}{12}t^4$$

用换元法计算定积分时，下限和上限应相应做出变化。当 y 的定义域为 $[0, 1-z]$ 时，对应的 t 的定义域变为 $[1-z, 0]$。

❀ 学习点拨：估计很多人对定义域的变化没看懂。因前述已知 $t = 1 - y - z$，此前定积分的下限为 0，故将 $y = 0$ 代入 $t = 1 - y - z$，可得 $t = 1 - z$。因此，换元后，定积分的下限变为 $1 - z$。用同样的方法可算得换元后，定积分的上限变为 0。

$$\int_0^{1-z}\left(\frac{1}{3}(1-y-z)^3\right)\mathrm{d}y = -\frac{1}{12}t^4\Big|_{1-z}^0 = \frac{1}{12}(1-z)^4$$

接着计算 $\displaystyle\int_0^{1-z}((y^2 + z^2)(1 - y - z))\mathrm{d}y$。

$$\int_0^{1-z}((y^2 + z^2)(1 - y - z))\mathrm{d}y$$

$$= \int_0^{1-z}(y^2 + z^2 - y^3 - z^2y - zy^2 - z^3)\mathrm{d}y$$

$$= \left(\frac{1}{3}y^3 + z^2y - \frac{1}{4}y^4 - \frac{1}{2}z^2y^2 - \frac{1}{3}zy^3 - z^3y\right)\Big|_0^{1-z}$$

$$= \frac{1}{3}(1-z)^3 + z^2(1-z) - \frac{1}{4}(1-z)^4 - \frac{1}{2}z^2(1-z)^2 -$$

$$\quad \frac{1}{3}z(1-z)^3 - z^3(1-z)$$

因此

$$\int_0^{1-z}\left(\frac{1}{3}(1-y-z)^3 + (y^2 + z^2)(1 - y - z)\right)\mathrm{d}y$$

$$= \frac{1}{12}(1-z)^4 + \frac{1}{3}(1-z)^3 + z^2(1-z) - \frac{1}{4}(1-z)^4 -$$

$$\frac{1}{2}z^2(1-z)^2 - \frac{1}{3}z(1-z)^3 - z^3(1-z)$$

（3）计算第三个定积分。

$$\int_0^1 \left(\frac{1}{12}(1-z)^4 + \frac{1}{3}(1-z)^3 + z^2(1-z) - \frac{1}{4}(1-z)^4 - \frac{1}{2}z^2(1-z)^2 - \right.$$

$$\left. \frac{1}{3}z(1-z)^3 - z^3(1-z) \right) dz$$

由于多项式非常长,我们可分别计算各项定积分,再进行累加。计算过程如下:

$$\int_0^1 \frac{1}{12}(1-z)^4 dz = -\frac{1}{12}\int_0^1 (1-z)^4 d(1-z) = -\frac{1}{60}(1-z)^5 \Big|_0^1 = \frac{1}{60}$$

$$\int_0^1 \frac{1}{3}(1-z)^3 dz = -\frac{1}{3}\int_0^1 (1-z)^3 d(1-z) = -\frac{1}{12}(1-z)^4 \Big|_0^1 = \frac{1}{12}$$

$$\int_0^1 z^2(1-z) dz = \int_0^1 (z^2-z^3) dz = \left(\frac{1}{3}z^3 - \frac{1}{4}z^4 \right) \Big|_0^1 = \frac{1}{12}$$

$$\int_0^1 \left(-\frac{1}{4}(1-z)^4 \right) dz = \frac{1}{4}\int_0^1 (1-z)^4 d(1-z) = \frac{1}{20}(1-z)^5 \Big|_0^1 = -\frac{1}{20}$$

$$\int_0^1 \left(-\frac{1}{2}z^2(1-z)^2 \right) dz = -\frac{1}{2}\int_0^1 z^2(1-2z+z^2) dz$$

$$= -\frac{1}{2}\int_0^1 (z^2 - 2z^3 + z^4) dz$$

$$= -\frac{1}{2}\left(\frac{1}{3}z^3 - \frac{1}{2}z^4 + \frac{1}{5}z^5 \right) \Big|_0^1 = -\frac{1}{60}$$

$$\int_0^1 \left(-\frac{1}{3}z(1-z)^3 \right) dz = -\frac{1}{3}\int_0^1 (z - 3z^2 + 3z^3 - z^4) dz$$

$$= -\frac{1}{3}\left(\frac{1}{2}z^2 - z^3 + \frac{3}{4}z^4 - \frac{1}{5}z^5 \right) \Big|_0^1 = -\frac{1}{60}$$

$$\int_0^1 (-z^3(1-z))\mathrm{d}z = \int_0^1 (z^4-z^3)\mathrm{d}z = \left(\frac{1}{5}z^5 - \frac{1}{4}z^4\right)\Big|_0^1 = -\frac{1}{20}$$

$$\iiint_V (x^2+y^2+z^2)\mathrm{d}v = \frac{1}{60} + \frac{1}{12} + \frac{1}{12} - \frac{1}{20} - \frac{1}{60} - \frac{1}{60} - \frac{1}{20} = \frac{1}{20}$$

7.4 用多重积分解决实际问题

这一节,我们将讲解三个例子。一个例子是用二重积分计算平面薄板的质量,由此,可以发散联想到如果不是薄板该怎么计算呢? 第二个例子是用二重积分计算建筑物地基承受的压力。第三个例子是有关环路积分的应用示例。

7.4.1 用二重积分计算平面薄板的质量

现有一块形状不规则的平面薄板,已知其密度函数为 $\rho(x,y)$。也就是说这块薄板各点密度不同。现要求出这块薄板的质量。

均匀密度下的薄板质量为

$$M = \rho S$$

其中,M 为薄板的质量,S 为薄板的面积。由于薄板的密度不均匀,需要做微元化处理,从微观和累加观点的角度,用积分来解决问题。把薄板的表面看成由无限个微元组成,每个微元的面积计算公式为 $\mathrm{d}x\mathrm{d}y$。把薄板的表面看成积分区域 D,则薄板的质量可用以下二重积分来计算:

$$M = \iint_D \rho(x,y)\mathrm{d}x\mathrm{d}y$$

> 学习点拨:既然说是薄板,那就表示忽略厚度。

例 7-9:薄板由 x 轴、y 轴和 $x+y=1$ 围成,密度函数为 $\rho(x,y) = x+y$,要求薄板的质量 M。

解：

薄板表面的图形如图 7-13 所示。

显然，薄板质量为

$$M = \iint_D (x+y)\mathrm{d}x\,\mathrm{d}y$$

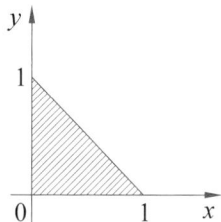

图 7-13　薄板表面的图形

思考转化成两次定积分计算时每次定积分的下限和上限。第一次定积分先对 x 做定积分，下限显然为 0，上限用函数表示，故为 $1-y$。第二次定积分的下限和上限为 0 和 1。因此，薄板质量的计算过程如下：

$$M = \iint_D (x+y)\mathrm{d}x\,\mathrm{d}y = \int_0^1 \mathrm{d}y \int_0^{1-y}(x+y)\mathrm{d}x = \int_0^1 \left(\frac{1}{2}x^2 + yx\right)\bigg|_0^{1-y}\mathrm{d}y$$

$$= \int_0^1 \left(\frac{1}{2}(1-y)^2 + y(1-y)\right)\mathrm{d}y$$

$$= -\frac{1}{2}\int_0^1 (1-y)^2\mathrm{d}(1-y) + \int_0^1 (y-y^2)\mathrm{d}y$$

$$= -\frac{1}{6}(1-y)^3\bigg|_0^1 + \left(\frac{1}{2}y^2 - \frac{1}{3}y^3\right)\bigg|_0^1 = \frac{1}{6} + \frac{1}{6} = \frac{1}{3}$$

❋　学习点拨：如果要计算的不是薄板，而是厚板呢？这时就要考虑厚板的厚度。可用三重积分来做质量计算。如果已知厚板的密度函数为 $\rho(x,y,z)$，积分区域 D 为厚板，则厚板的质量为

$$M = \iiint_D \rho(x,y,z)\mathrm{d}x\,\mathrm{d}y\,\mathrm{d}z$$

7.4.2　用二重积分计算建筑物地基承受的压力

建筑物地基的形状通常不规则，我们把它看成一个不规则形状的平面。建筑物对地基各处产生的压力并不均匀，可用函数 $P(x,y)$ 表示。现要计算

地基承受的压力。

把代表地基的平面看成由无限个微元组成，则微元的面积为 $\mathrm{d}x\mathrm{d}y$。这个微元代表的微面积承受的压力为 $P(x,y)\mathrm{d}x\mathrm{d}y$。把代表地基的平面看成二重积分的积分区域 D，则地基承受的压力 F 为

$$F = \iint\limits_{D} P(x,y)\mathrm{d}x\mathrm{d}y$$

大家理解了这种从微观、累加的观点来看待和解决问题的思路就好，这里就不再重复计算具体的二重积分了。

◎7.4.3　用环路积分计算圆周运动的位移

◎本节阅读如有困难，可选读。

现有一个在水平面上做匀速圆周运动的小球。这个小球被一根绳子拴着在水平面上以恒定的速度 v 绕着一个固定点做圆周运动。如果想知道在一段时间 t 内小球的位移，该怎么计算？

小球的匀速圆周运动如图 7-14 所示。

由于小球的速度为 v，故它的角速度为 $\omega = \dfrac{v}{r}$。单位时间 t 里，小球转过的圈数为 $n = \omega t = \dfrac{vt}{r}$。设位移 S 的微元为 $\mathrm{d}S$，位移的方向总是与速度的方向保持一致，即垂直于半径的方向。所以有

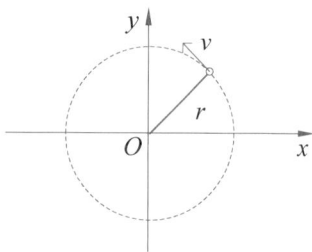

图 7-14　小球的匀速
圆周运动

$$S = \oint v\mathrm{d}S = v\oint \mathrm{d}S = v2\pi rn = 2\pi rv\frac{vt}{r} = 2\pi v^2$$

这个示例与现实生活中很多问题类似，如车轮的滚动、旋转机械的运动等，对这些运动的分析可以帮助我们设计更高效的机械结构和运动系统。

7.5　小结

　　总结起来,多重积分的计算请记住这句话："先对谁求定积分,就把表示谁的函数先放到定积的上下限中;把纯数量表示的上下限放给最后一个定积分。"结合积分区域的几何图形及二重积分的几何意义来计算更为形象,二重积分归根到底就是计算以积分区域为底的曲顶柱体的体积。

　　如果积分区域与圆形或类似于圆形的区域有关,考虑用极坐标计算二重积分会更为简便。如果能理解曲线积分,会让我们对多重积分的计算打开一片更广阔的天地。三重积分的计算可以沿用二重积分计算的思路,只是计算过程会稍显复杂,因为要多计算一次定积分。

第 8 章 常微分方程

知识树

常微分方程的知识树如图 8-1 所示。

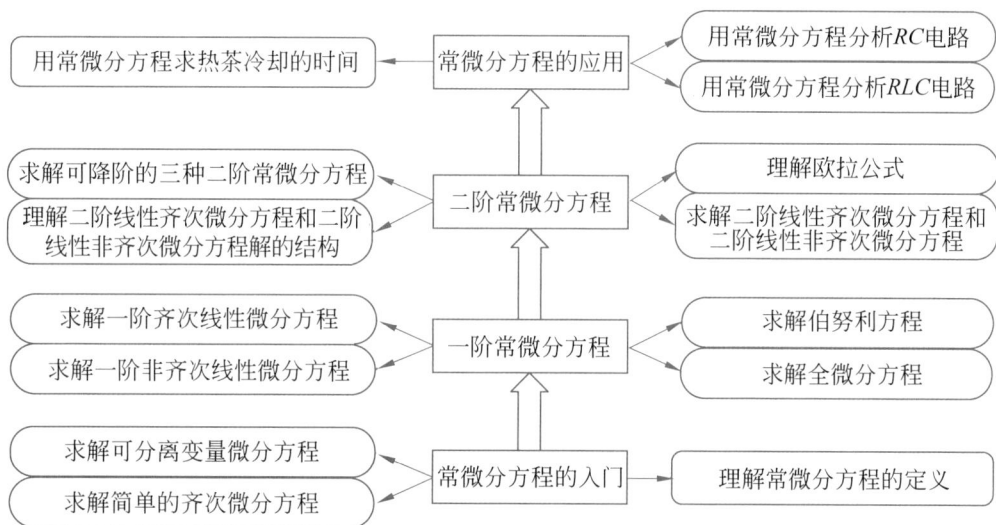

```
用常微分方程求热茶冷却的时间 ←  常微分方程的应用  → 用常微分方程分析RC电路
                                              → 用常微分方程分析RLC电路
                                ↑
求解可降阶的三种二阶常微分方程 ←   二阶常微分方程   → 理解欧拉公式
理解二阶线性齐次微分方程和二阶                      → 求解二阶线性齐次微分方程和
线性非齐次微分方程解的结构                           二阶线性非齐次微分方程
                                ↑
求解一阶齐次线性微分方程 ←       一阶常微分方程   → 求解伯努利方程
求解一阶非齐次线性微分方程 ←                       → 求解全微分方程
                                ↑
求解可分离变量微分方程 ←         常微分方程的入门 → 理解常微分方程的定义
求解简单的齐次微分方程 ←
```

图 8-1 常微分方程的知识树

应用场景：描述电源撤除后 *RL* 电路中电流的变化规律

一个电源、电阻 R、电感器 L 串联的电路，如果电源突然撤除，变成由电阻和电感串联，如图 8-2 所示。现在想知道电路中电流的变化规律。

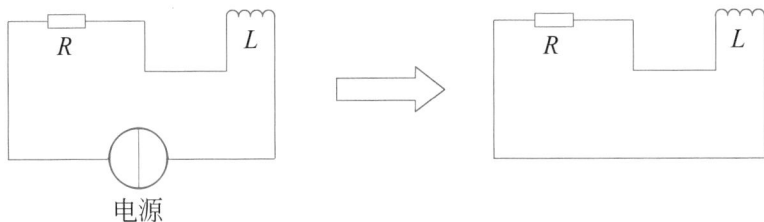

图 8-2 串联电路示例

显然，因为电阻和电感器的作用，电流会慢慢变小。设电流为 $i(t)$，表示电流随时间而变化。则可得到如下的常微分方程：

$$L\ \frac{\mathrm{d}i}{\mathrm{d}t}+Ri=0$$

电感的特性是当电流变化时，会产生感应电动势来阻碍电流的变化。$\frac{\mathrm{d}i}{\mathrm{d}t}$ 是电流随时间的变化率。$L\ \frac{\mathrm{d}i}{\mathrm{d}t}$ 表示电感上的感应电动势。电动势的单位是 V，电流的单位是 A，电感的单位为 H。

电阻会对电流产生阻碍作用。根据欧姆定律，电阻两端的电压等于电阻乘以通过的电流，即 Ri。

当电源突然断开后，电路中不再有外部电源提供电压。在这个瞬间，根据基尔霍夫电压定律，在任何一个闭合回路中，所有元件上的电压之和为零。故有前面给出的一阶齐次线性微分方程。

这意味着电感产生的感应电动势大小等于电阻上的电动势，且方向相反，它们共同作用使得电路中的电流逐渐减小，直到最终为零。

当电源断开瞬间,电感会产生一个感应电动势来阻碍电流的减小,这个感应电动势的方向与原来电流的方向相同,以试图维持电流不变。但由于电阻的存在,电流还是会逐渐减小,这个过程就可以用上述方程来描述。

那怎么解这个方程呢?本章将会学习求解方法。下面给出求解过程供提前学习。

◎以下计算过程阅读如有困难,可选读。可以在学习后续知识后再回头阅读。

分离方程中的变量,可得

$$L\frac{\mathrm{d}i}{\mathrm{d}t}+Ri=0 \Rightarrow L\frac{\mathrm{d}i}{\mathrm{d}t}=-Ri \Rightarrow \frac{1}{i}\mathrm{d}i=-\frac{R}{L}\mathrm{d}t \Rightarrow \int\frac{1}{i}\mathrm{d}i=-\int\frac{R}{L}\mathrm{d}t$$

$$\Rightarrow \ln|i|=-\frac{R}{L}t+C \Rightarrow i=\pm\exp\left(-\frac{R}{L}t+C\right) \Rightarrow i=D\cdot\exp\left(-\frac{R}{L}t\right)$$

提示:$\exp(a)=\mathrm{e}^{a}$。

这个结果可以用来分析电路在电源断开后的电流变化情况。通过确定电流随时间的衰减规律,可以设计保护电路、防止过电压和过电流对电子设备造成损坏。例如,在一些需要快速切断电源的场合,可以根据这个方程计算出电流衰减到安全水平所需的时间,从而合理选择保护器件的参数。

例 8-1:上述 RL 电路中,假设电感 $L=2\mathrm{H}$,电阻 $R=10\Omega$,初始时电流 $i(0)=1\mathrm{A}$。现想知道 1s 后电流的大小。

解:

根据前述分析,有如下规律:

$$i=D\cdot\exp\left(-\frac{10}{2}t\right)=D\cdot\exp(-5t)$$

将 $t=0,i=1$ 代入,可得

$$1=D\cdot\exp(-5\times0) \Rightarrow D=1$$

故进一步可确定规律:

$$i=\exp(-5t)$$

1s 后电流的大小为

$$i = \exp(-5 \times 1) \approx 0.006\ 738(\text{A})$$

◎选读内容结束

常微分方程在很多领域有着应用。

（1）在数学上用于求出变量之间的关系函数。我们可以根据变量之间的导数关系、微元关系等建立起方程，再通过求解方程找到变量之间的关系函数。

（2）在物理学、热学方面有着大量应用。例如，在物理学领域，常微分方程可以用于做电路分析，有电感、电容器件参与的电路通常要用到微积分知识建立起常微分方程。在热学领域，我们可以运用常微分方程找到冷却时间公式。

（3）理解本章知识有助于学习更复杂的常微分方程知识。本章只是讲解较为简单的一阶微分方程和二阶微分方程。这正是学习更高阶及更为复杂形式的微分方程的基础。

问题先导：求解常微分方程有什么通用的思路

（1）学生问：老师，我一看到方程就头痛，学习常微分方程有什么办法吗？

简要回答：要看头痛的原因是什么。有的人是看到积分、微分符号就有心理恐惧，克服的办法是多做练习，熟悉了就不怕。很多人怕的原因是不知道求解的方法，本章会教这些求解的方法。

（2）学生问：老师，翻了翻书，感觉常微分方程求解的过程特别复杂，数学符号特别多，有办法通俗理解吗？

简要回答：其实并不复杂。老师也没有打算在本书讲解复杂、高阶的微分方程。要想通俗理解，一是得理解各种方程的形式，为什么叫特定的方程名称,如一阶齐次线性微分方程中的"一阶""齐次""线性"分别是什么含义。二是要理解求解的过程,而不是去死记通解的公式。我相信很少有人有这么强的记忆力,能记住这么冗长的公式。

(3)学生问:老师,求解常微分方程有什么通用的思路吗?

简要回答:通用的思路可以概括为三句话。第一句话,把复杂的形式化为更简单的形式,在更简单的形式下再求解。第二句话,将同一变量的微分及函数放到等式的同一边,再分别做积分运算。第三句话,对求积分时带出的常数项所在的式子做适当简化。

8.1 常微分方程的定义及简单的常微分方程

在理解常微分方程概念的基础上,本节将学习两种相对简单、特殊的常微分方程及其求解方法。这两种常微分方程是可分离变量方程和齐次微分方程。

8.1.1 理解什么是常微分方程

我们先得把"常微分方程"这个名称理解透彻。"方程"一词说明是要求解,求一个什么样的解呢? 常微分方程要求得的解不是数值,而是函数,即因变量与自变量的关系函数。"微分"一词表示方程中必有导数、微分这样的符号出现。"常"字与"偏"对应,偏是指的偏导数、偏微分,说明常微分方程中不会出现偏导数、偏微分,换句话说,方程及求得的解只有一个自变量、一个因变量。因为只有偏导数、偏微分才会出现有多个自变量。

8.1.2 学会求解可分离变量方程

可分离变量方程是常微分方程最为简单的一种,形如

$$g(y)\mathrm{d}y = f(x)\mathrm{d}x$$

显然,等式左边全是有关 y 的函数和微分,不出现 x;等式右边全是有关 x 的函数和微分,不出现 y。只要可以化为这种形式的方程,就称为可分离变量方程。所谓"可分离"就是指可以把 y 和 x 分离到等式两边。

分离好变量后,就可以对等式两边积分,得

$$\int g(y)\mathrm{d}y = \int f(x)\mathrm{d}x$$

计算完成后就可得到表示 y 和 x 关系的函数,这个函数中必有常数 C 项。为什么会有 C 项?因为两边都是求的不定积分。如果有初始条件,则可将初始条件代入求得的函数中,再行确定 C 的值。下面就来做一个解可分离变量方程的例子。

例 8-2:求解方程 $y' = xy$。初始条件:当 $x = 0$ 时,$y = 1$。

解:

$$y' = xy \Rightarrow \frac{\mathrm{d}y}{\mathrm{d}x} = xy \Rightarrow \frac{1}{y}\mathrm{d}y = x\,\mathrm{d}x \Rightarrow \int \frac{1}{y}\mathrm{d}y = \int x\,\mathrm{d}x \Rightarrow \ln|y| = \frac{1}{2}x^2 + C$$

$$\Rightarrow y = \pm\, \mathrm{e}^{\frac{1}{2}x^2 + C} \Rightarrow y = \pm\, \mathrm{e}^{\frac{1}{2}x^2}\, \mathrm{e}^C$$

因为 $\pm\mathrm{e}^C$ 可正可负,结果仍然是一个常数,且这个常数可表达出的数值范围是任意的正数、负数,所以 $\pm\mathrm{e}^C$ 可以用另一个常数 C 来代替。由此,函数可转化为

$$y = C\mathrm{e}^{\frac{1}{2}x^2}$$

把初始条件代入这个函数,可得 $C = 1$。故最后得到这个常微分方程的解为

$$y = \mathrm{e}^{\frac{1}{2}x^2}$$

8.1.3　学会求解简单的齐次微分方程

一种简单的齐次微分方程的形式如下:

$$\frac{\mathrm{d}y}{\mathrm{d}x} = f\left(\frac{y}{x}\right)$$

首先，应理解为什么叫"齐次"。所谓"齐次"是指经过某种变换后方程可保持一定的不变性。齐次微分方程中的 x 和 y 如果同时乘以常数 $k(k \neq 0)$，可得

$$\frac{\mathrm{d}(ky)}{\mathrm{d}(kx)} = f\left(\frac{ky}{kx}\right) \Rightarrow \frac{k\,\mathrm{d}y}{k\,\mathrm{d}x} = f\left(\frac{y}{x}\right) \Rightarrow \frac{\mathrm{d}y}{\mathrm{d}x} = f\left(\frac{y}{x}\right)$$

可以发现，此时方程其实并没有改变。

其次，来看怎么求解齐次微分方程。设 $\dfrac{y}{x} = t$，则

$$y = tx \Rightarrow \frac{\mathrm{d}y}{\mathrm{d}x} = \frac{\mathrm{d}t}{\mathrm{d}x}x + t$$

❋　学习点拨：这一步要注意：t 不是一个常量，而是一个函数，因此对 tx 求导时，应使用复合函数乘法的求导法则来求导。

将 $\dfrac{y}{x} = t$ 和 $\dfrac{\mathrm{d}y}{\mathrm{d}x} = \dfrac{\mathrm{d}t}{\mathrm{d}x}x + t$ 代入原方程，可得

$$\frac{\mathrm{d}t}{\mathrm{d}x}x + t = f(t) \Rightarrow \frac{\mathrm{d}t}{\mathrm{d}x}x = f(t) - t \Rightarrow \frac{1}{f(t) - t}\mathrm{d}t = \frac{1}{x}\mathrm{d}x$$

这样就转化成了一个可分离变量方程。对这个可分离变量求解，可得到一个 t 与 x 关系的函数作为解。再把 $\dfrac{y}{x} = t$ 代入解，即可得到 y 与 x 关系的函数作为齐次微分方程的解。下面一起来看一个例子巩固所学。

例 8-3：求解方程

$$\frac{\mathrm{d}y}{\mathrm{d}x} = \frac{y}{x} + \sqrt{\frac{y}{x}}$$

解：

设 $\dfrac{y}{x} = t$，则

$$y = tx \Rightarrow \frac{\mathrm{d}y}{\mathrm{d}x} = \frac{\mathrm{d}t}{\mathrm{d}x}x + t$$

再代入原方程，可得

$$\frac{\mathrm{d}t}{\mathrm{d}x}x + t = t + \sqrt{t} \Rightarrow \frac{\mathrm{d}t}{\mathrm{d}x}x = \sqrt{t} \Rightarrow \frac{1}{\sqrt{t}}\mathrm{d}t = \frac{1}{x}\mathrm{d}x \Rightarrow \int \frac{1}{\sqrt{t}}\mathrm{d}t = \int \frac{1}{x}\mathrm{d}x$$

$$\Rightarrow 2t^{\frac{1}{2}} = \ln|x| + C \Rightarrow 2\sqrt{t} = \ln|x| + C$$

再把 $\dfrac{y}{x} = t$ 代入这个解，可得

$$2\sqrt{\frac{y}{x}} = \ln|x| + C$$

此即为原方程的解。

8.2 一阶常微分方程

本节将一起学会求解一阶齐次线性微分方程、一阶非齐次线性微分方程、全微分方程。尽管全微分方程不一定是一阶常微分方程，但考虑到学习本节时的情况以一阶常微分方程为主，故内容编排在本节中。

8.2.1 学会求解一阶齐次线性微分方程

一阶线性齐次微分方程的形式如下：

$$\frac{\mathrm{d}y}{\mathrm{d}x} + P(x)y = 0$$

这同样是一种特殊、相对简单的常微分方程，只是比可分离变量方程、齐次微分方程稍显复杂那么一点点。

首先，从名称上来理解这种方程。所谓"一阶"是指导数只有一阶，不涉及二阶导数和更高阶的导数。

所谓"齐次"也具有两层含义：第一层含义看形式。从外观上来看，方程

的右边为 0,左边除了 $\dfrac{\mathrm{d}y}{\mathrm{d}x}$、$P(x)y$ 外,再没有其他的项。第二层含义看实质。这与此前学习的齐次微分方程类似。

如果 x 和 y 同时乘以常数 $k(k\neq 0)$,可得

$$\frac{\mathrm{d}(ky)}{\mathrm{d}(ky)}+P(kx)ky=0\Rightarrow\frac{\mathrm{d}y}{\mathrm{d}x}+P(kx)ky=0$$

从形式上来看,它仍然是一个一阶齐次线性微分方程。

所谓"线性"是指只有有关 y 的一次方多项式,不会出现有关 y^2、$y\dfrac{\mathrm{d}y}{\mathrm{d}x}$、$\left(\dfrac{\mathrm{d}y}{\mathrm{d}x}\right)^2$ 等形式的二次方及以上多项式。

❀ 学习点拨:一阶线性微分方程中也不会出现有关 x 的二次方及以上多项式,但是 $P(x)$ 中可以出现关于 x 的二次方及以上多项式。

接下来,看如何求解一阶齐次线性微分方程。

$$\frac{\mathrm{d}y}{\mathrm{d}x}+P(x)y=0\Rightarrow\frac{\mathrm{d}y}{\mathrm{d}x}=-P(x)y\Rightarrow\frac{1}{y}\mathrm{d}y=-P(x)\mathrm{d}x$$

$$\Rightarrow\int\frac{1}{y}\mathrm{d}y=-\int P(x)\mathrm{d}x$$

$$\Rightarrow\ln\mid y\mid=-\int P(x)\mathrm{d}x+C\Rightarrow y=\pm\,\mathrm{e}^{-\int P(x)\mathrm{d}x+C}$$

考虑到 e 的指数中有函数,看起来指数上的文字会比较小,容易看错,所以常把 e 的幂次形式写成 exp( )的形式。

$$y=\pm\exp\left(-\int P(x)\mathrm{d}x+C\right)\Rightarrow y=\pm\exp\left(-\int P(x)\mathrm{d}x\right)\exp(C)$$

这个式子中,因为 $\pm\exp(C)$ 可正可负,结果仍然是一个常数,且这个常数可表达出的数值范围是任意的正数、负数,所以 $\pm\exp(C)$ 可以用另一个常数 D 来代替。因此,可以写为

$$y = D \cdot \exp\left(-\int P(x)\mathrm{d}x\right)$$

学习点拨：是否可以用常数 D 代替含有常数 C 的项？标准就看替换后是否影响表达的数值范围。如果不影响就可以替换。后续的学习中还会有很多这样的简化应用。

例 8-4：求解方程

$$\frac{\mathrm{d}y}{\mathrm{d}x} + x^2 y = 0$$

解：

$$\frac{\mathrm{d}y}{\mathrm{d}x} + x^2 y = 0 \Rightarrow \frac{\mathrm{d}y}{\mathrm{d}x} = -x^2 y \Rightarrow \frac{1}{y}\mathrm{d}y = -x^2 \mathrm{d}x \Rightarrow \int \frac{1}{y}\mathrm{d}y = -\int x^2 \mathrm{d}x$$

$$\Rightarrow \ln|y| = -\frac{1}{3}x^3 + C \Rightarrow y = \pm\exp\left(-\frac{1}{3}x^3 + C\right)$$

$$\Rightarrow y = D \cdot \exp\left(-\frac{1}{3}x^3\right)$$

8.2.2　学会求解一阶非齐次线性微分方程

从名称上对比一阶齐次线性微方程，一阶非齐次线性微分方程只是在"齐次"前加了个"非"字，也就是说只是破坏了"齐次"，但并不破坏"一阶""线性"。

一阶非齐次线性微分方程的形式如下：

$$\frac{\mathrm{d}y}{\mathrm{d}x} + P(x)y = Q(x)$$

从形式上来看，只是将一阶齐次线性微分方程右边的 0 变成了 $Q(x)$。注意 $Q(x)$ 里不出现 y 项。

有两种方法可用来求解非齐次线性微分方程。第一种是常数变易法；第二种是积分因子法。

1. 常数变易法

先求对应的一阶齐次线性微分方程的解，可得

$$y = C \cdot \exp\left(-\int P(x)\mathrm{d}x\right)$$

把其中的 C 变易（所谓变易是"改变、变化"之意，不是"变得容易"之意）成 $C(x)$：

$$y = C(x)\exp\left(-\int P(x)\mathrm{d}x\right)$$

$$\Rightarrow \frac{\mathrm{d}y}{\mathrm{d}x} = \frac{\mathrm{d}C(x)}{\mathrm{d}x}\exp\left(-\int P(x)\mathrm{d}x\right) - C(x)P(x)\exp\left(-\int P(x)\mathrm{d}x\right)$$

将上述两个式子代入原方程，可得

$$\frac{\mathrm{d}C(x)}{\mathrm{d}x}\exp\left(-\int P(x)\mathrm{d}x\right) - C(x)P(x)\exp\left(-\int P(x)\mathrm{d}x\right) +$$

$$P(x)C(x)\exp\left(-\int P(x)\mathrm{d}x\right) = Q(x)$$

化简为

$$\frac{\mathrm{d}C(x)}{\mathrm{d}x}\exp\left(-\int P(x)\mathrm{d}x\right) = Q(x)$$

可再次计算，求得 $C(x)$：

$$\frac{\mathrm{d}C(x)}{\mathrm{d}x}\exp\left(-\int P(x)\mathrm{d}x\right) = Q(x) \Rightarrow \mathrm{d}C(x) = Q(x)\exp\left(\int P(x)\mathrm{d}x\right)\mathrm{d}x$$

$$\Rightarrow \int \mathrm{d}C(x) = \int Q(x)\exp\left(\int P(x)\mathrm{d}x\right)\mathrm{d}x$$

$$\Rightarrow C(x) = \int Q(x)\exp\left(\int P(x)\mathrm{d}x\right)\mathrm{d}x + D$$

再代入 $y = C(x)\exp(-\int P(x)\mathrm{d}x)$，即可得到方程的解：

$$y = C(x)\exp\left(-\int P(x)\mathrm{d}x\right)$$

$$\Rightarrow y = \left(\int Q(x)\exp\left(\int P(x)\mathrm{d}x\right)\mathrm{d}x + D\right)\exp\left(-\int P(x)\mathrm{d}x\right)$$

> 　　学习点拨：看起来上述表达式是不是有点复杂？不用怕，积分符号并不难理解。当然，我更提倡理解整个求解过程，而不是去观察一堆的符号而产生恐惧心理。

答疑解惑

学生问：老师，为什么我们要将 C 变易成 $C(x)$？

老师答：我们认为一阶齐次线性微方程和一阶非齐次线性微方程的解存在关联性，这种关联性就是 C 这个常数。如果把 C 变成函数，可以表达出更为复杂的函数关系，从而扩展解的表达空间，求出一阶非齐次线性微方程的解。

　　如果觉得这种解方程的思路不好接受，接下来的另一种方法应当还是比较直观的。

2. 积分因子法

先求出 $\exp\left(\int P(x)\mathrm{d}x\right)$，以其作为因子乘方程两边得

$$\exp\left(\int P(x)\mathrm{d}x\right)\frac{\mathrm{d}y}{\mathrm{d}x} + P(x)y \cdot \exp\left(\int P(x)\mathrm{d}x\right) = Q(x)\exp\left(\int P(x)\mathrm{d}x\right)$$

提示：为免产生误读，上面的式子中增加了符号"·"表示乘法。

经仔细观察，可以发现等式左边实际上是

$$\frac{\mathrm{d}\left(y \cdot \exp\left(\int P(x)\mathrm{d}x\right)\right)}{\mathrm{d}x}$$

据此，方程进一步变化为

$$\frac{\mathrm{d}\left(y \cdot \exp\left(\int P(x)\mathrm{d}x\right)\right)}{\mathrm{d}x} = Q(x)\exp\left(\int P(x)\mathrm{d}x\right)$$

$$\Rightarrow \mathrm{d}\left(y \cdot \exp\left(\int P(x)\mathrm{d}x\right)\right) = Q(x)\exp\left(\int P(x)\mathrm{d}x\right)\mathrm{d}x$$

$$\Rightarrow \int \mathrm{d}\left(y \cdot \exp\left(\int P(x)\mathrm{d}x\right)\right) = \int Q(x)\exp\left(\int P(x)\mathrm{d}x\right)\mathrm{d}x$$

$$\Rightarrow y \cdot \exp\left(\int P(x)\mathrm{d}x\right) = \int Q(x)\exp\left(\int P(x)\mathrm{d}x\right)\mathrm{d}x + D$$

$$\Rightarrow y = \exp\left(-\int P(x)\mathrm{d}x\right)\left(\int Q(x)\exp\left(\int P(x)\mathrm{d}x\right)\mathrm{d}x + D\right)$$

可以看到,两种方法求出的解形式相同。

> 学习点拨:切勿背公式。普通人记不住这么复杂的公式。请一定注意理解推导过程。

例 8-5:求解方程

$$\frac{\mathrm{d}y}{\mathrm{d}x} + 2xy = x$$

解:

从上式中可看出,$P(x)=2x$、$Q(x)=x$。我们来使用积分因子法求解。先求出 $\exp\left(\int P(x)\mathrm{d}x\right)$:

$$\exp\left(\int P(x)\mathrm{d}x\right) = \exp\left(\int 2x\,\mathrm{d}x\right) = \exp(x^2 + C)$$

接下来的计算将在方程两边都乘以一个函数,且

$$\exp(x^2 + C) = \exp(x^2) \cdot \exp(C)$$

故可令 $C=0$,这样既不影响求解方程,且可以简化计算。将方程两边均乘以 $\exp(x^2)$,可得

$$\frac{\mathrm{d}y}{\mathrm{d}x}\exp(x^2) + 2xy \cdot \exp(x^2) = x \cdot \exp(x^2)$$

$$\Rightarrow \frac{\mathrm{d}(y \cdot \exp(x^2))}{\mathrm{d}x} = x \cdot \exp(x^2) \Rightarrow \int \mathrm{d}(y \cdot \exp(x^2)) = \int x \cdot \exp(x^2)\mathrm{d}x$$

$$\Rightarrow y \cdot \exp(x^2) = \int x \cdot \exp(x^2)\mathrm{d}x + D$$

$$\Rightarrow y = \exp(-x^2)\left(\frac{1}{2}\int \exp(x^2)\mathrm{d}(x^2) + D\right)$$

$$\Rightarrow y = \exp(-x^2)\left(\frac{1}{2}\exp(x^2) + E\right)$$

$$\Rightarrow y = \frac{1}{2}\frac{\exp(x^2)+E}{\exp(x^2)} = \frac{1}{2}\left(1 + \frac{E}{\exp(x^2)}\right) = \frac{1}{2} + \frac{E}{2\exp(x^2)}$$

8.2.3　学会求解伯努利方程

伯努利方程是一种一阶非线性微分方程,形式如下:

$$\frac{\mathrm{d}y}{\mathrm{d}x} + P(x)y = Q(x)y^n, n \neq 0 \text{ 且 } n \neq 1$$

这又是一种特殊的一阶常微分方程。为了纪念最先提出这种方程及其求解方法的数学家伯努利,给这类方程命名为伯努利方程。值得注意的是,这个伯努利方程与流体力学领域著名的伯努利方程不是一回事,发明这两种方程的科学家也不是同一位伯努利。

由于伯努利方程的等式右边含有非一次项 y^n,所以是一阶非线性微分方程。但是伯努利方程可以使用换元法转变成一阶线性微分方程,再行求解。求解的步骤如下。

第一步,方程变形。将方程两边除以 y^n,可得

$$\frac{1}{y^n}\frac{\mathrm{d}y}{\mathrm{d}x} + \frac{1}{y^{n-1}}P(x) = Q(x)$$

第二步,换元。设 $z = y^{1-n}$,则

$$\frac{\mathrm{d}z}{\mathrm{d}x} = (1-n)y^{-n}\frac{\mathrm{d}y}{\mathrm{d}x} \Rightarrow \frac{\mathrm{d}y}{\mathrm{d}x} = \frac{1}{1-n}y^n\frac{\mathrm{d}z}{\mathrm{d}x}$$

将 $z = y^{1-n}$ 和 $\frac{\mathrm{d}y}{\mathrm{d}x} = \frac{1}{1-n}y^n\frac{\mathrm{d}z}{\mathrm{d}x}$ 代入第一步得到的方程,可得

$$\frac{1}{y^n}\frac{1}{1-n}y^n\frac{\mathrm{d}z}{\mathrm{d}x}+P(x)z=Q(x)\Rightarrow\frac{1}{1-n}\frac{\mathrm{d}z}{\mathrm{d}x}+P(x)z=Q(x)$$

$$\Rightarrow\frac{\mathrm{d}z}{\mathrm{d}x}+(1-n)P(x)z=(1-n)Q(x)$$

可见,已经转换成了一个一阶非齐次线性微分方程。

第三步,求这个一阶非齐次线性微分方程的解。

先求出 $\exp\left((1-n)\int P(x)\mathrm{d}x\right)$,以其作为因子乘一阶非齐次线性微分

方程 $\dfrac{\mathrm{d}z}{\mathrm{d}x}+(1-n)P(x)z=(1-n)Q(x)$ 两边,可得

$$\exp\left((1-n)\int P(x)\mathrm{d}x\right)\frac{\mathrm{d}z}{\mathrm{d}x}+(1-n)P(x)z\cdot\exp\left((1-n)\int P(x)\mathrm{d}x\right)$$

$$=(1-n)Q(x)\exp\left((1-n)\int P(x)\mathrm{d}x\right)$$

经仔细观察,可以发现等式左边实际上是

$$\frac{\mathrm{d}}{\mathrm{d}x}\left(z\cdot\exp\left((1-n)\int P(x)\mathrm{d}x\right)\right)$$

据此,方程进一步变化为

$$\frac{\mathrm{d}}{\mathrm{d}x}\left(z\cdot\exp\left((1-n)\int P(x)\mathrm{d}x\right)\right)=(1-n)Q(x)\exp\left((1-n)\int P(x)\mathrm{d}x\right)$$

$$\Rightarrow\int\mathrm{d}\left(z\cdot\exp\left((1-n)\int P(x)\mathrm{d}x\right)\right)=(1-n)\int Q(x)\exp\left((1-n)\int P(x)\mathrm{d}x\right)\mathrm{d}x$$

$$\Rightarrow z\cdot\exp\left((1-n)\int P(x)\mathrm{d}x\right)=(1-n)\int Q(x)\exp\left((1-n)\int P(x)\mathrm{d}x\right)\mathrm{d}x+C$$

$$\Rightarrow z=\exp\left((n-1)\int P(x)\mathrm{d}x\right)\left((1-n)\int Q(x)\exp\left((1-n)\int P(x)\mathrm{d}x\right)\mathrm{d}x+C\right)$$

将 $z=y^{1-n}$ 代入,得到伯努利方程的通解为

$$y^{1-n}=\exp\left((n-1)\int P(x)\mathrm{d}x\right)\left((1-n)\int Q(x)\exp\left((1-n)\int P(x)\mathrm{d}x\right)\mathrm{d}x+C\right)$$

请大家不要死记通解的式子,事实上这个式子也挺难记的。我们还是要

理解求解的过程。

> 🍀 **学习点拨**：如果不习惯用积分因子法，可以用前面所学的常数变易法。

例 8-6：求解常微分方程

$$\frac{\mathrm{d}y}{\mathrm{d}x} + y = xy^2$$

解：

显然，等式右边存在 y^2，这是一个相对简单的伯努利方程。从原方程中可以看出 $P(x)=1, Q(x)=x, n=2$。

第一步，方程变形。将方程两边同除以 y^2，可得

$$\frac{1}{y^2}\frac{\mathrm{d}y}{\mathrm{d}x} + \frac{1}{y^2}y = x \Rightarrow \frac{1}{y^2}\frac{\mathrm{d}y}{\mathrm{d}x} + \frac{1}{y} = x$$

第二步，换元。设 $z = y^{-1}$，则

$$\frac{\mathrm{d}z}{\mathrm{d}x} = -\frac{1}{y^2}\frac{\mathrm{d}y}{\mathrm{d}x} \Rightarrow \frac{\mathrm{d}y}{\mathrm{d}x} = -y^2\frac{\mathrm{d}z}{\mathrm{d}x}$$

将 $z = y^{-1}$ 和 $\dfrac{\mathrm{d}y}{\mathrm{d}x} = -y^2\dfrac{\mathrm{d}z}{\mathrm{d}x}$ 代入第一步得到的方程，可得

$$\frac{1}{y^2}\left(-y^2\frac{\mathrm{d}z}{\mathrm{d}x}\right) + z = x \Rightarrow \frac{\mathrm{d}z}{\mathrm{d}x} - z = -x$$

第三步，求这个一阶非齐次线性微分方程的解。先求出 $\exp\left((1-n)\displaystyle\int P(x)\mathrm{d}x\right)$：

$$\exp\left((1-n)\int P(x)\mathrm{d}x\right) = \exp\left((1-2)\int 1\cdot\mathrm{d}x\right) = \exp\left(-\int\mathrm{d}x\right)$$
$$= \exp(-x + C) = D\cdot\exp(-x)$$

以 $D\cdot\exp(-x)$ 作为因子乘一阶非齐次线性微分方程两边，可得

$$\frac{\mathrm{d}z}{\mathrm{d}x}D\cdot\exp(-x) - zD\cdot\exp(-x) = -xD\cdot\exp(-x)$$

经仔细观察，可以发现等式左边实际上是

$$D \frac{\mathrm{d}}{\mathrm{d}x}(z \cdot \exp(-x))$$

据此，方程进一步变化为

$$D \frac{\mathrm{d}}{\mathrm{d}x}(z \cdot \exp(-x)) = -xD \cdot \exp(-x)$$

$$\Rightarrow \int \mathrm{d}(z \cdot \exp(-x)) = -\int x \cdot \exp(-x)\mathrm{d}x$$

$$\Rightarrow z \cdot \exp(-x) = \int x \cdot \mathrm{d}(\exp(-x)) + E$$

$$\Rightarrow z \cdot \exp(-x) = x \cdot \exp(-x) - \int \exp(-x)\mathrm{d}x + E$$

$$\Rightarrow z \cdot \exp(-x) = x \cdot \exp(-x) + \int \exp(-x)\mathrm{d}(-x) + E$$

$$\Rightarrow z \cdot \exp(-x) = x \cdot \exp(-x) + \exp(-x) + E$$

$$\Rightarrow z = \exp(x)(x \cdot \exp(-x) + \exp(-x) + E) \Rightarrow z = x + 1 + \exp(x)E$$

$$\Rightarrow z = x + 1 + F$$

将 $z = y^{-1}$ 代入，得到本题方程的通解为

$$y^{-1} = x + 1 + F$$

◎8.2.4 学会求解全微分方程

全微分方程的形式如下：

$$P(x,y)\mathrm{d}x + Q(x,y)\mathrm{d}y = 0$$

全微分方程的左边是某个函数 $R(x,y)$ 的全微分。$R(x,y) + C = 0$ 就是方程的通解。那么，现在关键的是要求出 $R(x,y)$。需要特别注意的是：全微分不只是一阶方程，二阶也有全微分，只是这里先学会求解一阶全微分方程。

首先，要透彻理解什么是全微分方程。确定方程是全微分方程的判定条

件是

$$\frac{\partial P}{\partial y}=\frac{\partial Q}{\partial x}$$

很多人没看明白这个判定条件,怎么突然蹦出这个判定条件呢? $R(x,y)$ 的全微分为

$$\frac{\partial R}{\partial x}\mathrm{d}x+\frac{\partial R}{\partial y}\mathrm{d}y$$

结合方程来看,必有

$$\frac{\partial R}{\partial x}=P(x,y)$$

$$\frac{\partial R}{\partial y}=Q(x,y)$$

如果 $R(x,y)$ 有二阶混合偏导数,则有

$$\frac{\partial}{\partial y}\left(\frac{\partial R}{\partial x}\right)=\frac{\partial}{\partial x}\left(\frac{\partial R}{\partial y}\right)$$

故有 $\frac{\partial P}{\partial y}=\frac{\partial Q}{\partial x}$。

其次,要学会求解。第一种解法最简单,称为凑全微分法。第二种解法稍显复杂一点,称为曲线积分法。先来看第一种解法。

1. 凑全微分法

凑全微分法就是把 $P(x,y)$ 看成 $\frac{\partial R}{\partial x}$,把 $Q(x,y)$ 看成 $\frac{\partial R}{\partial y}$,共同凑出 $R(x,y)$。下面来看一个简单的例子。

例 8-7:求解方程

$$(x+2y)\mathrm{d}x+(y+2x)\mathrm{d}y=0$$

解:

首先观察是否满足全微分方程的条件 $\frac{\partial P}{\partial y}=\frac{\partial Q}{\partial x}$。显然:

$$\frac{\partial P}{\partial y}=\frac{\partial Q}{\partial x}=2$$

因此,$P(x,y)=x+2y$,$Q(x,y)=y+2x$。

其次,看什么函数对 x 的偏导为 $P(x,y)=x+2y$,且这个函数对 y 的偏导为 $Q(x,y)=y+2x$,即

$$\begin{cases}\dfrac{\partial R}{\partial x}=P(x,y)=x+2y \\[2mm] \dfrac{\partial R}{\partial y}=Q(x,y)=y+2x\end{cases}$$

经过仔细观察,发现当 $R(x,y)$ 为以下函数时,满足以上方程组的要求:

$$R(x,y)=2xy+\frac{1}{2}x^2+\frac{1}{2}y^2$$

最后确定全微分方程的通解,即

$$R(x,y)=2xy+\frac{1}{2}x^2+\frac{1}{2}y^2+C=0$$

这种做法需要我们有相当的观察力。这通常很难做到,如果全微分方程比上面的例子更复杂一些,估计没人能观察得出。那怎么办呢? 可以使用曲线积分法。

◎以下计算过程阅读如有困难,可选读。

2. 曲线积分法

根据对全微分的理解,我们应已知:

$$\frac{\partial R}{\partial x}=P(x,y)$$

$$\frac{\partial R}{\partial y}=Q(x,y)$$

根据题目来看,R 的变化量在 x 上的分量只与 $P(x,y)$ 有关,在 y 上的分量只与 $Q(x,y)$ 有关。所以,我们可以采取以下的步骤来求得 $R(x,y)$。

第一步,以一个起始点构造 $R(x,y)$:

$$R(x,y)=\int_{(x_0,y_0)}^{(x,y)}(P(x,y)\mathrm{d}x+Q(x,y)\mathrm{d}y)$$

这是全微分沿曲线上点(x_0,y_0)到点(x,y)对坐标的曲线积分,表明了$R(x,y)$的变化量。通常以$(x_0,y_0)=(0,0)$作为起始点可以简化计算。

第二步,对x做积分计算。先据全微分对x做积分计算。由于R的变化量在x上的分量只与$P(x,y)$有关,故

$$R(x,y)=\int_{x_0}^{x}(P(x,y)\mathrm{d}x+Q(x,y)\mathrm{d}y)=\int_{x_0}^{x}P(x,y)\mathrm{d}x+\varphi(y)$$

也就是说,R的变化量会是$P(x,y)$对x的积分与一个只与y有关的函数值的和。

第三步,继续对上面得到的式子对y求偏导,可得

$$\frac{\partial R}{\partial y}=\frac{\partial}{\partial y}\left(\int_{x_0}^{x}P(x,y)\mathrm{d}x+\varphi(y)\right)=\frac{\partial}{\partial y}\int_{x_0}^{x}P(x,y)\mathrm{d}x+\varphi'(y)$$

第四步,求得$\varphi(y)$。根据全微分方程的条件,必有$\dfrac{\partial R}{\partial y}=Q(x,y)$。因此,建立以下等式关系:

$$\frac{\partial}{\partial y}\int_{x_0}^{x}P(x,y)\mathrm{d}x+\varphi'(y)=Q(x,y)$$

从而根据这个等式可求出$\varphi(y)$。

第五步,求得解。全微分方程的解就是$R(x,y)=C$。结合第二步和第四步可得出这个解。

例 8-8:用曲线积分法求解全微分方程

$$(x+2y)\mathrm{d}x+(y+2x)\mathrm{d}y=0$$

解:

从题目可知,$P(x,y)=x+2y,Q(x,y)=y+2x$。根据曲线积分法的求解步骤,我们一步一步来做。

第一步,以$(x_0,y_0)=(0,0)$作为起始点构造$R(x,y)$:

$$R(x,y)=\int_{(0,0)}^{(x,y)}((x+2y)\mathrm{d}x+(y+2x)\mathrm{d}y)$$

第二步,对 x 做积分计算：

$$R(x,y) = \int_0^x ((x+2y)\mathrm{d}x + (y+2x)\mathrm{d}y)$$

$$= \int_0^x (x+2y)\mathrm{d}x + \varphi(y)$$

$$= \frac{1}{2}x^2 + 2xy + \varphi(y)$$

第三步,继续对上面得到的式子对 y 求偏导,可得

$$\frac{\partial R}{\partial y} = \frac{\partial}{\partial y}\left(\frac{1}{2}x^2 + 2xy\right) + \varphi'(y) = 2x + \varphi'(y)$$

第四步,求得 $\varphi(y)$,可见：

$$\frac{\partial R}{\partial y} = y + 2x \Rightarrow \varphi'(y) = y \Rightarrow \varphi(y) = \frac{1}{2}y^2 + C$$

第五步,求得解：

$$R(x,y) = \frac{1}{2}x^2 + 2xy + \varphi(y) \Rightarrow R(x,y) = \frac{1}{2}x^2 + 2xy + \frac{1}{2}y^2 + C$$

因此,解就是

$$\frac{1}{2}x^2 + 2xy + \frac{1}{2}y^2 + D = 0$$

◎选读内容结束。

8.3　二阶常微分方程

　　二阶常微分方程涉及的知识较多,方程的形式种类也比较多。本节将先讲解三种可降阶的二阶常微分方程的解法;再讲解二阶线性齐次微分方程和二阶线性非齐次微分方程解的结构;最后讲解相对较特殊的二阶常系数线性齐次微分方程和二阶常系数线性非齐次微分方程的解法。在讲解过程中由于会用到欧拉公式,因此将一并详细讲解。

8.3.1　学会求解可降阶的 3 种二阶常微分方程

这 3 种是相对较为简单的二阶常微分方程。先来看第一种最为简单的方程形式：

$$\frac{\mathrm{d}^2 y}{\mathrm{d}x^2} = f(x)$$

解这种方程，可连续做两次积分运算：

$$\frac{\mathrm{d}^2 y}{\mathrm{d}x^2} = f(x) \Rightarrow \frac{\mathrm{d}y}{\mathrm{d}x} = \int f(x)\,\mathrm{d}x + C \Rightarrow y = \int \left(\int f(x)\,\mathrm{d}x + C \right)\mathrm{d}x + D$$

$$\Rightarrow y = \int \left(\int f(x)\,\mathrm{d}x \right)\mathrm{d}x + \int C\,\mathrm{d}x + D = \Rightarrow y = \int \left(\int f(x)\,\mathrm{d}x \right)\mathrm{d}x + Cx + D$$

例 8-9：求解微分方程

$$\frac{\mathrm{d}^2 y}{\mathrm{d}x^2} = \exp(2x) + \sin x$$

解：

$$\frac{\mathrm{d}^2 y}{\mathrm{d}x^2} = \exp(2x) + \sin x$$

$$\Rightarrow \frac{\mathrm{d}y}{\mathrm{d}x} = \int (\exp(2x) + \sin x)\,\mathrm{d}x + C = \frac{1}{2}\exp(2x) - \cos x + C$$

$$\Rightarrow y = \int \left(\frac{1}{2}\exp(2x) - \cos x + C \right)\mathrm{d}x + D = \frac{1}{4}\exp(2x) - \sin x + Cx + D$$

第二种较为简单的方程形式如下：

$$\frac{\mathrm{d}^2 y}{\mathrm{d}x^2} = f\left(x, \frac{\mathrm{d}y}{\mathrm{d}x} \right)$$

令 $\dfrac{\mathrm{d}y}{\mathrm{d}x} = s$，则有

$$\frac{\mathrm{d}^2 y}{\mathrm{d}x^2} = f\left(x, \frac{\mathrm{d}y}{\mathrm{d}x} \right) \Rightarrow \frac{\mathrm{d}}{\mathrm{d}x}\left(\frac{\mathrm{d}y}{\mathrm{d}x} \right) = f\left(x, \frac{\mathrm{d}y}{\mathrm{d}x} \right) \Rightarrow \frac{\mathrm{d}s}{\mathrm{d}x} = f(x, s)$$

处理这个式子时，乍一看感觉有点棘手的是 $f(x, s)$，因为其中有两个变

量。但是,如果能找到$\dfrac{\mathrm{d}s}{\mathrm{d}x}$有关$x$的表达式,就可以求得解:

$$\dfrac{\mathrm{d}y}{\mathrm{d}x}=s\Rightarrow y=\int s\,\mathrm{d}x+D\Rightarrow y=\int\left(\int\dfrac{\mathrm{d}s}{\mathrm{d}x}\mathrm{d}x+C\right)\mathrm{d}x+D$$

例 **8-10**:求解微分方程

$$(1+x^2)\dfrac{\mathrm{d}^2y}{\mathrm{d}x^2}-2x\,\dfrac{\mathrm{d}y}{\mathrm{d}x}=0$$

解:

将$2x\,\dfrac{\mathrm{d}y}{\mathrm{d}x}$移到等式右边:

$$(1+x^2)\dfrac{\mathrm{d}^2y}{\mathrm{d}x^2}=2x\,\dfrac{\mathrm{d}y}{\mathrm{d}x}$$

令$\dfrac{\mathrm{d}y}{\mathrm{d}x}=s$,则有

$$(1+x^2)\dfrac{\mathrm{d}s}{\mathrm{d}x}=2xs\Rightarrow\dfrac{1}{s}\mathrm{d}s=\dfrac{2x}{1+x^2}\mathrm{d}x\Rightarrow\int\dfrac{1}{s}\mathrm{d}s=\int\dfrac{1}{1+x^2}2x\,\mathrm{d}x$$

$$\Rightarrow\int\dfrac{1}{s}\mathrm{d}s=\int\dfrac{1}{1+x^2}\mathrm{d}(1+x^2)\Rightarrow\ln\mid s\mid=\ln\mid 1+x^2\mid+C$$

$$\Rightarrow s=D\cdot\exp(\ln\mid 1+x^2\mid)\Rightarrow s=E(1+x^2)$$

$$\dfrac{\mathrm{d}y}{\mathrm{d}x}=s\Rightarrow y=\int s\,\mathrm{d}x+F\Rightarrow y=\int E(1+x^2)\mathrm{d}x+F\Rightarrow y=Ex+\dfrac{1}{3}Ex^3+F$$

第三种较为简单的方程形式如下:

$$\dfrac{\mathrm{d}^2y}{\mathrm{d}x^2}=f\left(y,\dfrac{\mathrm{d}y}{\mathrm{d}x}\right)$$

同样,我们做变量替换。令$\dfrac{\mathrm{d}y}{\mathrm{d}x}=s$,则有

$$\dfrac{\mathrm{d}^2y}{\mathrm{d}x^2}=\dfrac{\mathrm{d}s}{\mathrm{d}x}=\dfrac{\mathrm{d}s}{\mathrm{d}y}\dfrac{\mathrm{d}y}{\mathrm{d}x}=s\,\dfrac{\mathrm{d}s}{\mathrm{d}y}$$

答疑解惑

学生问：老师，为什么不按第二种形式变成 $\dfrac{\mathrm{d}s}{\mathrm{d}x}=f(y,s)$ 来求解？

老师答：如果还是按第二种形式的求解思路来求解，因为 $f(y,s)$ 里含有 y，而不见了 x，所以无法得到 $\dfrac{\mathrm{d}s}{\mathrm{d}x}$ 有关 x 的表达式，而不能再进一步得到解。因此需要变换思路，看能否将方程变成只含有 y 和 s 的表达式，从而找到 s 有关 y 的表达式。

把 $\dfrac{\mathrm{d}y}{\mathrm{d}x}=s$、$\dfrac{\mathrm{d}^2y}{\mathrm{d}x^2}=s\dfrac{\mathrm{d}s}{\mathrm{d}y}$ 代入原方程，可得

$$s\frac{\mathrm{d}s}{\mathrm{d}y}=f(y,s)$$

从而可以得到 s 有关 y 的表达式，假定为 $s=s(y,C)$，则

$$\frac{\mathrm{d}y}{\mathrm{d}x}=s\Rightarrow\frac{\mathrm{d}y}{\mathrm{d}x}=s(y,C)\Rightarrow\frac{1}{s(y,C)}\mathrm{d}y=\mathrm{d}x\Rightarrow\int\frac{1}{s(y,C)}\mathrm{d}y=\int\mathrm{d}x$$

$$\Rightarrow\int\frac{1}{s(y,C)}\mathrm{d}y=x+D$$

例 8-11：求解微分方程

$$\frac{\mathrm{d}^2y}{\mathrm{d}x^2}-\frac{1}{y}\left(\frac{\mathrm{d}y}{\mathrm{d}x}\right)^2=0$$

解：

令 $\dfrac{\mathrm{d}y}{\mathrm{d}x}=s$，则 $\dfrac{\mathrm{d}^2y}{\mathrm{d}x^2}=s\dfrac{\mathrm{d}s}{\mathrm{d}y}$，代入方程，可得

$$s\frac{\mathrm{d}s}{\mathrm{d}y}-\frac{1}{y}s^2=0\Rightarrow s\frac{\mathrm{d}s}{\mathrm{d}y}=\frac{1}{y}s^2\Rightarrow\frac{\mathrm{d}s}{\mathrm{d}y}=\frac{1}{y}s\Rightarrow\frac{1}{s}\mathrm{d}s=\frac{1}{y}\mathrm{d}y\Rightarrow\int\frac{1}{s}\mathrm{d}s=\int\frac{1}{y}\mathrm{d}y$$

$$\Rightarrow\ln|s|=\ln|y|+C\Rightarrow s=D\cdot\exp(\ln|y|)=Ey$$

从而可得

$$\frac{\mathrm{d}y}{\mathrm{d}x} = Ey \Rightarrow \frac{1}{y}\mathrm{d}y = E\,\mathrm{d}x \Rightarrow \int \frac{1}{y}\mathrm{d}y = \int E\,\mathrm{d}x \Rightarrow \ln|y| = Ex + F$$
$$\Rightarrow y = G \cdot \exp(Ex)$$

8.3.2　理解二阶线性齐次微分方程解的结构

二阶线性齐次微分方程的形式如下:
$$\frac{\mathrm{d}^2 y}{\mathrm{d}x^2} + p(x)\frac{\mathrm{d}y}{\mathrm{d}x} + q(x)y = 0$$

在方程左边有 3 个项,即二阶导数项、一阶导数项、一次方项,它们的共同特征是:都是针对 y 的运算。

既然如此,如果我们把 y 提取出来,可以形成一种新的算子。我们把这种算子记为 $\boldsymbol{L}$,即为
$$\boldsymbol{L} = \frac{\mathrm{d}^2}{\mathrm{d}x^2} + p(x)\frac{\mathrm{d}}{\mathrm{d}x} + q(x)$$

则方程左边可写成
$$\boldsymbol{L}[y] = \frac{\mathrm{d}^2 y}{\mathrm{d}x^2} + p(x)\frac{\mathrm{d}y}{\mathrm{d}x} + q(x)y$$

这个算子有两条重要的性质,如下所述。

(1) $\boldsymbol{L}[Cy] = C\boldsymbol{L}[y]$。原理如下:
$$\boldsymbol{L}[Cy] = \frac{\mathrm{d}^2(Cy)}{\mathrm{d}x^2} + p(x)\frac{\mathrm{d}(Cy)}{\mathrm{d}x} + q(x)(Cy)$$
$$= C\left(\frac{\mathrm{d}^2 y}{\mathrm{d}x^2} + p(x)\frac{\mathrm{d}y}{\mathrm{d}x} + q(x)y\right)$$
$$= C\boldsymbol{L}[y]$$

(2) $\boldsymbol{L}[y_1 + y_2] = \boldsymbol{L}[y_1] + \boldsymbol{L}[y_2]$。原理如下:
$$\boldsymbol{L}[y_1 + y_2] = \frac{\mathrm{d}^2}{\mathrm{d}x^2}(y_1 + y_2) + p(x)\frac{\mathrm{d}}{\mathrm{d}x}(y_1 + y_2) + q(x)(y_1 + y_2)$$

$$= \left(\frac{\mathrm{d}^2}{\mathrm{d}x^2} y_1 + p(x) \frac{\mathrm{d}}{\mathrm{d}x} y_1 + q(x) y_1 \right) + \left(\frac{\mathrm{d}^2}{\mathrm{d}x^2} y_2 + p(x) \frac{\mathrm{d}}{\mathrm{d}x} y_2 + q(x) y_2 \right)$$

$$= \boldsymbol{L}[y_1] + \boldsymbol{L}[y_2]$$

由这两条性质,我们可以引出两条定理,由这两条定理可逐步得出二阶线性齐次微分方程解的结构。

第一条定理:设 y_1、y_2 是二阶线性齐次微分方程 $\frac{\mathrm{d}^2 y}{\mathrm{d}x^2} + p(x) \frac{\mathrm{d}y}{\mathrm{d}x} + q(x) y = 0$ 的解,则 $C_1 y_1 + C_2 y_2$ 也是该方程的解。

证明:由二阶线性齐次微分方程可知 $\boldsymbol{L}[y] = 0$,故有

$$\boldsymbol{L}[C_1 y_1 + C_2 y_2] = \boldsymbol{L}[C_1 y_1] + \boldsymbol{L}[C_2 y_2] = C_1 \boldsymbol{L}[y_1] + C_2 \boldsymbol{L}[y_2] = 0$$

在学习第二条定理之前,需要我们理解两个函数线性相关的定义。

线性相关的定义:两个函数 $y_1(x)$、$y_2(x)$,如果存在两个不全为零的常数 k_1、k_2,使以下等式恒成立:

$$k_1 y_1(x) + k_2 y_2(x) \equiv 0$$

则称两个函数 $y_1(x)$、$y_2(x)$ 线性相关。否则,就称这两个函数线性无关。

学习点拨:如果第一次听到"线性相关""线性无关"这些概念,估计会有点难度。我想,要透彻理解这对术语,关键有三点。

一是理解"不全为零"。如果 k_1、k_2 全为零,则无论 $y_1(x)$、$y_2(x)$ 是什么样的函数,反正上述等式恒成立,那探讨后续问题也没什么太多的价值。如果有一个为零,仍然满足"不全为零"。如果两个都不为零,自然更加满足"不全为零"。

二是从比例的角度理解线性相关。我们把 $k_1 y_1(x) + k_2 y_2(x) = 0$ 变一下,变成

$$k_1 y_1(x) = -k_2 y_2(x) \Rightarrow \frac{y_1(x)}{y_2(x)} = -\frac{k_2}{k_1} = C$$

这说明了什么？说明两个函数的比值为一个数值,说明此时如果 k_1、k_2 不全为零,且 $k_1 \neq 0$。从图形上看,$y_1(x)$ 和 $y_2(x)$ 长得很像,如果 C 为正值,那两个函数的图形要么重合,要么平行。

三是理解线性无关。从上述分析可知,如果线性无关,则两个函数的比值就不会为一个常数。因此,判断是否线性相关的办法就是看两个函数的比例。

例如,$y_1(x) = 2x + 1$ 和 $y_2(x) = -2x - 1$,两者的比值显然为 -1,因此两个函数线性相关。再例如,$y_1(x) = \exp(3x)$ 和 $y_2(x) = \exp(x)$,两者的比值为一个函数:

$$\frac{y_1(x)}{y_2(x)} = \frac{\exp(3x)}{\exp(x)} = \exp(2x)$$

显然,这两个函数线性无关。

第二条定理:如果能找到二阶线性齐次微分方程 $\dfrac{d^2 y}{dx^2} + p(x)\dfrac{dy}{dx} + q(x)y = 0$ 的两个特定的解(以下简称"特解")$y_1(x)$ 和 $y_2(x)$,且这两个特解线性无关,则通解为

$$y = C_1 y_1(x) + C_2 y_2(x)$$

其中,C_1、C_2 为任意常数。

理解这条定理可这么思考:根据前述所学算子 L 的性质,y 仍然会是二阶线性齐次微分方程的解;C_1、C_2 为任意常数,则 $C_1 y_1(x) + C_2 y_2(x)$ 可以变换出无数个解,故 y 为通解。

8.3.3　理解二阶线性非齐次微分方程解的结构

二阶线性非齐次微分方程的形式如下:

$$\frac{d^2 y}{dx^2} + p(x)\frac{dy}{dx} + q(x)y = f(x)$$

对比二阶线性齐次微分方程,区别就是二阶线性非齐次微分方程的等式右边多了 $f(x)$。如果用算子 $\boldsymbol{L}$ 来表达,则二阶线性非齐次微分方程的形式为

$$\boldsymbol{L}[y] = f(x)$$

定理:如果能找到二阶线性非齐次微分方程 $\boldsymbol{L}[y] = f(x)$ 的一个特解 $y_t(x)$,根据对应的二阶线性齐次微分方程 $\boldsymbol{L}[y] = 0$ 的通解 $y = C_1 y_1(x) + C_2 y_2(x)$,可得到二阶线性非齐次微分方程 $\boldsymbol{L}[y] = f(x)$ 的通解为

$$y = C_1 y_1(x) + C_2 y_2(x) + y_t(x)$$

这个定理的证明很简单,将通解代入二阶线性非齐次微分方程 $\boldsymbol{L}[y] = f(x)$,利用算子 $\boldsymbol{L}$ 的性质即可得证。这个定理给出了我们寻求二阶线性非齐次微分方程通解的一条途径。

8.3.4 学会求解二阶常系数线性齐次微分方程

二阶常系数线性齐次微分方程的形式如下:

$$\frac{\mathrm{d}^2 y}{\mathrm{d}x^2} + p\,\frac{\mathrm{d}y}{\mathrm{d}x} + qy = 0$$

学习点拨:方程的名称有点长,但是如果我们对每一个字、词的内涵理解深刻,就会一听到名称即知基本样貌特征。

相比二阶线性齐次微分方程,二阶常系数线性齐次微分方程显然更为简单,因为 $p(x)$ 变成了 p,$q(x)$ 变成了 q。显然,在探讨二阶线性齐次方程时,得到的各种性质、定理,在求解二阶常系数线性齐次微分方程时仍然适用,因为二阶常系数线性齐次微分方程是二阶线性齐次微分方程的一种特殊形式。

那接下来就要想办法找到二阶常系数线性齐次微分方程的两个特解。现在的算子 $\boldsymbol{L}$ 是 $\frac{\mathrm{d}^2}{\mathrm{d}x^2} + p\,\frac{\mathrm{d}}{\mathrm{d}x} + q$。来观察 $\frac{\mathrm{d}^2 y}{\mathrm{d}x^2} + p\,\frac{\mathrm{d}y}{\mathrm{d}x} + qy$ 这个函数,发现里面有 3 项,如果 y 是这样一个函数:计算一阶导数、二阶导数后原形状基本

不变,只是相比为一个常数倍数,则 3 项相加后可能为 0。

那什么样的函数具备这样的特点呢? 那就是 $y = \exp(rx)$,其中 r 为待定的系数。可以发现:

$$\frac{\mathrm{d}y}{\mathrm{d}x} = \frac{\mathrm{d}}{\mathrm{d}x}\exp(rx) = r \cdot \exp(rx)$$

$$\frac{\mathrm{d}^2 y}{\mathrm{d}x^2} = \frac{\mathrm{d}}{\mathrm{d}x}\left(\frac{\mathrm{d}y}{\mathrm{d}x}\right) = \frac{\mathrm{d}}{\mathrm{d}x}\left(\frac{\mathrm{d}}{\mathrm{d}x}\exp(rx)\right) = \frac{\mathrm{d}}{\mathrm{d}x}(r \cdot \exp(rx)) = r^2 \cdot \exp(rx)$$

这确实符合想要的函数特征。如果一个特解为 $y_1(x) = \exp(r_1 x)$,另一个特解为 $y_2(x) = \exp(r_2 x)$,那就可以用

$$y = C_1 \exp(r_1 x) + C_2 \exp(r_2 x)$$

构造出通解。当然,前提是两个特解线性无关,也就是说

$$\frac{y_1(x)}{y_2(x)} = \frac{\exp(r_1 x)}{\exp(r_2 x)} = \exp(r_1 x - r_2 x)$$

这个计算结果不太可能是一个常数。那接下来的任务就转变成找到两个形如 $\exp(rx)$ 的特解。

把 $\exp(rx)$ 代入方程 $\dfrac{\mathrm{d}^2 y}{\mathrm{d}x^2} + p\,\dfrac{\mathrm{d}y}{\mathrm{d}x} + qy = 0$,可得

$$r^2 \cdot \exp(rx) + pr \cdot \exp(rx) + q \cdot \exp(rx) = 0 \overset{\text{约掉}\exp(rx)}{\Longrightarrow} r^2 + pr + q = 0$$

这个方程称为**特征方程**。解出这个方程,就可得到 r 的值,就可得到形如 $\exp(rx)$ 的特解。那接下来的任务进一步转变成了求一元二次方程的解了。

方程 $ax^2 + bx + c = 0\,(a \neq 0)$ 的解为

$$x = \frac{-b \pm \sqrt{b^2 - 4ac}}{2a}$$

相信这个公式我们在中学时就有过根深蒂固的记忆。因此,$r^2 + pr + q = 0$ 的解为

$$r = \frac{-p \pm \sqrt{p^2 - 4q}}{2}$$

可见，$r^2 + pr + q = 0$ 的解有两个。但这两个解又分成三种情况。

（1）为两个实根，且线性无关。于是就可以直接构造出原方程的通解为

$$y = C_1 \exp(r_1 x) + C_2 \exp(r_2 x)$$

（2）为实根，且 $r_1 = r_2$。这说明只找到了一个特解，还得找到另一个特解。此时，必有 $p^2 - 4q = 0$、$r_1 = r_2 = -\frac{p}{2}$。那怎么找到另一个特解呢？

既然要求两个特解线性无关，也就是说两者相比算出来是一个函数，而不是一个常数。我们就设两者之比为一个函数 $u(x)$，即设另一个特解为 $y = u(x)\exp(r_1 x)$。将 $u(x)\exp(r_1 x)$ 代入方程 $\dfrac{\mathrm{d}^2 y}{\mathrm{d}x^2} + p\,\dfrac{\mathrm{d}y}{\mathrm{d}x} + qy = 0$，可得

$$\frac{\mathrm{d}y}{\mathrm{d}x} = u'(x)\exp(r_1 x) + r_1 u(x)\exp(r_1 x)$$

$$\begin{aligned}
\frac{\mathrm{d}^2 y}{\mathrm{d}x^2} &= u''(x)\exp(r_1 x) + r_1 u'(x)\exp(r_1 x) + \\
&\quad r_1 u'(x)\exp(r_1 x) + r_1^2 u(x)\exp(r_1 x) \\
&= u''(x)\exp(r_1 x) + 2r_1 u'(x)\exp(r_1 x) + r_1^2 u(x)\exp(r_1 x)
\end{aligned}$$

$$\frac{\mathrm{d}^2 y}{\mathrm{d}x^2} + p\,\frac{\mathrm{d}y}{\mathrm{d}x} + qy = 0$$

$$\Rightarrow u''(x)\exp(r_1 x) + 2r_1 u'(x)\exp(r_1 x) + r_1^2 u(x)\exp(r_1 x) +$$
$$pu'(x)\exp(r_1 x) + pr_1 u(x)\exp(r_1 x) + qu(x)\exp(r_1 x) = 0$$

$$\xRightarrow{\text{约掉}\exp(r_1 x)} u''(x) + 2r_1 u'(x) + r_1^2 u(x) + pu'(x) + pr_1 u(x) + qu(x) = 0$$

$$\Rightarrow u''(x) + (2r_1 + p)u'(x) + (r_1^2 + pr_1 + q)u(x) = 0$$

在前述求得一个特解时，已知 $r_1 = -\dfrac{p}{2}$，故 $2r_1 + p = 0$。从前面分析还已知 $r_1^2 + pr_1 + q = 0$。所以，上述得到的式子变成了 $u''(x) = 0$。哪些函数的

二阶导数为 0 呢? 回答是真的很多,选择最简单的就好了,如函数 x。

> ❀　学习点拨:由此可知,通解的表达式不一定唯一。

由此,可得到另一个特解为 $x\exp(r_1 x)$,因此构造出通解为
$$y = C_1 \exp(r_1 x) + C_2 x \cdot \exp(r_2 x)$$

(3) 为一对共轭复根。这对复根标记为 $r_1 = \alpha + \beta i$、$r_2 = \alpha - \beta i$。此时两个特解为 $y_1(x) = \exp((\alpha + \beta i)x)$、$y_2(x) = \exp((\alpha - \beta i)x)$。因此,通解为
$$y = C_1 \exp((\alpha + \beta i)x) + C_2 \exp((\alpha - \beta i)x)$$
其中,$\alpha = -\dfrac{p}{2}$,$\beta = p^2 - 4q < 0$。

然而,用复数表示的解用起来确实不方便,能否用实数形式表示? 当然可以,欧拉公式在复数和实数之间架起了桥梁。根据欧拉公式有
$$\exp(x i) = \cos x + i\sin x$$
$$\exp(-x i) = \cos x - i\sin x$$

可进一步得
$$\exp(x i) + \exp(-x i) = 2\cos x$$
$$\exp(x i) - \exp(-x i) = 2i\sin x$$

$$\frac{1}{2}(y_1(x) + y_2(x)) = \frac{1}{2}(\exp((\alpha + \beta i)x) + \exp((\alpha - \beta i)x))$$

$$= \frac{1}{2}(\exp(\alpha x)\exp(\beta x i) + \exp(\alpha x)\exp(-\beta x i))$$

$$= \frac{1}{2}\exp(\alpha x)(\exp(\beta x i) + \exp(-\beta x i))$$

$$= \exp(\alpha x)\cos(\beta x)$$

$$\frac{1}{2i}(y_1(x) - y_2(x)) = \frac{1}{2i}(\exp((\alpha + \beta i)x) - \exp((\alpha - \beta i)x))$$

$$= \frac{1}{2i}(\exp(\alpha x)\exp(\beta x i) - \exp(\alpha x)\exp(-\beta x i))$$

$$= \frac{1}{2i}\exp(\alpha x)(\exp(\beta x i) - \exp(-\beta x i))$$

$$= \exp(\alpha x)\sin(\beta x)$$

根据二阶齐次线性微分方程的第一条定理,由于 $y_1(x) = \exp((\alpha + \beta i)x)$、$y_2(x) = \exp((\alpha - \beta i)x)$ 是两个特解,则 $\frac{1}{2}(y_1(x) + y_2(x))$、$\frac{1}{2i}(y_1(x) - y_2(x))$ 也是两个特解。因此,通解可进一步表述为实数情形:

$$y = C_1\exp(\alpha x)\cos(\beta x) + C_2\exp(\alpha x)\sin(\beta x)$$

例 8-12:求以下三个二阶常系数线性齐次微分方程的通解:

(1) $\dfrac{d^2 y}{dx^2} + 3\dfrac{dy}{dx} - 10y = 0$;

(2) $\dfrac{d^2 y}{dx^2} - 4\dfrac{dy}{dx} + 4y = 0$;

(3) $\dfrac{d^2 y}{dx^2} + 4\dfrac{dy}{dx} + 7y = 0$

解:

根据第一个二阶常系数线性齐次微分方程的形式,$r^2 + 3r - 10 = 0$ 有两个不等实根,分别为 $r_1 = -5$、$r_2 = 2$,故通解为

$$y = C_1\exp(-5x) + C_2\exp(2x)$$

根据第二个二阶常系数线性齐次微分方程的形式,$r^2 - 4r + 4 = 0$ 有两个相等的根,即 $r_1 = r_2 = 2$,故通解为

$$y = C_1\exp(2x) + C_2 x \cdot \exp(2x)$$

根据第三个二阶常系数线性齐次微分方程的形式,$r^2 + 4r + 7 = 0$ 有一对共轭复根,分别为 $r_1 = -2 + \sqrt{3}\,i$ 和 $r_2 = -2 - \sqrt{3}\,i$,故通解为

$$y = C_1\exp(-2x)\cos(\sqrt{3}\,x) + C_2\exp(-2x)\sin(\sqrt{3}\,x)$$

8.3.5　理解欧拉公式

欧拉公式在实数域和复数域之间架起了一座桥梁，它表明指数函数和三角函数之间存在着深刻的联系。这种联系为数学分析、物理学等领域的问题提供了新的解决思路和方法。总之，使用欧拉公式使得复数可以用实数来表示。

欧拉公式的基本形式为

$$\exp(x\mathrm{i}) = \cos x + \mathrm{i}\sin x$$

所以：

$$\exp(-x\mathrm{i}) = \cos(-x) + \mathrm{i}\sin(-x) = \cos x - \mathrm{i}\sin x$$

那欧拉公式怎么来的呢？这得应用到泰勒公式。根据泰勒公式有

$$\exp(x) = 1 + \frac{x}{1!} + \frac{x^2}{2!} + \cdots + \frac{x^n}{n!} + \cdots$$

$$\cos x = 1 - \frac{x^2}{2!} + \frac{x^4}{4!} - \frac{x^6}{6!} + \cdots$$

$$\sin x = x - \frac{x^3}{3!} + \frac{x^5}{5!} - \frac{x^7}{7!} + \cdots$$

由 $\exp(x)$ 的泰勒展开式，可得

$$\exp(x\mathrm{i}) = 1 + \frac{x\mathrm{i}}{1!} + \frac{(x\mathrm{i})^2}{2!} + \frac{(x\mathrm{i})^3}{3!} + \frac{(x\mathrm{i})^4}{4!} + \frac{(x\mathrm{i})^5}{5!} + \cdots$$

由于 $\mathrm{i}^2 = -1$、$\mathrm{i}^3 = -\mathrm{i}$、$\mathrm{i}^4 = 1$、$\mathrm{i}^5 = \mathrm{i}$，以此类推，故

$$\exp(x\mathrm{i}) = 1 + \frac{x\mathrm{i}}{1!} - \frac{x^2}{2!} - \frac{x^3\mathrm{i}}{3!} + \frac{x^4}{4!} + \frac{x^5}{5!} - \cdots$$

$$= \left(1 - \frac{x^2}{2!} + \frac{x^4}{4!} - \frac{x^6}{6!} + \cdots\right) + \left(x - \frac{x^3}{3!} + \frac{x^5}{5!} - \frac{x^7}{7!} + \cdots\right)\mathrm{i}$$

$$= \cos x + \mathrm{i}\sin x$$

8.3.6 学会求解二阶常系数线性非齐次微分方程

二阶常系数线性非齐次微分方程的形式如下：

$$\frac{\mathrm{d}^2 y}{\mathrm{d}x^2} + p\,\frac{\mathrm{d}y}{\mathrm{d}x} + qy = f(x)$$

根据前文所述二阶线性非齐次微分方程解的结构，只要能得到对应的二阶线性齐次微分方程的通解，然后再得到一个二阶线性非齐次微分方程的特解，就可以得到二阶线性非齐次微分方程的通解。因此，现在得着力找到一个二阶线性非齐次微分方程的特解。

然而，找到这样一个特解并非易事。下面仅讲解一种特殊的二阶常系数线性非齐次微分方程：

$$\frac{\mathrm{d}^2 y}{\mathrm{d}x^2} + p\,\frac{\mathrm{d}y}{\mathrm{d}x} + qy = s_n(x)\exp(\alpha x)$$

$s_n(x)$ 为一个 n 次多项式。方程右边仍为含有指数函数的项，考虑到对应的二阶常系数线性齐次微分方程的通解也是指数形式，预估二阶常系数线性非齐次微分方程的特解也是指数形式。故设特解 $y_t = u(x)\exp(\alpha x)$，则

$$\frac{\mathrm{d}y_t}{\mathrm{d}x} = \frac{\mathrm{d}u(x)}{\mathrm{d}x}\exp(\alpha x) + \alpha \cdot u(x)\exp(\alpha x)$$

$$\frac{\mathrm{d}^2 y_t}{\mathrm{d}x^2} = \frac{\mathrm{d}}{\mathrm{d}x}\left(\frac{\mathrm{d}y_t}{\mathrm{d}x}\right) = \frac{\mathrm{d}}{\mathrm{d}x}\left(\frac{\mathrm{d}u(x)}{\mathrm{d}x}\exp(\alpha x) + \alpha \cdot u(x)\exp(\alpha x)\right)$$

$$= \frac{\mathrm{d}^2 u(x)}{\mathrm{d}x^2}\exp(\alpha x) + \alpha\,\frac{\mathrm{d}u(x)}{\mathrm{d}x}\exp(\alpha x) +$$

$$\alpha\,\frac{\mathrm{d}u(x)}{\mathrm{d}x}\exp(\alpha x) + \alpha^2 u(x)\exp(\alpha x)$$

$$= \exp(\alpha x)\left(\frac{\mathrm{d}^2 u(x)}{\mathrm{d}x^2} + 2\alpha\,\frac{\mathrm{d}u(x)}{\mathrm{d}x} + \alpha^2 u(x)\right)$$

再代入二阶常系数线性非齐次微分方程，可得

$$\exp(\alpha x)\left(\frac{\mathrm{d}^2 u(x)}{\mathrm{d}x^2} + 2\alpha \frac{\mathrm{d}u(x)}{\mathrm{d}x} + \alpha^2 u(x)\right) +$$

$$p \cdot \exp(\alpha x)\left(\frac{\mathrm{d}u(x)}{\mathrm{d}x} + \alpha \cdot u(x)\right) +$$

$$q \cdot u(x)\exp(\alpha x) = s_n(x)\exp(\alpha x)$$

$$\xrightarrow{\text{约去}\exp(\alpha x)} \left(\frac{\mathrm{d}^2 u(x)}{\mathrm{d}x^2} + 2\alpha \frac{\mathrm{d}u(x)}{\mathrm{d}x} + \alpha^2 u(x)\right) +$$

$$p\left(\frac{\mathrm{d}u(x)}{\mathrm{d}x} + \alpha \cdot u(x)\right) + q \cdot u(x)$$

$$= s_n(x)$$

$$\Rightarrow \frac{\mathrm{d}^2 u(x)}{\mathrm{d}x^2} + (2\alpha + p)\frac{\mathrm{d}u(x)}{\mathrm{d}x} + (\alpha^2 + p\alpha + q)u(x) = s_n(x)$$

分析这个推导出来的方程,可以发现,第三项的系数$(\alpha^2 + p\alpha + q)$与特征方程$r^2 + pr + q = 0$的样子趋同。

(1) 如果$\alpha^2 + p\alpha + q \neq 0$,意味着如果把$r = a$代入特征方程,可得到$r^2 + pr + q \neq 0$,因此$a$不是特征方程的根。此时,我们设$u(x)$为一个$n$次多项式:

$$u(x) = a_0 x^n + a_1 x^{n-1} + \cdots + a_n$$

将它代入式子$\frac{\mathrm{d}^2 u(x)}{\mathrm{d}x^2} + (2\alpha + p)\frac{\mathrm{d}u(x)}{\mathrm{d}x} + (\alpha^2 + p\alpha + q)u(x) = s_n(x)$

中,再比较左右两边同次项的系数,即可确定$u(x)$每项的系数a_0、a_1、$\cdots$、a_n。

(2) 如果$\alpha^2 + p\alpha + q = 0, 2\alpha + p \neq 0$,意味着$(\alpha^2 + p\alpha + q)u(x) = 0$,方程左边只剩下二阶导数项和一阶导数项。对于一个$n$次多项式,由于求一阶导数后最高次数项的幂次会降1次,因此我们需要把$u(x)$的最高次数项的幂次提升1次,故而设特解的形式为

$$y_t = x \cdot u(x)\exp(\alpha x)$$

（3）如果 $\alpha^2 + p\alpha + q = 0, 2\alpha + p = 0$，意味着 $(2\alpha + p)\dfrac{\mathrm{d}u(x)}{\mathrm{d}x} = 0$ 且 $(\alpha^2 + p\alpha + q)u(x) = 0$。方程左边只剩下二阶导数项。对于一个 n 次多项式，求二阶导数后最高次数项的幂次会降 2 次，因此我们需要把 $u(x)$ 的最高次数项的幂次提升 2 次，故而设特解的形式为

$$y_t = x^2 \cdot u(x)\exp(\alpha x)$$

例 8-13：求方程的一个特解

$$\frac{\mathrm{d}^2 y}{\mathrm{d}x^2} + \frac{\mathrm{d}y}{\mathrm{d}x} + 2y = x^2 - 3$$

解：

对照二阶常系数线性非齐次微分方程的形式 $\dfrac{\mathrm{d}^2 y}{\mathrm{d}x^2} + p\,\dfrac{\mathrm{d}y}{\mathrm{d}x} + qy = s_n(x)\exp(\alpha x)$，可得 $p = 1$、$q = 2$、$\alpha = 0$、$s_n(x) = x^2 - 3$。显然，$\alpha^2 + p \cdot \alpha + q = 2 \neq 0$。因此，设

$$y_t = a_0 x^2 + a_1 x + a_2$$

可得一阶导数、二阶导数：

$$\frac{\mathrm{d}y_t}{\mathrm{d}x} = \frac{\mathrm{d}}{\mathrm{d}x}(a_0 x^2 + a_1 x + a_2) = 2a_0 x + a_1$$

$$\frac{\mathrm{d}^2 y_t}{\mathrm{d}x^2} = \frac{\mathrm{d}}{\mathrm{d}x}\left(\frac{\mathrm{d}y_t}{\mathrm{d}x}\right) = \frac{\mathrm{d}}{\mathrm{d}x}(2a_0 x + a_1) = 2a_0$$

代入方程中，可得

$$2a_0 x^2 + 2(a_0 + a_1)x + (2a_0 + a_1 + 2a_2) = x^2 - 3$$

对比等式左边和右边的同次幂项，可得

$$\begin{cases} 2a_0 = 1 \\ 2(a_0 + a_1) = 0 \\ 2a_0 + a_1 + 2a_2 = -3 \end{cases}$$

解该方程组，得

$$\begin{cases} a_0 = \dfrac{1}{2} \\[2mm] a_1 = -\dfrac{1}{2} \\[2mm] a_2 = -\dfrac{7}{4} \end{cases}$$

故特解为

$$y_t = \frac{1}{2}x^2 - \frac{1}{2}x - \frac{7}{4}$$

例 8-14：求方程的通解

$$\frac{\mathrm{d}^2 y}{\mathrm{d}x^2} - 2\frac{\mathrm{d}y}{\mathrm{d}x} - 3y = (x^2 + 1)\exp(-x)$$

解：

对照二阶常系数线性非齐次微分方程的形式 $\dfrac{\mathrm{d}^2 y}{\mathrm{d}x^2} + p\dfrac{\mathrm{d}y}{\mathrm{d}x} + qy = s_n(x)\exp(\alpha x)$，可得 $p = -2$、$q = -3$、$\alpha = -1$、$s_n(x) = x^2 + 1$。

先求对应的二阶常系数线性齐次微分方程 $\dfrac{\mathrm{d}^2 y}{\mathrm{d}x^2} - 2\dfrac{\mathrm{d}y}{\mathrm{d}x} - 3y = 0$ 的通解。

特征方程 $r^2 - 2r - 3 = 0$ 的特征根为 $r_1 = -1$、$r_2 = 3$，所以 $\dfrac{\mathrm{d}^2 y}{\mathrm{d}x^2} - 2\dfrac{\mathrm{d}y}{\mathrm{d}x} - 3y = 0$ 的通解为

$$y = C_1\exp(-x) + C_2\exp(3x)$$

再求一个二阶常系数线性非齐次微分方程的特解。$\alpha = -1$ 是特征方程的根，且 $\alpha^2 + p \cdot \alpha + q = 0$、$2\alpha + p = -4 \neq 0$。故设特解为

$$y_t = x(a_0 x^2 + a_1 x + a_2)\exp(-x)$$

其中 $u(x) = x(a_0 x^2 + a_1 x + a_2)$。可得到 $u(x)$ 的一阶导数、二阶导数：

$$\frac{\mathrm{d}u(x)}{\mathrm{d}x} = \frac{\mathrm{d}}{\mathrm{d}x}(x(a_0 x^2 + a_1 x + a_2)) = 3a_0 x^2 + 2a_1 x + a_2$$

$$\frac{\mathrm{d}^2 u(x)}{\mathrm{d}x^2} = \frac{\mathrm{d}}{\mathrm{d}x}\left(\frac{\mathrm{d}u(x)}{\mathrm{d}x}\right) = \frac{\mathrm{d}}{\mathrm{d}x}(3a_0 x^2 + 2a_1 x + a_2) = 6a_0 x + 2a_1$$

找到有关 $u(x)$ 的方程：

$$\frac{\mathrm{d}^2 u(x)}{\mathrm{d}x^2} + (2\alpha + p)\frac{\mathrm{d}u(x)}{\mathrm{d}x} + (\alpha^2 + p\alpha + q)u(x) = s_n(x) \Rightarrow$$

$$\frac{\mathrm{d}^2 u(x)}{\mathrm{d}x^2} - 4\frac{\mathrm{d}u(x)}{\mathrm{d}x} = x^2 + 1 \Rightarrow 6a_0 x + 2a_1 - 4(3a_0 x^2 + 2a_1 x + a_2) = x^2 + 1$$

$$\Rightarrow -12a_0 x^2 + (6a_0 - 8a_1)x + (2a_1 - 4a_2) = x^2 + 1$$

对比等式左边和右边的同次幂项，可得

$$\begin{cases} -12a_0 = 1 \\ 6a_0 - 8a_1 = 0 \\ 2a_1 - 4a_2 = 1 \end{cases}$$

解该方程组得

$$\begin{cases} a_0 = -\dfrac{1}{12} \\ a_1 = -\dfrac{1}{16} \\ a_2 = -\dfrac{9}{32} \end{cases}$$

故特解为

$$y_t = x(a_0 x^2 + a_1 x + a_2)\exp(-x) = x\left(-\frac{1}{12}x^2 - \frac{1}{16}x - \frac{9}{32}\right)\exp(-x)$$

$$= -\frac{1}{4}x\left(\frac{1}{3}x^2 + \frac{1}{4}x + \frac{9}{8}\right)\exp(-x)$$

综合，可得原方程的通解为

$$y = C_1 \exp(-x) + C_2 \exp(3x) - \frac{1}{4}x\left(\frac{1}{3}x^2 + \frac{1}{4}x + \frac{9}{8}\right)\exp(-x)$$

8.4　用常微分方程解决实际问题

本节学习三个例子。第一个例子用可分离变量方程来求解热茶冷却的时间。学习后可不局限于计算热茶冷却时间,可推广应用到各种冷却应用场景。第二个例子用一阶线性微分方程来分析 RC 电路的充电过程。第三个例子用二阶线性齐次微分方程建立起 RLC 电路体现各种变量关系的方程。

8.4.1　用可分离变量方程求解热茶冷却的时间

一起来探讨一个与生活有关的问题,解决这个问题可以使用可分离变量方程求解。假定你泡了一杯热茶,这可是当地的名茶,香气四溢,可惜刚刚泡好的茶太烫了,还下不得口。那要过多久才能喝呢?

假定已知环境温度为 T_0,茶的温度为 $T(t)$。茶的温度是时间 t 的函数,因为它随时间会有所变化,这个变化的规律是什么? 代表这个规律的函数就是要求的解。

根据牛顿冷却定律,物体的冷却速度与两个温度之差(物体的温度和周围环境的温度之差)成正比,即

$$\frac{\mathrm{d}T}{\mathrm{d}t} = -k(T - T_0), \quad T - T_0 > 0$$

这是一个可分离变量方程。经变换,可得

$$\frac{1}{T - T_0}\mathrm{d}T = -k\,\mathrm{d}t \Rightarrow \int \frac{1}{T - T_0}\mathrm{d}T = -\int k\,\mathrm{d}t \Rightarrow \ln|T - T_0| = -kt + C$$

$$\Rightarrow T - T_0 = \exp(-kt + C) \Rightarrow T - T_0 = D \cdot \exp(-kt) \ (D \geqslant 0)$$

> **学习点拨**:$T - T_0$ 为非负值,故 D 也为非负值。

设茶泡出来的初始温度为 T_1,在初始时,$t = 0$,故有

$$T_1 - T_0 = D \cdot \exp(0) \Rightarrow D = T_1 - T_0$$

因此

$$T - T_0 = (T_1 - T_0)\exp(-kt) \Rightarrow T = (T_1 - T_0)\exp(-kt) + T_0$$

这样就建立起了时间和温度之间的关系。

例 **8-15**：假定茶水刚刚泡出来的温度为 98℃，目前茶的温度为 90℃，环境温度为 24℃，冷却系数为 0.1（这里的值仅为方便计算假设的，实际情况中冷却系数需要通过实验测定）。计算茶冷却到 30℃ 所需的时间。

解：

可按如下过程计算茶冷却到 30℃ 的时间：

$$T = (T_1 - T_0)\exp(-kt) + T_0 = (90 - 24)\exp(-0.1t) + 24$$
$$= 66\exp(-0.1t) + 24$$

$$\Rightarrow 30 = 66\exp(-0.1t) + 24 \Rightarrow \exp(-0.1t) = \frac{6}{66} \Rightarrow t = \frac{\ln\dfrac{1}{11}}{-0.1} \approx 23.98\text{min}$$

可见，大约需要 23.98min。

8.4.2 用一阶线性微分方程分析 *RC* 电路的充电过程

RC 电路示意图如图 8-3 所示。

RC 电路的充电过程可以用一阶线性微分方程来做分析。如图 8-3 所示，在一个由电阻 *R*、电容 *C* 串联组成的电路中，当加一个电源 $V(t)$ 时，电容两端的电压 $V_C(t)$ 可用以下方程来描述：

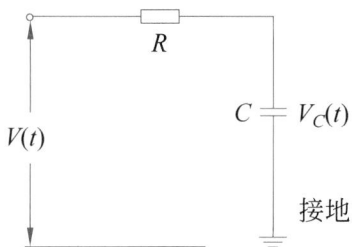

图 8-3 *RC* 电路示意图

$$RC\frac{\mathrm{d}V_C(t)}{\mathrm{d}t} + V_C(t) = V(t)$$

RC 电路广泛应用于滤波、定时、信号整形等方面。通过求解这个微分方程，可以确定电容两端的电压随时间的变化规律，从而设计出满足特定要求

的电路。

  首先,要看懂这个方程。

  $V(t)$ 是表示电容两端的电压随时间变化的函数。在不同时刻,电容两端的电压值不同。例如,在 RC 电路刚刚接通时,通常假设初始时刻电容未充电,电压为零。

  R 表示电阻值,通常电阻值是固定的。电阻的作用是限制电流的大小,根据欧姆定律 $I = \dfrac{V}{R}$,电阻越大,相同电压下通过的电流就越小。

  C 表示电容值。电容的作用是存储电荷,其存储电荷的能力与电容值成正比。电容值越大,能够存储的电荷量就越多。电容值的单位是 F。

  $V(t)$ 表示外加电压源的电压随时间变化的函数。电压源可以是恒定电压(直流电源),也可以是随时间变化的交流电源。

  $V_C(t)$ 表示电容两端的实际电压。在电路中,电容的电压会随着充电或放电过程而变化。当电容充电时,$V_C(t)$ 逐渐增大,直到达到电源电压(在理想情况下,忽略电阻的功耗);当电容放电时,$V_C(t)$ 逐渐减小,直到为零。

答疑解惑

学生问:老师,电路中明显还有一个电阻,电阻两端肯定会有电压,因此 $V_C(t)$ 怎么可能会达到电源电压呢?

老师答:在实际情况中,当电容充电至接近电源电压时,会存在一些因素使得电容两端电压无法完全达到电源电压值,但在理想情况下可以进行如下分析:

  从理论上来说,当电容充电时,电流会流过电阻并给电容充电。随着时间的推移,电容两端的电压逐渐升高,而电流逐渐减小。根据欧姆定律,电阻上的压降 IR 也会随着电流的减小而减小。当电容两端的电压接近电源电压时,电流变得非常小。在理想情况下,如果我们假设时间趋于

> 无穷大,那么电流最终会趋近于零。此时,电阻上的压降也趋近于零。根据方程 $V(t) = IR + V_C(t)$,当 IR 趋近于 0 时,电容两端的电压 $V_C(t)$ 就会趋近于电源电压 $V(t)$。

$RC \dfrac{\mathrm{d}V_C(t)}{\mathrm{d}t}$ 表示由于电容两端电压变化而在电阻上产生的电压降。因为电容的电流与电容两端电压的关系为 $C \dfrac{\mathrm{d}V_C(t)}{\mathrm{d}t}$,所以 $C \dfrac{\mathrm{d}V_C(t)}{\mathrm{d}t}$ 表示电路的电流。当电容充电时,$V_C(t)$ 逐渐增大,$\dfrac{\mathrm{d}V_C(t)}{\mathrm{d}t} > 0$,这一项为正则表示电阻上有电压降,阻碍电容充电。当电容放电时,$V_C(t)$ 逐渐减小,$\dfrac{\mathrm{d}V_C(t)}{\mathrm{d}t} < 0$,这一项为负则表示电阻上的电压降方向与充电时相反,阻碍电容放电。

我这样详细地解析,相信大家应该能看懂这个一阶线性微分方程了。接下来看怎么求解这个方程。

从前述分析可知,方程中的 R、C 是事先已知的值。可先求出一阶齐次性线性微分方程的解。一阶齐次性线性微分方程为

$$RC \frac{\mathrm{d}V_C(t)}{\mathrm{d}t} + V_C(t) = 0$$

计算该方程解的过程如下:

$$RC \frac{\mathrm{d}V_C(t)}{\mathrm{d}t} + V_C(t) = 0 \Rightarrow \frac{\mathrm{d}V_C(t)}{\mathrm{d}t} + \frac{1}{RC}V_C(t) = 0 \Rightarrow \frac{\mathrm{d}V_C(t)}{\mathrm{d}t} = -\frac{1}{RC}V_C(t)$$

$$\Rightarrow \frac{1}{V_C(t)}\mathrm{d}V_C(t) = -\frac{1}{RC}\mathrm{d}t \Rightarrow \int \frac{1}{V_C(t)}\mathrm{d}V_C(t) = -\frac{1}{RC}\int \mathrm{d}t$$

$$\Rightarrow \ln|V_C(t)| = -\frac{1}{RC}t + D \Rightarrow V_C(t) = \pm \exp\left(-\frac{1}{RC}t + D\right)$$

$$\Rightarrow V_C(t) = E \cdot \exp\left(-\frac{1}{RC}t\right)$$

把其中的 E 变易为 $E(x)$，可得

$$V_C(t) = E(t) \exp\left(-\frac{1}{RC}t\right)$$

再代入原方程，可得

$$RC\frac{\mathrm{d}V_C(t)}{\mathrm{d}t} + V_C(t) = V(t)$$

$$\Rightarrow RC\frac{\mathrm{d}}{\mathrm{d}t}\left(E(t)\exp\left(-\frac{1}{RC}t\right)\right) + E(x)\exp\left(-\frac{1}{RC}t\right) = V_C(t)$$

$$\Rightarrow RC\left(E'(t)\exp\left(-\frac{1}{RC}t\right) - \frac{1}{RC}E(t)\exp\left(-\frac{1}{RC}t\right)\right) + E(t)\exp\left(-\frac{1}{RC}t\right)$$

$$= V_C(t)$$

$$\Rightarrow RCE'(t)\exp\left(-\frac{1}{RC}t\right) = V_C(t) \Rightarrow E'(t) = \frac{1}{RC}V_C(t)\exp\left(\frac{1}{RC}t\right)$$

$$\Rightarrow E(t) = \int \frac{1}{RC}V_C(t)\exp\left(\frac{1}{RC}t\right)\mathrm{d}t$$

由此，可得到一阶非齐次线性微分方程的通解为

$$V_C(t) = E(t)\exp\left(-\frac{1}{RC}t\right) \Rightarrow \exp\left(-\frac{1}{RC}t\right)\int \frac{1}{RC}V_C(t)\exp\left(\frac{1}{RC}t\right)\mathrm{d}t$$

8.4.3 用二阶线性齐次微分方程分析 *RLC* 电路

现有如图 8-4 所示的 *RLC* 串联电路。该电路由电阻 R、电容 C、电感 L 组成。

根据基尔霍夫电压定律，电路中的电压关系可以表示为

$$L\frac{\mathrm{d}^2q}{\mathrm{d}t^2} + R\frac{\mathrm{d}q}{\mathrm{d}t} + \frac{1}{C}q = 0$$

其中，q 是电容上的电荷量，$\dfrac{\mathrm{d}q}{\mathrm{d}t}$ 是电流，$\dfrac{\mathrm{d}^2q}{\mathrm{d}t^2}$ 是电流对

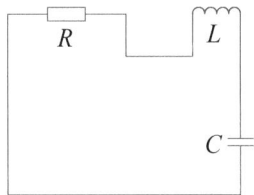

图 8-4 ***RLC* 串联电路**

时间的变化率。因此，$L\dfrac{\mathrm{d}^2q}{\mathrm{d}t^2}$ 是电感上的压降，$R\dfrac{\mathrm{d}q}{\mathrm{d}t}$ 是电阻上的压降，$\dfrac{1}{C}q$ 是电容上的压降。

通过求解这个微分方程，可以得到电路中电流和电压的变化规律，从而设计出合适的电路参数，以实现滤波、振荡等功能。

8.5 小结

概括起来，求解常微分方程的办法就是：

（1）看懂方程的形式，判断出是哪种常微分方程，再用对应的求解方法。

（2）尽可能地化简到更为简单的形式。

（3）计算出函数关系。不要死记公式，通常死记也难以记住，一定要理解求解的过程。

可分离变量微分方程、简单的齐次微分方程通过构建出等式两边可同时求不定积分的式子来求解。一阶常微分方程需先适当化简，再构建出等式两边可同时求不定积分的式子来求解。

二阶常微分方程中，二阶线性非齐次微分方程的通解可由对应二阶线性齐次微分方程的通解与二阶线性非齐次微分方程的特解之和组成。对于二阶常系数线性齐次微分方程、二阶常系数线性非齐次微分方程，我们应熟悉它们的表现形式，对应形式来找出 p、q 等参数的值，再根据特征方程求出方程的通解。

附录 A 后续学习建议

如果能通读本书,全部看懂,我觉得应该可以达到以下效果。

(1)不再恐慌。以后看到微积分的数学符号没有了恐慌感,也就是说心里踏实,能看得懂用微积分描述的新知识,也能进行一般的应用。

(2)不再怕考。大学里的微积分课程知识也就本书这么多,我把它们通俗地进行了讲解。如果只要考试过关,通过本书的学习已经问题不大。如果要拿高分,那还得勤加练习、巩固所学。为防考试内容范围比本书更宽,可再行适当拓展学习。

(3)不再为用烦恼。有了微积分这一工具的武装,再去看自己专业知识领域的图书、文章,自然会轻松许多。大学理工科专业中的"高等物理学""电路学原理"等课程学习起来也会轻松一些。更为关键的是我们学会了用"动态、微观、累加"的观点来看待问题。

后续,我建议大家从三个方面继续深入学习、掌握本领。

(1)横向拓展学习数学知识。继续学习线性代数、概率论、统计学知识。这些课程知识与微积分知识相辅相成,在一些专业的应用领域还会交叉用到。

(2)纵向拓展学习专业知识。微积分毕竟只是工具,真正要用还得进入自己从事的专业领域。从事工程机械工作的,可以开始学习有限元分析、结构力学等领域知识。从事人工智能工作的,可以开始学习机器学习、深度学习等领域知识。

（3）**综合到实践中去应用**。提倡大家用自己的专业知识解决实际问题。包括用微积分建立理论模型、用微积分分析、求解工程应用中变量的变化规律等。

我们的人生需要在不断学习中成长，需要坚持一份对知识追求的心。学虽无止境，但总能每天进步。真诚地希望本书能给大家带来一点不一样的阅读感受，带来一点微积分的知识，带来一点对专业应用领域的思考火花，带来一点进步和进取之心。努力学习的道路上，让我们互相加油鼓励，携手共进！

最后，为了让大家在学习过程中即时获得帮助，与书友们更好地交流，欢迎您加入 QQ 群（群号：422250372）。

参考文献

[1] 苏德矿,吴明华,章雯雯.微积分(上)[M].3 版.北京:高等教育出版社,2021.

[2] 苏德矿,吴明华,章雯雯.微积分(下)[M].3 版.北京:高等教育出版社,2021.

[3] 邓子云.深入机器学习[M].北京:中国水利水电出版社,2023.

[4] 赵树嫄.微积分[M].5 版.北京:中国人民大学出版社,2021.

[5] 孙硕,乔木.高数叔微积分入门[M].北京:石油工业出版社,2018.

[6] 邓子云.深入浅出线性代数[M].北京:中国水利水电出版社,2021.

[7] 孙博.机器学习中的数学[M].北京:中国水利水电出版社,2019.

[8] 李应岐,方晓峰.情境式微积分[M].北京:国防工业出版社,2023.

○ 本书从作者学习和使用26年微积分知识的感悟出发，以"轻松读懂微积分"为目标，把"动态、微观、累加"三点精髓贯穿全书，逐步讲解极限、导数、偏导数、微分、不定积分、定积分、多重积分、常微分方程知识。

○ 本书给出了31个微积分知识的应用场景，这些场景有的与生活息息相关、有的具有工程应用背景，有的跨学科应用到力学、电路学等场景，都浅显易懂，引发读者思考数学、应用数学。

○ 本书用8棵知识树引出每章的学习内容，用51道问答讲解学习微积分可能遇到的难点、堵点问题，用75道例题演示学习的知识点，用78幅插图开启对微积分形象和直观的理解，让读者对高等数学知识有生动的理解，帮助读者跳出可能会踩到的"坑"。

推荐语

我深刻认同书中讲的"隔墙"观点。工程与科学之间特别需要通过高等数学来突破这堵隔墙。作者从自己学习微积分的体会出发，用生动的实例、由浅入深的讲解、丰富的插图来将微积分的知识活灵活现地展现出来，从而降低学习的门槛。

——湖南大学教授　王如龙

从事数学教学很多年，这本高等数学书我感觉阅读起来最为轻松。作者把学习微积分的"动态、微观、累加"这三个核心观点讲解得较为透彻，贯穿全书始终。有心得体会、有互动问答的高等数学书就像一本专业图书有了灵魂，这本书让普通的学习者都能徜徉在学习高深学问的海洋中。

——世纪菁数总顾问、高级讲师　李代绪

一收到这本书的书稿，阅读前言就觉得引人入胜。我喜欢这种聊天式的、有应用的、让人易懂的高等数学图书。这本书难能可贵的就是讲了心路历程、讲了学习方法、讲了工程应用，不需要深厚的中学数学功底就能读懂。

——南京奥派信息产业股份有限公司董事长　徐林海

水木书荟

www.shuimushuhui.com

图书详情　教学资源
会议资讯　图书出版

图 书 资 源

书 圈

ISBN 978-7-302-69692-6

9 787302 696926 >

定价：69.00元